U0181346

跨域多维大数据
管理模型与方法

邓练兵　邵振峰　著

科　学　出　版　社

北　京

内 容 简 介

　　本书以跨域多维大数据为主题,提出跨域多维大数据管理的系列模型和方法。结合跨域多维大数据在珠海市横琴新区的发展与建设,对跨域多维大数据的基本概念、主要特征、发展策略进行概括,探讨跨域多维大数据管理相关关键技术,构建跨域多维大数据中心和数据管理平台,实现跨域多维大数据的实地应用,并在推广应用的基础上形成系列标准规范。

　　本书可供从事数据挖掘、数据管理研究或对跨域多维大数据感兴趣的科技和管理人员参考,也可作为大专院校相关专业师生和相关专业科研工作人员的参考资料。

图书在版编目（CIP）数据

跨域多维大数据管理模型与方法/邓练兵,邵振峰著.—北京:科学出版社,2020.12
ISBN 978-7-03-067201-8

Ⅰ.① 跨⋯ Ⅱ.① 邓⋯ ②邵⋯ Ⅲ.① 数据管理-研究 Ⅳ.① TP274

中国版本图书馆 CIP 数据核字（2020）第 249331 号

责任编辑:杨光华/责任校对:高 嵘
责任印制:彭 超/封面设计:苏 波

科 学 出 版 社 出版
北京东黄城根北街 16 号
邮政编码:100717
http://www.sciencep.com

武汉精一佳印刷有限公司印刷
科学出版社发行 各地新华书店经销
*
开本:787×1092 1/16
2020 年 12 月第 一 版 印张:14 1/2
2021 年 11 月第二次印刷 字数:350 000
定价:188.00 元
(如有印装质量问题,我社负责调换)

序

国务院于 2015 年 9 月 5 日正式发布了《关于促进大数据发展行动纲要》，这是到目前为止我国促进大数据发展的第一份权威性、系统性文件，从国家大数据发展战略全局的高度，提出了我国大数据发展的顶层设计，在全社会引起广泛影响。

珠海横琴毗邻澳门，备受关注。横琴既是国家级新区、国家自贸区，还是粤港澳大湾区科技创新中心"两廊两点"规划的重要支点。横琴开发三次被写入国务院《政府工作报告》，习近平总书记从 2009 年开始，十年四次到访横琴。

邓练兵等同志与澳门大学有良好的科研合作关系，在横琴新区研制了全球首个没有物理围墙的电子围网平台，建成了总长 53 km 的环岛电子围网综合管控系统。该系统由前端多类型监控信息采集、环岛智能监控联网平台、环岛越界智能检测网、"人、车、站"结合的动态巡查网、智能化监控指挥管理、有线光纤传输网络、移动巡查执法、智慧能源保障、智能巡检等子系统构成，是我国首个"全覆盖、全天候、智能化、早预警"的高效实时电子围网系统。项目团队提出了多平台协同的立体电子围网技术体系，并研编了地方标准，为同类型系统建设提供了可借鉴、可复制、可推广的模式；突破了基于深度学习的动态多目标检测、基于地理时空大数据的船只检测、基于行为关联挖掘的空-天-地-海一体化跟踪技术；实现了面向主题的电子围网自适应感知和协同联动技术。

邓练兵等同志根据多年实践经验，撰写了《跨域多维大数据管理模型与方法》一书，对推动行业技术发展和产业集聚有积极的推动作用。我乐意为之作序。这部著作是一项继往开来的创新成果，继承的是大数据科学的原理与认知方法，创新的是根据珠海市横琴新区跨域多维管理需求和历史定位，提出了系列新模型和新方法。该书强调了大数据的发展方向，探索了跨域和多维的概念和内涵，面向现实需求，实践了跨域多维大数据在横琴岛上的实际运用。该书分 10 章从不同层次对跨域多维大数据进行了介绍。根据现在大数据发展的瓶颈，提出了跨域多维大数据的概念，分析了跨域多维大数据的优势。因为跨域多维大数据与普通大数据相比数据源更为多元，所以需要围绕这个概念建立管理模型，构建管理平台，以及对数据进行不同的存储与管理及加工。本书通过对横琴岛的具体实践进行案例分析，最终建立一套管理标准规范。该书依托的成果获得了 2019 年广东省科技进步奖一等奖，为探索和解决大数据产业发展的制约问题，促进跨域多维大数据要素流通和高效利用起到了积极作用。

跨域多维大数据管理模型与方法涉及的知识面广，题材新颖，属于高科技时代产物。在实践的基础上，该书建立了跨域多维大数据管理模型和方法，在应用实践中挖掘大数据的时空分布和变化与区域可持续发展的关系，有重要的现实意义，其成果在国际（尤其是"一带一路"）上的推广也有重要的学术价值。

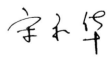

2020 年 10 月

前　　言

　　2009 年 8 月，国务院批准了《横琴总体发展规划》，横琴成为探索粤港澳紧密合作模式的新载体，以推动粤港澳紧密合作，促进澳门经济适度多元发展和维护港澳的长期繁荣稳定。2011 年 7 月，国务院对横琴开发有关政策做出批复，并在 2011 年 85 号文中明确提出，横琴将采取创新通关制度和措施，按照"一线"放宽、"二线"管住、人货分离、分类管理的原则实施分线管理；横琴环岛不设置隔离围网，代之以设置环岛巡查及监控设施，确保有效监管。2012 年，为落实国务院关于横琴开发政策批复的相关要求，横琴新区管委员会正式启动《横琴新区环岛监控项目》建设，并授权珠海大横琴科技发展有限公司进行项目建设，构建一个沿横琴环岛岸线的电子围网监管系统。在这一项目背景下，作者结合多年来的实践经验完成了本书的撰写。

　　本书提出跨域多维大数据管理模型，通过构建空-天-地-海立体电子围网系统，对整个横琴环岛的信息做到可感、可视、可知、可控，实现对珠海横琴新区环岛岸线 24 h 全天候、无盲区的有效监管。基于跨域多维大数据平台构建的电子围网系统，对来自遥感卫星、无人机、雷达、音视频传感器等多平台数据及政府数据、企事业单位数据和互联网数据等海量多源数据进行收集、处理与挖掘，从这些数据当中找到需要的信息，并将这些信息进行整合并应用于各种系统服务当中。这些数据获取平台跨空、天、地、海，同时具有跨地域、跨领域、多尺度、多时相、多角度、多元化等特点。以大数据理论为基础，结合横琴新区实际需求，本书首次提出跨域多维大数据概念，基于这一概念，总结跨域多维大数据的存储、加工和挖掘技术，建立跨域多维大数据管理模型，构建跨域多维大数据管理平台。面向横琴管理和服务需求，跨域多维大数据在横琴岛上实现了多个运用，具体包括粤澳单牌车管理服务、横琴新区跨境办公应用、跨域多维大数据挖掘和生态岛建设服务等，以这些应用为基础，最终建立了一套管理标准规范。

　　横琴电子围网系统是我国首个"全覆盖、全天候、智能化、早预警"的高效实时电子围网系统，在技术、管理规范和应用方面可以为其他同类型系统提供借鉴。本书在总结电子围网技术体系基础上，结合作者多年来的系统研究及管理经验，提出了跨域多维大数据管理模型与方法，希望可以为同行提供参考。全书共 10 章。第 1 章提出跨域多维大数据的概念和内涵，同时探讨跨域多维大数据的处理、管理和具体应用需求。第 2 章描述跨域多维大数据特征，构建跨域多维大数据模型。第 3 章系统总结跨域多维大数据的发展策略。第 4 章主要介绍跨域多维大数据加工，通过一系列数据加工手段，使得跨域多维大数据更好地应用于各种系统服务当中。第 5 章介绍跨域多维大数据中心，包括跨域多维大数据类型、跨域多维大数据中心建设、跨域多维大数据注册中心、跨域多维大数据运营中心四大部分。第 6、7 章围绕跨域多维大数据的管理需求，分别构建围绕跨域多维大数据管理模型和跨域多维大数据管理平台。第 8 章以珠海市横琴新区智能岛和生态岛建设实践为基础，总结跨域多维大数据在横琴多个领域的应用实践。第 9 章介绍跨域多维大数据管理标准规范建设。第 10 章探讨跨域多维大数据共享。在理论模型研究和应用实践中，作者深刻感受到大数据深入发展的瓶颈不仅包括很多技术问题，而且也包括数据共享和融合机制。克服大数据时代数据共享与融合的障碍，建立和完善数据共享与融合机制，才是大数据发展的关键所在。因此，第 10 章就跨域多维大数据共享问题展开研究，具体包括共享现状、共享需求、跨域多维大数据共享平台应用实践。

当前，大数据逐渐成为现代社会基础设施的一部分，世界正走向数据化。李克强总理在 2016 年贵阳数博会上指出"数据就像是一个钻石矿"。而大数据发展的障碍主要在于开放流通。本书提出的跨域多维大数据管理模型与方法正是在大数据科学理论与实践基础上的创新，对于打破现有数据壁垒，实现粤港澳信息化的深度融合及促进大数据的国际化交流、共享、合作有着重要的战略意义。

经过一年多的撰写，以及与科学出版社多轮的修改完善，本书终于问世，包括跨域多维大数据公共服务云平台及示范应用、跨域多维电子围网关键技术及应用等项目中的最新成果。第 1～7 章由邓练兵负责完成，第 8～10 章邵振峰参与撰写。在写作过程中，感谢多位专家和同仁的帮助与指导，特别要感谢澳门大学宋永华校长亲自为本书作序。

由于受写作时间及作者水平之限，书中不足之处在所难免，恳请读者批评指正，使本书能够得到逐步改进和完善。

邓练兵

2020 年 10 月

目　　录

第1章　跨域多维大数据概述

本章将介绍跨域多维大数据的概念，分别探讨跨域和多维的概念、跨域多维数据的生产及跨域多维数据的管理需求。

1.1　跨域的概念与原理

当前我国正在实施国家大数据战略，推进数据资源开放共享，这标志着大数据已被国家纳入创新战略层面，上升为国家战略。全球的科技界和产业界都意识到发展大数据的重要性，均在积极推进大数据产业发展。在大数据的示范性建设过程中，出现了一系列问题，如大数据领域缺乏统一的数据标准和建设规范体系，区域性大数据建设自建体系标准，造成了新的数据壁垒。横琴新区有着国家新区和自贸区的双重政策优势、毗邻港澳的区位优势，跨域多维大数据建设依托横琴新区作为试点，对于进一步深化粤港澳合作，实现粤港澳信息化的深度融合，以及大数据的国际化交流、共享、合作有着重要的战略意义。

跨域大数据中的"跨域"包含物理空间上跨越多个地区、服务对象跨越多个领域的双重含义。在物理空间上，需要打破粤港澳地区间数据壁垒，推动跨地区、跨港澳的数据互通。在服务对象方面，需要整合不同职能部门数据，实现跨行业和跨领域大数据的获取、处理、协同、传输、汇聚和服务。跨域数据具有跨领域、多角度、多元化的特点，有利于充分发挥各领域数据各自的优势，使不同领域的信息互相补充（Sabou et al.，2016）。从数据挖掘的角度，跨域数据有利于弥补单一领域数据信息不足的缺点，往往可以从跨域海量数据中挖掘出更有价值的信息（Zhang et al.，2016）。

横琴新区位于广东省珠海市横琴岛，地处珠海市南部，珠江口西侧，毗邻港澳，坐落在"一国两制"的交汇点和"内外辐射"的结合部，是粤港澳紧密合作的示范区、深化改革开放的先行区、珠江西口岸产业升级的新平台，横琴新区地理位置如图1-1所示。

2009年8月14日，国务院正式批复《横琴总体发展规划》，横琴新区成为探索粤港澳紧密合作模式的新载体。2011年国务院在《关于横琴开发有关政策的批复》中同意横琴实行"比经济特区更加特殊的优惠政策"，明确赋予横琴"创新通关制度和措施"、"特殊的税收优惠"和"支持粤澳合作产业园发展"等具体优惠政策，使横琴成为"特区中的特区"，这是近年来国务院批复的开放程度最高、创新空间最广的区域开发政策之一。

2015年4月23日，横琴自贸片区正式挂牌，以合作、创新和服务为主题，充分发挥横琴地处粤港澳结合部的优势，推动建设跨域多维大数据平台，整合粤港澳等区域数据，实现不同职能领域、不同地域的数据集中与共享。

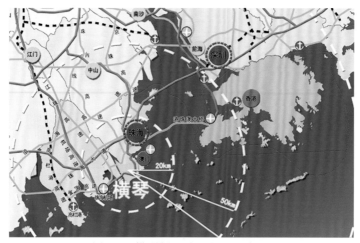

图 1-1 横琴新区地理位置示意图

在跨域多维大数据平台中，跨域指天、空、地、海跨域大数据，从数据属性的视角亦可分类为空间位置大数据、社会属性大数据、媒体大数据、遥感大数据等，图 1-2 所示为横琴新区跨域的大数据应用场景，跨域可理解为两层含义：跨区域与跨领域。

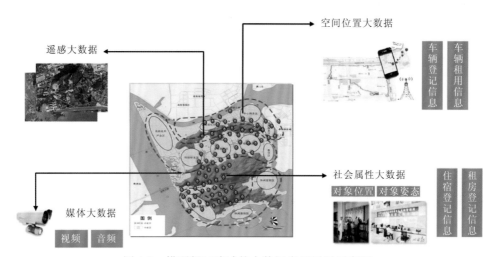

图 1-2 横琴新区跨域的大数据应用场景示意图

第一层含义，跨区域，该应用场景的服务既可以服务于横琴新区，也可以共享给澳门和香港的企业服务，不同地区共享数据，深化数据资源应用，培育新产业，发展新业态。

第二层含义，跨领域，跨域大数据来源于不同的领域，如图 1-2 中所示的遥感大数据包含了天、空、地、海多平台多传感器的遥感影像，其中天基数据包含卫星遥感影像，空基数据包含无人机及航空飞机获取的航空影像，地基数据包括地面光学摄像头及红外摄像头视频，海基数据以船载摄像头获取的视频为主。

跨域数据指跨域多平台数据，跨域原理如图 1-3 所示，具体指天、空、地、海——天基、空基、地基、海基四域监测平台数据联动。跨域数据有利于充分发挥各领域数据各自的优势，使不同领域的信息互相补充。

图 1-3 跨域原理示意图

天、空、地、海跨域指综合利用新型信息网络技术，以信息流为载体，充分发挥天、空、地、海信息技术的各自优势，通过天、空、地、海等信息的有效获取、协同、传输和汇聚，以及资源的统筹处理、任务的分发、动作的组织和管理，实现时空复杂信息的跨域一体化综合处理和最大有效利用，为各类不同用户提供实时、可靠、按需服务的泛在、机动、高效、智能、协作的信息基础设施和决策支持系统。

天、空、地、海跨域以其战略性、基础性、带动性和不可替代性的重要意义，成为发达国家国民经济和国家安全的重大基础设施。横琴有着国家新区和自贸区的双重政策优势、毗邻港澳的区位优势，其所具有的独特位置与地域优势及跨域大数据特有的信息服务能力，可带动我国新兴产业的发展，形成具有巨大潜力的核心竞争力和民族创造力。如图 1-4 所示，天-空-地-海跨域数据网络由通信、侦察、导航、气象等多种功能的异构卫星/卫星网络、深空网络、空间飞行器及地面有线和无线网络设施组成，通过星间星地链路将地面、海上、空中和深空中的用户、飞行器及各种通信平台密集联合。

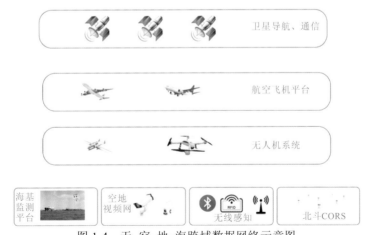

图 1-4 天-空-地-海跨域数据网络示意图

连续运行参考站（continuously operating reference stations，CORS）

跨域数据旨在建设面向"天、空、地、海"，基于多种感知、传输和处理技术体系融合的无缝信息网络。跨域多维大数据对于国民经济发展和国家安全战略具有重大意义。

我国已经在多个领域开展了天、空、地、海跨域数据网络的建立和应用的相关研究（孙忆鸿，2017）。横琴新区是唯一与港澳陆桥相接的国家级新区，肩负"面向世界的桥头堡"使命，依据国务院《关于横琴开发有关政策的批复》关于"横琴环岛不设置隔离围网，代之以设置环岛巡查及监控设施，确保有效监管"的要求，采取创新通关制度和措施，按照"一线"放宽、"二线"管住、人货分离、分类管理的原则实施分线管理。横琴地理环境复杂，靠近澳门，地理位置敏感，人、车、船场景复杂，为了实现对珠海横琴新区环岛岸线 24 h 全天候、无盲区有效监管，面向跨域多维的空、天、地、海立体复杂场景，针对全天候监控环境下多尺度动态目标跟踪和接力需求，运用物联网、大数据、遥感、人工智能等新技术，实现多源异构感知系统的快速协同联动，构建天-空-地-海立体电子围网系统，对整个横琴环岛的信息情况做到可感、可知、可视、可控，如图 1-5 所示。

图 1-5　横琴新区天-空-地-海跨域多维电子围网系统监测需求示意图

可感，通过前端传感设备自动发现横琴周边活动的人、车、船目标。针对环岛海岸线拥有沙滩、湿地、堤岸、礁石等多种复杂地貌和昼夜、雨雾等不同条件，综合运用雷达、光电跟踪仪、高清数字监控、单可视、双可视、无人机、移动巡查等多种手段，实现对环岛 53 km 海岸线全覆盖、无盲区、全天候、24 h 监管。

可知，通过智能分析识别横琴环岛周边的入侵预警信息。综合运用闯入分析、抛物分析、主从跟踪等智能视频分析技术和自动光电跟踪、小目标自动识别等智能雷达预警技术，实现警情自动识别、提前预警，为及时出警赢得先机。

可视，通过大屏幕和客户端可以远程查看横琴环岛周边的视频图像。通过环岛监控专网，实现 236 套前端全数字高清监控设备采集的监控信息同步传回监控指挥中心和相关部门的监视终端。监控中心配置发光二极管（light emitting diode，LED）拼接大屏幕显示墙，可动态查看前端监控实时信息。

可控，通过监控系统对横琴环岛周边的警情进行联动处置。全岛划分 5 个监控网格，每个网格分别配置 1 个固定巡逻站和 1 台巡逻车。系统自动发现警情后，指挥人员通过海关指挥子系统，指挥巡逻站及巡查人员及时赶赴指定地点进行处置，必要时可启动协同联动机制。

珠海横琴电子围网包含目标感知、精准识别、联动跟踪、信息传输、数据融合、智能处置6大模块，系统由前端多源异构信息采集、环岛智能分析和指挥调度、环岛越界智能检测网、"人、车、船"动态巡查网、有线光纤传输网络、移动接力和跟踪、空-天-地-海遥感和地理信息服务等子系统构成。前端智能视频监控信息采集系统在横琴环岛岸线部署高清摄像机、红外摄像机等设备，对环岛沿线进行全覆盖、全天候、全高清感知层信息的采集；海关移动巡查执法系统由在岛内移动巡逻的车辆、无人机上安装的视频监控、车载、机载和执法人员手持无线终端、岛内高山铁塔与机房及部分光缆等有线传输设施组成。如图1-6所示，环岛越界智能检测平台基于雷达及视频的联动预警技术，雷达扫描到10 nmi（1 nmi＝1.852 km）以内目标闯入警戒线时，系统产生报警联动雷达、球机目标接力跟踪，视频智能分析系统对目标进行检测分析与跟踪，在高清卫星图、地理信息系统（geographic information system，GIS）地图上呈现目标轨迹、类型。

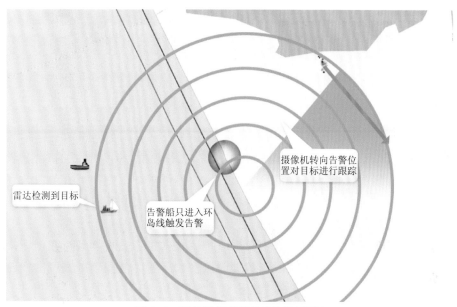

图 1-6 环岛越界智能检测网示意图

横琴新区电子围网是全球首个跨域多维电子围网系统，综合运用天、空、地、海数据及相应处理技术，使用雷达、光电、视频跨域数据分别实现远、中、近距离监视，实现了对横琴环岛53 km海岸线全天候、无盲区监测。

此外，跨域数据在灾害预警、防震减灾等领域也有相关应用，如图1-7所示。利用跨域大数据建立基于空间信息与物联网相融合的交通灾害立体监测网，构建交通灾害时空大数据多态存储模型，打破了交通灾害大数据异构萃取、协同处理的技术局限。该技术首创基于空间信息与物联网相融合的交通灾害立体监测技术，构建交通灾害时空大数据多态存储模型，率先提出了高时空关联的大数据管理与计算方法，建立国产PB级大规模交通灾害时空数据分布式存算系统。同时，基于地理信息和地质环境数据，创新性地提出了地震、降雨诱发条件下的潜在交通地质灾害预判方法，研发了分布式环境下的交通地质灾害协同预判系统，突破了传统基于静态、浅层特征对大规模灾害识别、关联挖掘的制约瓶颈。此外，揭示了时空大数据环境下的交通地质灾害发生发展过程中岩土体破碎解体、沿程侵蚀、规模放大等多因素影响的动力演化机理，提出了相应的建模方法和自适应数值算法，研发了交通地质灾害动力演化数值仿真计算系统，实现了复杂地形环境条件下的交通地质灾害风险评估从静态到动态、从单一到协同的转变。最后，建立了面向立体监测预警及工程防治的分级处理系统，构建了基于耗能原理的公路边坡位移控制设计理论与柔性防护关键技术体系，研制了交通工程地质灾害防护系列产品，填补了时空大数据支持的交通地质灾害柔性防治技术空白。成果应用于国家高分对地观测重大专项，建立了民用应用系统大数据中心，支撑了国家自然灾害空间基础设施总体系统框架构建；应用于重大工程建设，为港珠澳跨海大桥建设主体提供了复杂海洋环境下的工程灾害评估与预警技术。

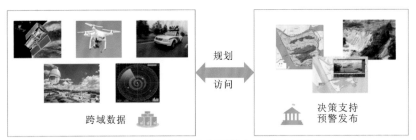

图 1-7　跨域数据在灾害预警中的应用示意图

结合天-空-地-海跨域大数据的数据协同应用优势，通过数据跨域支撑琴澳联动业务、支撑粤港澳大湾区的业务联动乃至对全国的推广和辐射，构建良好的数据架构体系，支撑域内数据融合集中、域外数据共享交换、域边界依规则柔性扩展并形成数字经济的生态循环，具有至关重要的意义。目前跨域的应用多实现先交换再共享，本书提出先共享再交换的应用思路。

跨域技术现已在多个学术领域产生应用。跨域技术将多个不同源域数据库相连接，极大地丰富了系统的数据量，拓展系统数据的深度和广度，从而增强系统的性能。跨域数据综合多个来源的数据，数据量大，包涵丰富的信息，在国家边境安防中有广泛应用。美国国防部在美墨边境建设基于地面传感器的自动边境监视系统，使用震动传感器、声响传感器、红外探测、雷达及光学探测设备，综合利用传感器信息与不同探测设备数据，对边境进行监测。

亦有文献提及跨域数据在数据分析领域的应用。Sabou 等在 2016 年的研究为跨域数据构建了一个数据技术平台。旅游企业经营所处的社会、政治和经济环境的复杂性，日益要求它们执行依赖来自各个领域（如经济、环境可持续性）的数据的分析任务。在这项研究中对旅游从业者进行的一项调查显示，尽管这种跨域分析很重要，但它们主要是依靠手动数据收集和汇总来进行的，这既费时又容易出错。为此，Sabou 等于 2016 年开发了一种模型，该模型依赖关联数据整合来自三个主要旅游数据源的数据的技术平台：TourMIS、世界银行和欧盟统计局。通过这种集成数据，实现了用于数据分析的 ETIHQ 仪表板，这是第一个支持对旅游、经济和可持续性指标进行跨域分析的可视化数据分析系统。与从业人员进行的探索性评估表明，与旅游从业人员日常实践中通常使用的当前手动方法相比，启用链接数据的系统可能会在执行时间和回答质量方面带来重要的改进。

1.2 多维大数据的内涵

多维大数据指遥感卫星、无人机、雷达、音视频传感器等产生的传感网数据和互联网、政府部门、企事业单位等在使用或工作生产过程中产生的业务数据的集合。

1.2.1 多维大数据的定义

现实世界的大数据是多维的，如图 1-8 所示。多维大数据具有多尺度、多时相、多类型的特点。多维大数据管理平台需要将不同来源的数据进行综合，根据不同数据源的特点，从多维数据中提取出比单一数据更加丰富的信息。

监控视频　光电跟踪仪　雷达站数据　车载影像　　无人机影像　卫星影像

图 1-8　多维大数据示意图

1.2.2 多维大数据分类

多维大数据具有传统单一数据源所不可比拟的优势。多维大数据可以保留相比于单一数据更多的信息，有利于达到更高的准确度，提高系统决策的效率，并具有较强的容错性和较好的开放性（张开宇，2018）。在我国横琴新区跨域多维大数据建设中，多维大数据主要包括天-空-地-海感知网数据、政府数据、企事业单位数据及互联网数据，如表 1-1 所示，多维大数据包括空间地理数据、文本数据、视频影像等各种格式的数据，采用时空大数据技术，将所有数据时序化、空间化，实现了数据立体化、可视化。

表 1-1　横琴新区天-空-地-海多维大数据详细信息

种类		获取平台	数据名称	格式
天-空-地-海感知网数据	导航与定位系统数据	北斗 CORS 系统、辅助北斗定位系统	定位信息	—
	对地观测系统数据	卫星平台	航天遥感影像	影像
		航空飞机平台	航空遥感影像	影像
		无人机平台	无人机影像	影像
		地面观测平台	街景影像、LiDAR 数据	影像、点云数据
	视频监控网络数据	高清摄像头、红外摄像头	监控视频数据	视频
	无线传感网络数据	传感器节点	气象、水文、地质等数据	文本

种类		获取平台	数据名称	格式
政府数据	人口基础数据库	公安局、社保局等	公安户籍信息、人口流动信息等	文本
	法人基础数据库	工商局、税务局等	注册登记信息、税务登记及纳税信息等	文本
	城市部件基础数据库	国土规划局、气象局等	基础空间数据、各项资源数据等	空间数据、文本
	宏观经济信息资源库	统计局、发改委	金融、税收、统计等基础信息	文本
	公共信用信息基础数据库	工商局、税务局、银行	企业信用与个人信用	文本
企事业单位数据	—	企业	经营数据等	文本
互联网数据	—	互联网	网络媒体数据等	文本、影像、视频

1. 天-空-地-海感知网数据

天-空-地-海感知网就是利用航天、近空间、航空和地面平台搭载的各类观测与传感设施，通过沟通这些异构观测与传感设施，实现对各类数据的联动处理，建立覆盖横琴的信息采集、信息处理和信息服务的感知系统，赋予城市管理灵敏、高效、泛在的感知能力。天-空-地-海感知网数据是多维大数据中的重要组成部分。

天-空-地-海感知网数据主要包括导航与定位数据（陈增林，2011）、对地观测数据（刘铮铮，2015）、视频监控网络数据、无线传感网络数据等。

2. 政府数据

在之前的城市发展过程中，政府系统接口不一、行政分割、管理分治，缺乏有效的横向协同机制，从而形成了众多呈封闭状态的信息孤岛，如图1-9所示。跨域多维大数据的建设打破了旧的数据壁垒，建设横琴新区唯一的信息中心，统一存储和管理全岛的信息化数据，从技术和流程层面确保信息安全，可开发运行于当前各类政府数据平台内部的采集模块或前置机，通过政务云和数据总线等基础设施实现工商、公安、税务、人社、民政、卫生等部门业务数据库、数字档案和电子文件内的物理汇聚和逻辑互通。

3. 企事业单位数据

除了政府数据源之外，企业作为城市经济系统的基本单位，同样拥有海量高价值的数据，由于行业数据分布较广，同领域、不同企业对数据资源有着不同的观念和观点，必须设计足够多样化的获取模式，确保来自城市经济子系统的各类数据能够顺利进入数据生态。如图1-10所示，行业数据可以通过离线交换的方式或者通过公众网数据上载的方式来进行采集。

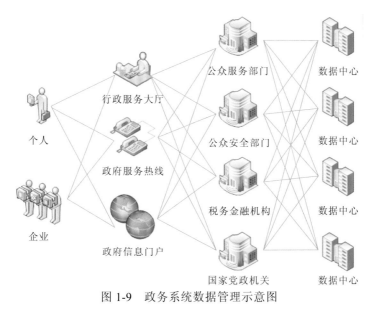

图 1-9 政务系统数据管理示意图

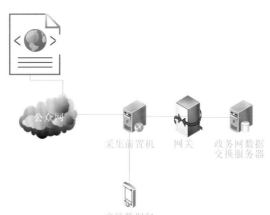

图 1-10 企事业单位数据示意图

横琴新区先行先试，创新性推出跨境办公业务，整合企事业数据，上线一套信息化管理系统，辅助开展业务，允许港澳企业免注册入驻横琴试点写字楼办公，开展业务，实现试点楼宇挂牌审批、港澳企业入驻备案管理、补贴申请及续期等业务全流程网上办理，实现企业业务办理"零跑动"。

4. 互联网数据

散布于网络上的图文影像是数据生态的重要组成部分，能够用于了解社会动向，准确把握舆情和公共服务需求，提前发现和消除社会安全隐患等问题。对于这类数据，需要开发大规模分布式爬虫和实施解析模块，针对特定主题和垂直灵活，实现从互联网中爬取相关数据，并在抓取的同时实现基本的校验、统计和抽样提取；各类历史数据和个人数据，很难基于现有的信息设施来完成。为了积极拓展数据广度、加深数据厚度，需要构建众包数据采集体系来完成公众数据的采集，如图 1-11 所示。针对众包数据采集点多，多为图像或音视频数据的特点，应以主流分布式非结构化数据库为基础架构，支持对海量数据高效并发读写。

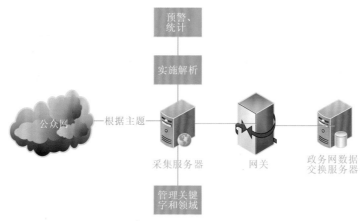

图 1-11   互联网数据示意图

多维大数据整合城市时空数据与政府、企业、互联网数据等多类数据，为数据赋予时间、空间属性，提高数据维度，解决了传统单一数据源信息丰富度不足的弊端，为横琴电子围网跨域多维大数据平台提供了数据基础。基于多源数据的多维大数据平台提供数据交换、数据共享、数据挖掘等多层次、多领域的数据服务，为推动区域乃至全国范围的大数据平台建设提供了支持。

1.2.3　多维大数据原理

多维大数据原理示意图如图 1-12 所示。

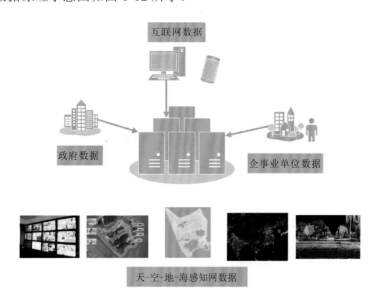

图 1-12   多维数据原理示意图

1.3 跨域多维大数据处理

大数据时代，数据来源极其广泛，数据有不同的类型和格式，同时呈现爆发性增长态势，这些特性对数据的生产也提出了更高的要求（Gang et al.，2016）。跨域多维大数据的处理涉及数据收集、数据匹配、数据融合、数据同化和数据整理等步骤。

1.3.1 跨域多维大数据的获取

跨域多维大数据获取需要从不同的数据源实时地或即时地收集不同类型的数据并发送给存储系统或数据中间件系统进行后续处理。跨域多维大数据的数据源多种多样，每时每刻都在获取大量数据。以横琴天-空-地一体化城市视频大数据监控体系为例（图1-13），天基卫星平台获取的数据、无人机拍摄的航空视频数据、移动执法车辆采集的视频数据及遍布城市各处的监控视频摄像头获取的数据都是天-空-地一体化城市视频大数据的组成部分。

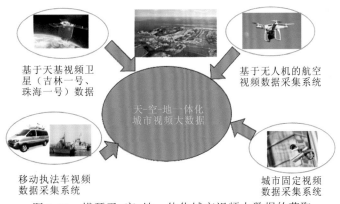

图 1-13 横琴天-空-地一体化城市视频大数据的获取

对于数据收集，整个平台结合不同的数据类型和不同的来源选用目前先进的数据采集技术进行整合开发，提供一套完整的数据采集平台实现对结构化和非结构化及时空数据的及时采集，主要包括 IBM DataStage、IIB、Splunk、Sqoop、Heritrix 等成熟产品进行整合开发。

1.3.2 跨域多维大数据的匹配

数据匹配是数据之间按照某种内在关系进行配准（Liu et al.，2016）。跨域多维大数据匹配原理如图1-14所示，针对跨域多源数据间的数据匹配，包含两个方面的处理：一是实体之间在空间位置上相互联系所要求的处理（如计算相互之间的距离、区域的重叠覆盖等）；二是数据本身由于数据源不同，数据获取方式或时间不同所要求的处理（如两点一致性检验、线段一致性检验等）。空间数据匹配是进行多种专题信息复合处理与分析的几何基础。

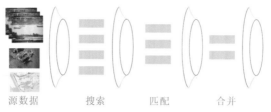

源数据　　　搜索　　　匹配　　　合并

图 1-14 跨域多维匹配原理

1.3.3 跨域多维大数据的融合

数据融合是将多传感器信息源的数据和信息加以联合、相关及组合，获得更为精确的位置估计及身份估计，从而实现对态势及其重要程度实时、完整评价的处理过程（Singh et al.，2012）。在数据产生方式不断扩展、数据之间的联系逐渐复杂的背景下，数据呈现关联、交叉和融合的局面，出现了多元性、演化性、真实性、普适性的特征（程东东，2016）。大数据融合即建立数据间、信息间、知识片段间多维度、多粒度的关联关系，实现更多层面的知识交互（王艳歌，2020）。从物联网的感知层到应用层，各种信息的种类和数量都成倍增加，需要分析的数据量也成级数增加，同时还涉及各种异构网络或多个系统之间数据的融合问题，如何从海量的数据中及时挖掘出隐藏信息和有效数据的问题，给数据处理带来了巨大的挑战，因此，如何合理、有效地整合、挖掘和智能处理海量的数据是物联网的难题。结合 P2P（peer to peer，个人对个人）、云计算等分布式计算技术，成为解决以上难题的一个途径。云计算为物联网提供了一种新的高效率计算模式，可通过网络按需提供动态伸缩的廉价计算，其具有相对可靠并且安全的数据中心，同时兼有互联网服务的便利、廉价和大型机的能力，可以轻松实现不同设备间的数据与应用共享，用户无须担心信息泄露、黑客入侵等棘手问题。云计算是信息化发展进程中的一个里程碑，它强调信息资源的聚集、优化和动态分配，节约信息化成本并大大提高了数据中心的效率。

数据融合中心对来自多个传感器的信息进行融合，也可以将来自多个传感器的信息和人机界面的观测事实进行信息融合（这种融合通常是决策级融合）。提取征兆信息，在推理机作用下，将征兆与知识库中的知识匹配，做出故障诊断决策，提供给用户。在基于信息融合的故障诊断系统中可以加入自学习模块，故障决策经自学习模块反馈给知识库，并对相应的置信度因子进行修改，更新知识库。同时，自学习模块能根据知识库中的知识和用户对系统提问的动态应答进行推理。以获得新知识，总结新经验，不断扩充知识库，实现专家系统的自学习功能。

数据融合分为数据层融合、特征层融合和决策层融合（祝振媛 等，2017），图 1-15 展示了数据融合的划分层级。数据层融合是直接在采集到的原始数据层上进行的融合，在各种传感器的原始测报未经预处理之前就进行数据的综合与分析。数据层融合一般采用集中式融合体系进行融合处理过程。这是低层次的融合，如成像传感器中通过对包含某一像素的模糊图像进行图像处理来确认目标属性的过程就属于数据层融合。特征层融合属于中间层次的融合，它先对来自传感器的原始信息进行特征提取（特征可以是目标的边缘、方向、速度等），然后对特征信息进行综合分析和处理。特征层融合的优点在于实现了可观的信息压缩，有利于实时处理，并且由于所提取的特征直接与决策分析有关，融合结果能最大限度地给出决策分析所需要的特征信息。特征层融合一般采用分布式或集中式的融合体系。特征层融合可分为两大类：一类是目标状态融合；另一类是目标特性融合。决策层融合首先通过不同类型的传感器观测同一个目标，每个传感器在本地完成基本的处理，其中包括预处理、特征抽取、识别或判决，以建立对所观察目标的初步结论，然后通过关联处理进行决策层融合判决，最终获得联合推断结果。

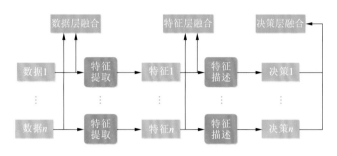

图 1-15　数据融合划分层级

决策层数据融合方法分为基于概率的融合方法和基于非概率的方法（李泽中，2020），基于概率的方法如基于贝叶斯估计的融合方法、基于卡尔曼滤波的融合方法等，基于非概率的方法包括粗糙集理论、证据理论等。

1. 基于概率的融合方法

1）贝叶斯估计

使用基于贝叶斯估计的方法进行数据融合时，数据需要尽可能独立，能够通过已知向量 Z，估计未知的 n 维状态向量 X。假设 k 时刻的概率为 x_k，已知 k 组测量 $Z_k=\{z_1, z_2, \cdots, z_k\}$ 及先验分布如下：

$$p(x_k \mid Z^k) = \frac{p(z_k \mid x_k)p(x_k \mid z^{k-1})}{p(z^k \mid z^{k-1})} \qquad (1\text{-}1)$$

2）卡尔曼滤波

卡尔曼滤波是一种对系统过程状态进行反馈控制的方法。系统在某一时刻具有某种状态，将这些状态记录下来，并通过反馈更新整个系统。卡尔曼滤波方法可分为两个过程，即对于状态更新的过程及对更新过程的测量。

2. 基于非概率的融合方法

1）粗糙集理论

粗糙集理论对于知识的处理方法比较全面，可以对知识粒度进行划分，这种方法不需要先验信息，可以在已知信息的前提下，对知识进行有效分类，并且将大量重复的知识进行简化，并从其中发现某种规律。粗糙集理论也常应用于数据挖掘、模式识别等领域。

2）证据理论

证据理论也称为 D-S 理论。在数据处理中，往往存在未知原因导致的不确定性，证据理论采用信任函数去度量这种不确定性，并采用概率约束的方式限制信任函数，避免因无法获得精确概率而导致无法预测事实。

1.3.4　跨域多维大数据的整理

数据整理是对上述过程得到的资料进行检验、归类编码和数字编码的过程（Zhu et al.，2004），其主要指对原始数据进行加工处理，使之系统化、条理化，以符合统计分析的需要，同时用图表形式将数据展示出来，以便简化数据，使之更容易理解和分析（张静波，2011）。主要方法包括归纳法、演绎法和预防法等。

1.4　跨域多维大数据管理和应用需求

跨域多维大数据管理和应用具体可细化为跨域多维大数据的存储、清洗、挖掘和服务。

1.4.1　跨域多维大数据的存储

数据湖包括资源的汇聚区、整理区和管理区。汇聚区包括地理信息数据、部门专题数据、互联网搜索信息及实时传感信息等不同数据类型。整理区是将不同数据类型进行统一格式转换、统一时空基准及空间化等。管理区建立数据目录标准、数据管理中心及数据共享交换等。数据湖可以分为初始数据池、专题数据池和归档数据池，设计图如图 1-16 所示。

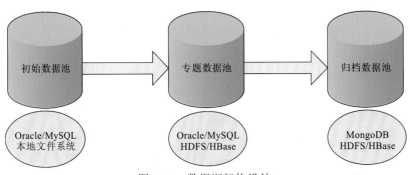

图 1-16　数据湖架构设计

初始数据池：提供待交换业务数据的暂存能力，主要负载类型为去重、增量提取、脱敏，主要是处理结构化、非结构化数据，并发较高，一般使用 Oracle 或者 MySQL，非结构化数据直接存储在前置机硬盘。

专题数据池：将初始数据池中的数据经过传输、专题数据归类、处理和数据转换写入专题数据池，主要以 Oracle 或者 MySQL 存储结构化数据，分布式文件系统（Hadoop distributed file system，HDFS）或者 HBase 存储非结构化数据。

归档数据池：将专题数据池中的数据按照不同的存储设计，形成不同的归档数据库写入归档数据池，主要采用 MongoDB 或者 HBase 来存储结构化、半结构化或非结构化数据。

分布式存储与访问是大数据存储的关键技术，它具有经济、高效、容错好等特点，分布式存储技术与数据存储介质的类型和数据的组织管理形式直接相关(许金乐,2016)。目前的主要数据存储介质类型包括内存、磁盘等；主要的数据组织管理形式包括按行组织、按列组织、按键值组织和按关系组织；主要数据组织管理层次包括按块级组织、文件级组织及数据库级组织。

数据存储技术根据采集大数据的类型及利用的需要，结合成熟开源的分布式文件系统 Hadoop、文档存储系统 MongoDB、列式存储 Hadoop Hbase、键值存储 Redis、图形数据库 Neo4j、关系型数据库 Oracle 等，实现各类数据的统一存储和管理。

（1）基础矢量数据存储设计。基础矢量数据的管理主要依赖于 GeoJSON 实现。GeoJSON 是一种对各种地理数据结构进行编码的格式，基于 Javascript 对象表示法的地理空间信息数据交换格式。GeoJSON 对象可以表示几何、特征或者特征集合。GeoJSON 支持的几何类型：点、线、面、多点、多线、多面和几何集合。GeoJSON 里的特征包含一个几何对象和其他属性。针对矢量空间数据在类型、结构上不同的特点，创建两类不同的集合来满足数据的存储：一类是空间数据集合，用于存放空间数据；一类是元数据项集合，用于存储空间数据的元数据项。空间数据集合用于存储矢量空间数据。用户可选择已存在的数据集合，或新建数据集合存储上传的矢量空间数据。每一个空间对象存储为一个 GeoJSON 对象，空间对象在存储过程中，增加"file""layer"属性，用于表示该空间对象所属的源文件及相应图层。元数据项集合主要用于记录空间参考系、文件的元数据信息、上传者对数据的描述，以及文件与数据库中集合的对应关系等信息。

采用分层分表的存储模式，每一个图层对应存储系统下的一张表，对于图层上的一个图元及其属性数据对应表中的一条记录，而将空间几何对象的中心点坐标作为每一行的关键码进行编码。对每个分表建立 R 树索引，构建分布式空间数据索引，提高系统对空间数据的查询效率。R 树结构设计如图 1-17 所示.

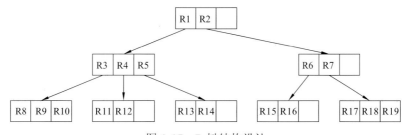

图 1-17　R 树结构设计

（2）基础栅格数据存储设计。地理栅格数据是按照网格单元的行与列排列，具有不同灰度或颜色的阵列数据。栅格结构是大小相等、分布均匀的一系列紧密相连的像元。用栅格结构来表达空间数据，其精度取决于单个像元的大小，单个像元越小，对空间数据的表达越精确。在进行不同业务数据的叠加分析时，如对同一片区域降雨量和经济等数据叠加，栅格数据表现得更加简单与快速。但是，随着栅格数据集分辨率的增大，即单个像元变小时，同样区域范围内的数据量会急剧变大，导致所需的存储空间会严重增

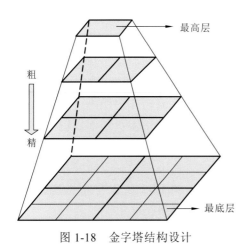

图 1-18 金字塔结构设计

加。因此栅格数据通常比较大，采用纵向分层、横向分块的方式进行存储。

在浏览电子地图时，由于地理空间数据的海量特性，受到网络传输速率及硬盘存储大小的限制，通常无法将整幅地图同时显现出来。同时不同分辨率下的地图，其在浏览器端的表现形式也不相同，通常的做法是将不同分辨率下的地图进行分块，达到纵向上按照地图的分辨率进行分层，横向上在同一层中进行分块，从上至下类似于金字塔，从而形成栅格数据的金字塔模型。金字塔结构设计如图 1-18 所示。

（3）BIM 数据存储设计。城市事务数据存储方案采用建筑信息模型（building information modeling，BIM）数据轻量化技术，采用分布式存储技术，有效解决了 BIM 数据体量大、数据查询效率低，无法进行细粒度 BIM 数据交换的难题，实现了对 BIM 构件级别的细粒度分布式数据库存储，支持面向城市管理运维要求的城市事务数据查询。该存储模型设计具备 4 大特点。①数据剥离，多种算法支持模型轻量化：采用语义剥离技术将 BIM 模型进行几何信息与语义信息剥离，并实现分别存储与协同联动。既保留了 BIM 数据中语义与几何连接关系，又实现了文件轻量化。同时，在 BIM 模型数据提取过程中，支持基于建筑细节层次（level of deatail，LOD）的几何数据提取，极大压缩离散化数据面片信息，最高压缩率超过 50%，可大大提高后续几何信息加载效率。②摒弃文件格式，支持 BIM 数据分布式存储：跨域多维大数据存储模型完全摒弃传统文件存储格式，采用半结构化分布式存储，天然支持大数据平台。采用结构化数据库与非结构化数据结合，既能满足对几何信息的快速检索读取，又能支持对语义属性信息的查询，是当前 BIM 模型数据存储与读取的有效技术手段。③支持细粒度 BIM 数据实时协同共享：本存储模型最小粒度存储块为建筑构件级别，所以可支持建筑构件级数据共享，支持多方基于 BIM 模型的城市管理协同运用，相对于传统的基于文件格式，无法共享实时同步数据，采用细粒度数据存储模型，既能满足数据共享，又能降低数据传输量，具有良好的网络传输友好性。④良好的数据访问接口规范，支持多端访问：实现对数据访问的接口封装，可实现不同终端、不同结构系统或模块的数据访问请求，采用标准 RESTful API 有效解决不同数据访问请求。

（4）城市三维数据存储设计。三维数据较二维点、线、面更加复杂，而且城市级别的大场景三维数据体量大，需要处理海量空间数据模型，采用 3D Tiles（瓦片）规范组织城市三维数据，在 3D Tiles 中，瓦片集是一系列以树型空间数据结构组织起来的瓦片。每一个瓦片都赋以一个完全包裹它全部内容的包围体。

tileset.json 中定义的树由 root（根节点）和它的 children（子节点）递归构成，树可以定义不同种类的空间数据结构。生成 tileset.json 的转换工具将为数据集定义一种理想的树。一个像 Cesium 这样的实时运行引擎可以渲染任何由 tileset.json 定义的树。

一个瓦片可以分割成统一的 4 个子节点时，如图 1-19 所示，四叉树就可以被创建（例如使用中央经纬度分割）。空的子瓦片会像典型的二维空间切片算法中那样被忽略。

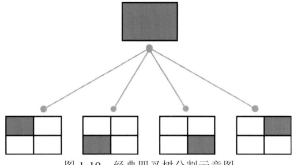

图 1-19　经典四叉树分割示意图

3D Tiles 支持四叉树的变种，例如不均匀分割和紧密包围体，图 1-20 为紧密包围体四叉树的示例。

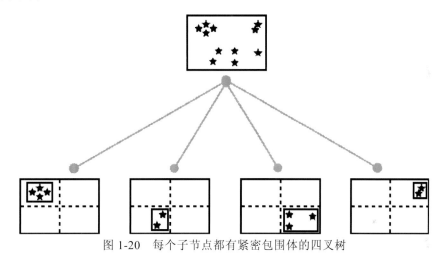

图 1-20　每个子节点都有紧密包围体的四叉树

3D Tiles 还支持其他的四叉树变种，比如"松散四叉树"，树的子树重叠但空间关系得以保留，也就是父瓦片完全包裹它所有的子瓦片。

1.4.2　跨域多维大数据的清洗

数据清洗（data cleaning）是指对数据进行重新审查和校验的过程，目的在于删除重复信息、纠正存在的错误，并提供数据一致性（徐彬 等，2017）。

数据清洗从名字上就是把"脏"的"洗掉"，指发现并纠正数据文件中可识别的错误的最后一道程序，包括检查数据一致性、处理无效值和缺失值等。因为数据仓库中的数据是面向某一主题的数据的集合，这些数据从多个业务系统中抽取而来而且包含历史数据，这样就避免不了有的数据是错误数据、有的数据相互之间有冲突，这些错误的或有冲突的数据显然不是人们想要的，称为"脏数据"。按照一定的规则把"脏数据""洗掉"，这就是数据清洗。而数据清洗的任务是过滤那些不符合要求的数据，将过滤的结果交给业务主管部门，确认是否过滤掉还是由业务单位修正之后再进行抽取。数据清洗与问卷审核不同，录入后的数据清洗一般是由计算机而不是人工完成。不符合要求的数据主要有不完整的数据、错误的数据、重复的数据三大类。数据错误具体包括以下几类。

（1）名称错误：不符合命名规则、乱码、错误名称等；

（2）重复数据：同一数据中的重复记录或不同数据中的重复条目；

（3）格式错误：地址、日期、数字等格式的错误或不一致；

（4）无效数据：企业注册信息、地址、注册资金等无效数据。

数据清洗从数据的准确性、完整性、一致性、唯一性、适时性、有效性几个方面来处理数据的丢失值、越界值、不一致代码、重复数据等问题，图 1-21 为跨域多维大数据清洗原理。

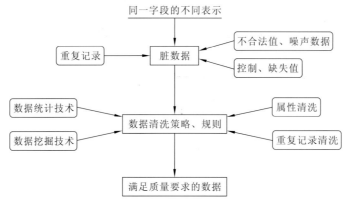

图 1-21　跨域多维大数据清洗原理

数据清洗一般针对具体应用，因而难以归纳统一的方法和步骤，但是根据数据不同可以给出相应的数据清洗方法。

（1）解决不完整数据（即值缺失）的方法。大多数情况下，缺失的值必须手工填入（即手工清理）。当然，某些缺失值可以从本数据源或其他数据源推导出来，这就可以用平均值、最大值、最小值或更为复杂的概率估计代替缺失的值，从而达到清洗的目的。

（2）错误值的检测及解决方法。用统计分析的方法识别可能的错误值或异常值，如偏差分析、识别不遵守分布或回归方程的值，也可以用简单规则库（常识性规则、业务特定规则等）检查数据值，或使用不同属性间的约束、外部的数据来检测和清洗数据。

（3）重复记录的检测及消除方法。数据库中属性值相同的记录被认为是重复记录，通过判断记录间的属性值是否相等来检测记录是否相等，相等的记录合并为一条记录（即合并/清除）。合并/清除是消重的基本方法。

（4）不一致性（数据源内部及数据源之间）的检测及解决方法。从多数据源集成的数据可能有语义冲突，可定义完整性约束用于检测不一致性，也可通过分析数据发现联系，从而使得数据保持一致。数据迁移工具允许指定简单的转换规则，如：将字符串 gender 替换成 sex。数据清洗工具使用领域特有的知识对数据作清洗。它们通常采用语法分析和模糊匹配技术完成对多数据源数据的清洗。某些工具可以指明源的"相对清洁程度"。工具 Integrity 和 Trillum 属于这一类。数据审计工具可以通过扫描数据发现规律和联系。因此，这类工具可以看作是数据挖掘工具的变形。

船只大数据样本库的构建是横琴电子围网的关键技术之一，摄像头 24 h 工作，如实记录镜头覆盖范围内发生的一切，对于样本库构建来讲可能大部分信息是无效的，有效信息可能只分布在一个较短的时间段内。为了使船只数据集包含不同背景、光照、视角、尺度、天气、遮挡程度的样本数据，提高船只检测水平，对监控视频数据进行整理与清洗是非常必要的。

1.4.3　跨域多维大数据的挖掘

数据挖掘是指从大量的数据中通过算法搜索隐藏于其中信息的过程，主要涉及数据准备、规律寻找和规律表示三个步骤（Behnisch et al.，2009）。数据准备是从相关的数据源中选取所需的数据并整合成用于数据挖掘的数据集；规律寻找是用某种方法将数据集所含的规律找出来；规律表示是尽可能以用户可理解的方式（如可视化）将找出的规律表示出来（刘正，2015）。数据挖掘的任务有关联分析、聚类分析、分类分析、异常分析、特异群组分析和演变分析等（吴昱，2014）。

近年来，数据挖掘引起了信息产业界的极大关注，其主要原因是存在大量数据可以广泛使用，并且迫切需要将这些数据转换成有用的信息和知识（Ng et al.，2004）。获取的信息和知识可以广泛用于各种应用，包括商务管理、生产控制、市场分析、工程设计和科学探索等。

如针对社交网络数据的实时性进行信息挖掘，对博文中的事件进行监测与跟踪。事件监测与跟踪指对文本信息流进行新话题的自动识别提取和已知事件的持续追踪，基础方法为计算文档之间的相似性，常用度量方法为夹角余弦（丁兆云 等，2014），即

$$sim(D_t, D_s) = cos(V_t, V_s) \tag{1-2}$$

式中：D_t 与 D_s 分别为两篇文档；V_t 和 V_s 分别为两篇文档的向量；$sim(D_t, D_s)$ 为计算两篇文档相似性的函数。

有学者对微博用户之间的交互多样性进行挖掘，通过分析历史数据预测两个用户未来是否会形成新的边，依靠两个用户之间的共同邻居数据来计算用户间的关系强度，杰卡德相似系数 $S(A,B)$ 可用于计算两个节点 (n_A, n_B) 之间的共同邻居数据，如下：

$$S(A,B) = \frac{|n_A \bigcap n_B|}{|n_A \bigcup n_B|} \tag{1-3}$$

社交媒体用户量大，每时每刻都在产生新的数据，通过数据挖掘对用户群体及行为进行分析，在许多领域发挥着重要作用。

业界认为数据挖掘技术是大数据时代最本质的特征，大数据挖掘（或称大数据分析）与传统数据分析相比，具有不可比拟的优势，主要体现在三个方面：第一，传统数据挖掘使用抽样数据，大数据挖掘使用整体数据，大数据挖掘具有更高的客观性；第二，大数据挖掘需要对海量数据进行处理，其中也包括大量的非结构化数据，从这挖掘出有用的信息；第三，大数据挖掘技术可以高效处理海量数据，满足市场与用户对速度的要求。跨域多维大数据囊括多领域、多平台、多传感器的结构化与非结构化数据，数据海量，格式混杂，需要智能、高效、海量的大数据挖掘技术进行数据分析与知识挖掘，获取有用的知识与信息，为顶层应用提供支持。

数据挖掘建模过程在不同领域会发生变化，数据完整度、人员专业程度也会对数据挖掘建模过程产生影响，因此数据挖掘建模过程的系统化与标准化是非常有必要的。目前，最常用的标准流程有 CRISP-DM 过程。

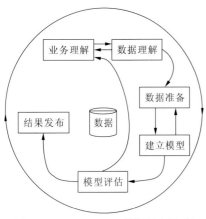

图 1-22　CRISP-DM 数据挖掘流程

CRISP-DM（cross-industry standard process for data mining），即跨行业数据挖掘过程标准，于 1999 年被 CRISP-DM SIG（Special Interest Group，特殊利益集团）组织提出，是数据挖掘业界公认的标准方法论。CRISP-DM 包括 6 个阶段：业务理解、数据理解、数据准备、建立模型、模型评估与结果发布，上述 6 个阶段之间的顺序并不是固定不变的，如图 1-22 和图 1-23 所示。

图 1-23　CRISP-DM 详细流程

大数据挖掘分析平台主要是对采集的数据根据业务需要进行挖掘分析，主要包括数据建模、语义分析、人工智能等智能分析后提供决策支撑等的各类应用，如图 1-24 所示。

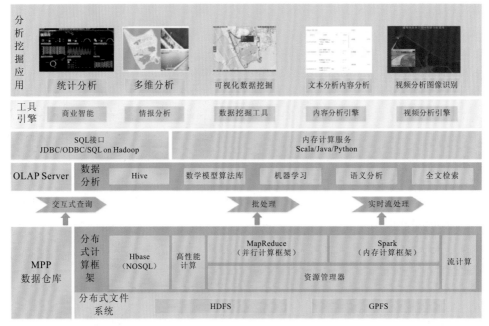

图 1-24　数据挖掘分析

1.4.4 跨域多维大数据的服务

数据服务平台主要是实现区域内部政府部门、政府与企业、政府与个人之间的数据共享，同时还需要实现跨区域的数据共享，包括向上级政府实现数据共享和面向港澳数据共享。数据服务主要分为两个层面：一个层面是面向政府内部各个机构、各级政府、港澳的数据共享服务；另一个层面是基于 FIWARE 的开发共享平台，提供城市数据和开发平台为各个企业基于 FIWARE 创新服务。

FIWARE 是一个独立的开源社区，由欧盟的专项资助及智慧城市相关企业的赞助维持运营，独立决策、开放、透明是其核心理念（Zamoraizquierdo et al.，2019）。FIWARE 提供公共、免费软件平台、标准和规范，围绕智慧城市各类应用，构建一个公共、开源、可持续发展的生态系统（Terrososaenz et al.，2017）。基于这个生态系统所实现的智慧应用都用统一的数据规范、接口标准，方便地实现互联互通，从而促进智慧城市建设。

FIWARE 架构如图 1-25 所示。

 数据/情景信息管理
对大量的情景信息进行获取、收集、处理、发布与分析

 物联网服务
使连通的物与物之间增强可用性，易于搜索和获取

 基于网页的高级UI
3D与AR（增强现实）在网页的应用

 安全
满足安全与隐私的要求，使数据传输与服务更可靠

 应用架构/生态圈服务
共同创造、出版、交叉销售和消费应用程序/服务，解决各种业务问题

 云主机
提供计算、存储和网络资源管理服务

图 1-25　FIWARE 架构

城市把传感器收集的各类数据及各种数据源连到 FIWARE LAB，让大公司、中小企业、大学/研究机构的开发者都能获取这些真实数据，并对某些特定领域的应用进行开发。

基于 FIWARE 开发的应用，适用性强，可以把针对某个城市开发的应用，以较少成本移植去其他城市进行复用，取得良好的经济效益。

FIWARE 的通用模块（generic enablers，GE），通过预先定义好的一套应用程序编程接口（application programming interface，API），提供一系列的常用功能，让各领域部门能够轻易开发。这些 API 是开放且免费的。基于这些通用模块，可以快速构建各类智慧城市的相关应用。目前欧盟围绕 FIWARE 开展了大量智慧城市方面的应用和开发。

例如，部署于西班牙桑坦德的 SmartSantander，设置于市区的 12 000 个物联网传感器节点为城市服务提供海量异源数据，其中：固定位置环境传感器节点获取温度、湿度、噪声水平等数据，安装于公用交通车辆上的移动传感器记录行动轨迹的同时测量二氧化

碳浓度、温湿度、二氧化氮指数等环境指标，以及市内各处的二维码与近距离无线通信（near field communication，NFC）标签，该项目开发的移动应用可读取这些标签并获取地理位置信息（Santana et al.，2018）。

横琴新区作为中欧智慧城市合作示范城市，FIWARE 这种开源的架构和规范是一个非常好的借鉴。利用 FIWARE 不仅能够在智慧城市方面做出特色，而且有可能在我国率先提出并推广中国版智慧城市标准和规范，充分发挥横琴先行先试的优势，为中欧智慧城市试点应用做出典范。为与欧盟开展 FIWARE 方面合作，将基于 FIWAR 在 FI LAB 部署、FIWARE 架构、技术、应用等方面开展广泛的战略合作。

基于 FIWARE 架构实施落地结合大数据中心采集的数据，提供 API 接口，为各类企业提供创新创业平台，供相关的企业和个人基于平台和开放的数据进行创业创新，孵化一批企业，形成智慧城市信息化建设的产业集群。下面通过典型应用场景说明跨域多维大数据基于 FIWARE 架构面向产业业务的服务。

（1）场景一：企业融合服务。以企业的直接商业诉求、事项办理诉求、经营管理诉求为核心，整合企业所需的市场信息、政策服务、人力资源服务、金融服务、互联网服务构筑中小微企业的线上创业、经营、成长的虚拟孵化器，构建企业生存发展所需要的完整外部环境、内部能力和业务模式的生态活动链条，打造智慧企业生态系统，构建完整的企业虚拟社会，推动产业链的形成和聚集。①产业发展促进服务：包括商业发展信息整合、商业结构洞察和优化、产业招商等，其中产业招商服务包括招商决策支持与管理、产业洞察与信息获取、招商生命周期管理，以及招商宣传与推广等。②产业要素聚集服务：包括金融、技术、人才等产业要素的聚集。金融聚集主要为明珠湾起步区的企业提供良好的投融资信息服务、融资担保、政策性资金扶持等服务；技术聚集主要包括软件即服务、产品研发服务、技术交易服务、产品演示与推广服务等；人才聚集主要包括人才服务管理、人才引进和人才保留，以及职业培训等。③企业经营效率促进：包括流通贸易、客户洞察管理等前台运营，以及经营决策等后台管理，如搭建轻型企业资源计划共享服务平台，助力企业内部管理。④产业基础服务：包括智慧商业、智慧办公、网络资源服务、计算资源服务等，为企业提供线上与线下相结合的电商平台，拓展企业销售渠道，降低交易成本。

（2）场景二：精准招商。①收集企业相关的产业类别、产业规模、员工人数、产品服务、经营活动、所需配套、上下游产品链、产品的主要消费群体、发展方向、市场前景、财务信息、资产数据、税务、企业信用等相关数据外，还要收集企业行为数据，包括企业新闻、企业社会评价、微博、微信、空间等互联网数据，对收集到的信息进行汇总整合、分类统计、数据清洗和深度挖掘等有机处理。②利用已收集的多角度信息提取信息特征，建立不同信息之间的关联，通过语义分析、情感分析，细分不同维度（包括品牌属性、品牌影响力、经营能力、发展前景等细分项）对企业进行分析和全方位了解，为精准招商提供决策支持。③通过对企业画像大数据分析，结合横琴新区招商和企业的实际需求，对企业需求和招商要求信息进行数据化处理，并通过严谨的建模和精准的系列逻辑算法，在云端进行精确匹配，优选出符合招商需求的企业，实现个性化推荐，加快招商进程。

参 考 文 献

陈增林, 2011. 浅论 CORS 系统及特点. 城市建设理论研究(31): 1-2.

程东东, 2016. 基于自然邻的层次聚类算法研究. 重庆: 重庆大学.

丁兆云, 贾焰, 周斌, 2014. 微博数据挖掘研究综述. 计算机研究与发展, 51(4): 691-706.

李常春, 王康年, 严明, 2018. 天地一体化信息网络数据融合技术研究. 计算机与网络(16): 60-62.

李泽中, 2020. 多维数据融合的虚拟知识社区个性化知识推荐研究. 长春: 吉林大学.

刘正, 2015. 海量数据处理与挖掘关键技术研究. 哈尔滨: 哈尔滨工程大学.

刘铮铮, 2015. 中国无人机借势而飞. 中国战略新兴产业(2): 24-27.

孟维晓, 张景, 2019. 本期专题: 空天地海一体化. 移动通信(5): 1.

闵士权, 2016. 再论我国天地一体化综合信息网络构想// 第十二届卫星通信学术年会, 北京: 12-30.

孙忆鸿, 2017. 天地一体化信息网络如何一体化? "天地一体化信息网络主题论坛" 召开. 卫星应用(6): 76-77.

王艳歌, 2020. 多源异构大数据融合算法及可视分析方法研究. 北京: 北京建筑大学.

吴昱, 2014. 大数据精准挖掘. 北京: 化学工业出版社.

徐彬, 杜卫锋, 滕姿, 2017. 基于用户的协同过滤推荐系统的数据清洗研究. 福建电脑(8): 36-38, 74.

许金乐, 2016. 面向大数据的分布式存储关键技术的研究. 南京: 东南大学.

尤元红, 2016. 数据同化系统的误差处理方法研究. 兰州: 西北师范大学.

张静波, 2011. 浅谈统计数据整理的一般问题. 中国经贸(18): 183.

张开宇, 2018. 车联网雷达通信一体化技术研究. 哈尔滨: 哈尔滨工业大学.

祝振媛, 李广建, 2017. "数据—信息—知识" 整体视角下的知识融合初探: 数据融合, 信息融合, 知识融合的关联与比较. 情报理论与实践, 40(2): 12-18.

ALONSO A, POZO A D, CANTERA J M, et al., 2018. Industrial data space architecture implementation using FIWARE. Sensors, 18(7): 2226.

ALONZO M, BOOKHAGEN B, ROBERTS D A, et al., 2014. Urban tree species mapping using hyperspectral and lidar data fusion. Remote Sensing of Environment, 148: 70-83.

BEHNISCH M, ULTSCH A. 2009. Urban data-mining: Spatiotemporal exploration of multidimensional data. Building Research & Information, 37(5-6): 520-532.

FURLANETO S S, SANTOS A, HARA C S, et al., 2012. An efficient data acquisition model for urban sensor networks// Network Operations and Management Symposium: 113-120.

GOWADIA V, SCALAVINO E, LUPU E, et al., 2010. Secure cross-domain data sharing architecture for crisis management. Digital Rights Management: 43-46.

HSU T H, CHEN W, HOU C, et al., 2015. Unsupervised domain adaptation with imbalanced cross-domain data// International Conference on Computer Vision: 4121-4129.

HUA G, GU D B, LIU L H, et al., 2016. Urban big data: Connotation, service architecture and implementation path. Big Data Research, 2(3): 9-16.

LIU L, SUN J, LI J, et al., 2016. A privacy enhanced search approach for cloud-based medical data sharing// IEEE International Conference on Smart City/Socialcom/Sustaincom. IEEE: 1032-1037.

MAROTZ G A, COINER J C, 1973. Acquisition and characterization of surface material data for urban climatological studies. Journal of Applied Meteorology, 12(6): 919-923.

MONTOYA L, 2003. Geo-data acquisition through mobile GIS and digital video: An urban disaster management perspective. Environmental Modelling & Software, 18(10): 869-876.

NG W S, OOI B C, TAN K L, et al., 2004. PeerDB: A P2P-based system for distributed data sharing// Proceedings 19th International Conference on Data Engineering (Cat. No. 03CH37405). IEEE: 633-644.

SABOU M, ONDER I, BRASOVEANU A M P, et al., 2016. Towards cross-domain data analytics in tourism: A linked data based approach. Information Technology & Tourism, 16(1): 71-101.

SANTANA J R, MAGGIO M, BERNARDO R D, et al., 2018. On the use of information and infrastructure technologies for the smart city research in europe: A survey. IEICE Transactions on Communications: 2-15.

SINGH K K, VOGLER J B, SHOEMAKER D A, et al., 2012. LiDAR-landsat data fusion for large-area assessment of urban land cover: Balancing spatial resolution, data volume and mapping accuracy. ISPRS Journal of Photogrammetry & Remote Sensing, 74(NOV): 110-121.

SOROKINE A, KARTHIK R, KING A W, et al., 2016. Big data as a service from an urban information system// International Workshop on Analytics for Big Geospatial Data: 34-41.

SUN A B, JI T K, 2016. Big data open platform and industrial ecology construction for smart city. Big Data Research, 2(4): 69-82.

TERROSOSAENZ F, GONZALEZVIDAL A, RAMALLOGONZALEZ A P, et al., 2017. An open IoT platform for the management and analysis of energy data. Future Generation Computer Systems: 1066-1079.

ZAMORAIZQUIERDO M A, SANTA J, MARTINEZ J A, et al., 2019. Smart farming IoT platform based on edge and cloud computing. Biosystems Engineering: 4-17.

ZHANG J, LI P, MAO J, 2016. An oriented-group supporting multi-user public auditing for data sharing// IEEE International Conference on Smart City/socialcom/sustaincom. IEEE: 996-1002.

ZHU L, XINCAI W U, LIU X, 2004. Study on the framework of management and service system for urban 3D geological data. Journal of Earth Science and Enivronmental(1): 74-80.

第2章　跨域多维大数据特征及其建模

本章将探讨跨域多维大数据特征及其建模。2.1节介绍大数据的特征，2.2节和2.3节则分别分析跨域大数据与多维大数据的特征，2.4节和2.5节讨论跨域多维大数据模型及其建模方法。

2.1　大数据特征

随着科技的高速发展，互联网入户、智能手机普及、移动通信水平提高，网上购物、手机支付、使用社交媒体成为日常行为，海量数据在人类生产生活的过程中产生（李青，2014）。人们生活在数据的海洋，大数据时代已经来临。

大数据是指利用常用软件工具来获取、管理和处理数据所耗时间超过可容忍时间的数据集（Yaqoob et al.，2016）。

互联网数据中心（Internet Data Center，IDC）对大数据的定义为：大数据一般会涉及两种或两种以上数据形式。它要收集超过100TB的数据，并且是高速、实时数据流；或者是从小数据开始，但数据每年会增长60%以上（Chen et al.，2014a；Boyd et al.，2012）。这个定义给出了量化标准，但只强调数据量大、种类多、增长快等数据本身的特征。

美国研究机构Gartner给出了这样的定义：大数据是需要新处理模式才能具有更强的决策力、洞察发现力和流程优化能力的海量、高增长率和多样化的信息资产（李国杰等，2012）。这也是一个描述性的定义，在对数据描述的基础上加入了处理此类数据的一些特征，用这些特征来描述大数据（Waller et al.，2013）。当前，较为统一的认识是大数据有4个基本特征：海量（volume）、多样（variety）、高速（velocity）和价值（value），即所谓的4V（Cai et al.，2015）。大数据的4V特征简要说明如图2-1所示。

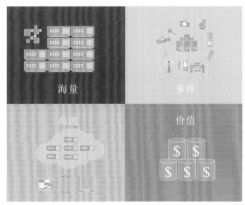

图2-1　大数据特征

（1）海量。数据量大是大数据的基本属性。随着互联网技术的高速发展，互联网用户激增，数据获取、分享的难度降低，用户通过网络可以获取数据，同时用户的操作也能提供大量数据，社交网络（推特、微博）、视频网站、各种智能工具都成为了数据的来源。其次，各种传感器获取数据的能力大幅提高，获取的数据越来越接近原始事物本身，描述同一事物的数据量激增（韩晶，2013）。早期的单位化数据，对原始事物进行了一定程度的抽象，这些数据维度低，类型简单，多采用表格的形式来收集、存储、整理，数据量有限，增长速度慢。而随着信息技术的发展，数据维度越来越高。早期网络上的数据以文本和一维的音频为主，维度低，单位数据量小。近年来，图像、视频等二维数据大规模涌现，而随着三维扫描设备及 Kinect 等动作捕捉设备的普及，数据越来越接近真实的世界，数据的描述能力不断增强，而数据量本身必将以几何级数增长（Chen et al.，2014b）。

（2）多样。数据类型繁多、复杂多变是大数据的重要特性（Fan et al.，2014）。目前数据可分为结构化数据与非结构化数据。相对于以往便于存储的以文本为主的结构化数据，非结构化数据越来越多。结构化数据是将事物向便于人类和计算机存储、处理、查询的方向抽象的结果，结构化在抽象的过程中，忽略一些在特定的应用下可以不考虑的细节，抽取了有用的信息（孟小峰 等，2013）。高速发展的互联网与种类繁多的传感器时刻不断地产生各种半结构化、非结构化数据，这些结构复杂、种类多样，同时规模又很大的半结构化、非结构化数据逐渐成为主流数据（Shi et al.，2009）。大数据正是在这样的背景下产生的，大数据与传统数据处理最大的不同就是重点关注非结构化信息，大数据关注包含大量细节信息的非结构化数据，强调小众化、体验化的特性，使得传统的数据处理方式面临巨大的挑战（James et al.，2011）。

（3）高速。大数据强调数据是快速动态变化的，难以用传统的系统处理。随着各种传感器和互联网络等信息获取、传播技术的飞速发展普及，数据的产生、发布越来越容易，产生数据的途径增多，数据呈爆炸的形式快速增长，快速增长的数据量要求数据处理的速度也要相应的提升，才能使得大量的数据得到有效的利用。同时，数据不是静止不动的，而是在互联网络中不断流动，且通常这样的数据的价值是随着时间的推移而迅速降低的，大数据要求快速、持续的实时处理（Labrinidis et al.，2012）。

（4）价值。大数据的核心特征是价值，而价值密度高低和数据总量的大小呈反比，即数据价值密度越高数据总量越小，数据价值密度越低数据总量越大（陶雪娇 等，2013）。

数据价值密度低是大数据关注的非结构化数据的重要属性（Sagiroglu et al.，2013）。大数据为了获取事物的全部细节，直接采用原始的数据，保留了数据的原貌，直接采用全体数据，数据量激增，而其中的信息量却没有增加（Najafabadi et al.，2015）。以目前的监控视频为例，在连续不间断监控过程中，大量的视频数据被存储下来，但其中的有效信息可能只持续一两秒钟。

2.2 跨域大数据特征

跨域大数据是指跨越多个领域、跨越多个地区的数据集合，跨域大数据整合粤港澳地区不同职能部门的数据，打破地区间、行业间信息壁垒，推动数据互通互联。跨域大数据仍属于大数据，除了具有大数据的四个基本特征，还具有一些独有的特征，这些特征可概括为跨领域、跨区域、多平台、多传感器。

（1）跨领域。跨域大数据的一个显著特征是数据跨领域，即跨职能部门、跨应用系统融合，如图2-2所示，收集汇聚城市政府部门、企事业单位、互联网等不同领域数据，打破常规政务体系壁垒，构建人口基础数据库、法人基础数据库、城市部件基础数据库、时空大数据库等基础资源信息库，建设城市级跨域数据资源库。

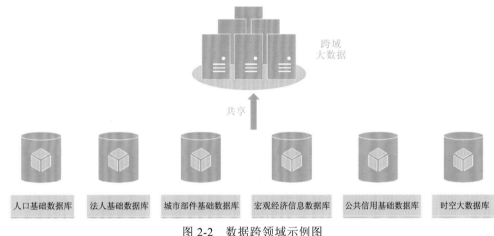

图 2-2　数据跨领域示例图

（2）跨区域。跨区域，打破地区间信息壁垒，在粤港澳地区构建良好的数据架构体系，支撑域内数据融合集中、域外数据共享交换、域边界依规则柔性扩展，形成数字经济的生态循环。横琴作为粤港澳大湾区的桥头堡，先行建设跨域大数据，推进公共机构数据资源统一汇聚，实现政府部门间的数据开放共享、区域级数据开放共享及跨境数据开放共享，促进珠江口西岸区域与香港、澳门的信息化产业融合，通过数据的融合、挖掘、利用，进一步推动粤港澳大湾区建设。

（3）多平台。跨域大数据还具有多平台的特征，如图2-3所示，数据获取平台跨天、空、地、海，包括卫星平台、航空平台、车载与地面平台等。卫星平台具有极高的高度，其获取的数据覆盖范围大、波段丰富，可实现对地表的覆盖监测。航空平台指高度在80 km以下的遥感平台，主要有航空飞机、飞艇、气球等，随着近年来无人机的高速发展，无人机也成为了主流的航空平台之一。这些航空平台获取数据不受地面条件的限制、调查周期短、数据分辨率高，是地区资源探测及环境监测主要的数据来源平台。地面平台包括车载平台、手持平台等，这类平台机动灵活，所获取的数据可实现及时更新及对地区的全天候监测。

跨域大数据融合了天、空、地、海多平台的丰富数据，从平台角度分析，融合不同高度、不同分辨率的数据，构建了一个完整覆盖粤港澳海陆空范围的数据体系。

天基监测平台　　　　空基监测平台　　　　地基监测平台　　　　海基监测平台

图 2-3　多平台数据示意图

（4）多传感器。跨域大数据的另一个显著特征是多传感器，数据来源于多种多样的传感器。搭载于卫星上的众多传感器获取大范围覆盖的多光谱遥感影像，搭载于航空飞机的航摄像机与数码相机可以获得高分辨率航空影像，无人机装备的数码相机获取高分辨率影像可以用于城市三维立体重建，地面车载或海面船载传感器获取的数据则包含更多的丰富细节信息，架设于地面路基的众多摄像头获取实时监控视频数据，铺设于地面的传感网收集得到近地表温湿度等具体指标。来源于众多不同传感器的复杂多样的数据汇聚形成了跨域大数据，从不同高度、不同角度实现了对城市的全面监测，为城市环境监测、安全保障、建设规划等提供了完整的数据支持。

如图 2-4 所示，横琴新区电子围网融合了视频监控、物联网、移动通信、卫星定位、无人机巡查、雷达监控、地理信息系统等多种高科技且成熟的技术手段，前端视频监控信息采集系统使用了普通摄像机、红外摄像机及球形摄像机多种传感器，有效地替代传统物理围网，实现了对横琴环岛岸线全高清、全覆盖、全时域的立体监管，使管理更加科学、先进、透明。

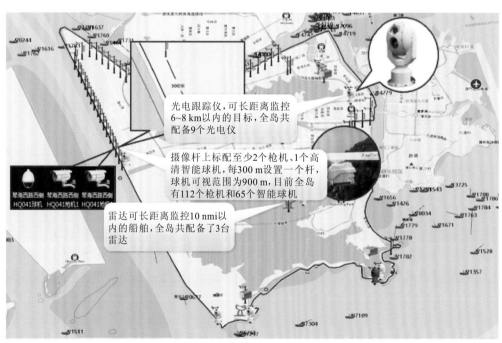

图 2-4　横琴新区电子围网多类传感器示意图

跨域大数据实现了数据跨域互联互通，包括跨行业、跨港澳的数据互通，不仅可以打破现有数据壁垒，同时可以有效避免数据壁垒的出现，通过融合多平台多传感器的数据形成区域无缝覆盖的大数据。

2.3 多维大数据特征

多维大数据通过时空大数据建设，采集多种传感器获取的数据，为所有数据赋予时序化、空间化属性，实现数据立体化。其特征在于数据维度高，主要体现在以下三个方面。

一是时空维度，融合了时、空、物联信息，为数据赋予时间与空间属性，打造立体的信息体系。图 2-5 所示为多维大数据示例，遍布街头的监控视频摄像头拍摄的高清视频数据、车载 LiDAR 获取的三维点数据、各种卫星传感器所获得的遥感数据、环境监测数据等大数据构成多维大数据这一立体数据生态。

图 2-5 多维大数据示例图

二是业态维度，多维大数据融合未来横琴城市服务体系的综合全量数据，融合了多服务业态。如图 2-6 所示，从城市地面传感网数据、监控视频数据到航空影像、卫星遥感数据，从环境监测到民生服务，多维大数据具有很高的业态维度（张博文 等，2019），覆盖了城市完整服务体系，为智慧旅游、智慧民生、智慧城市等提供足够的数据支撑（周志光 等，2017）。

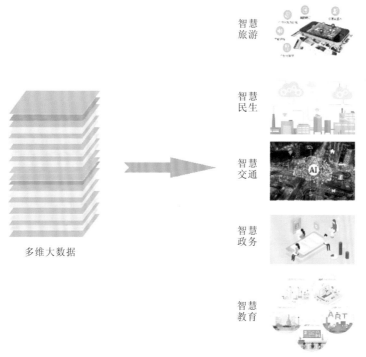

图 2-6 多维大数据应用

三是体制机制维度，融合粤港澳大湾区的相关信息，跨越港澳的企业、个人、旅游、金融、医疗、交易、公安、交通等政务层面信息。粤港澳地区体制机制不同，多维大数据融合粤港澳地区的多类数据，如具体经济民生图集数据、城市环境监测指标、建筑道路具体数据、无人机高分辨率影像、卫星遥感影像等，不同体制机制下的信息相互融合，为促进粤港澳大湾区合作建设提供有力支撑。

2.4 跨域多维大数据模型

数据模型是指利用一组符号、文本来准确表达真实信息的精简子集，有利于数据平台内部的交流、沟通，数据建模是构建应用程序的必要组成部分（杜文晟，2018）。跨域多维大数据涵盖多地域、多部门的结构化数据、非结构化数据等，这些数据的类型、格式与标准复杂多样，跨域多维大数据通过时空大数据建设，实现了数据的立体化，建立合适的跨域多维大数据管理模型具有非常重要的意义。横琴跨域多维大数据公共服务云平台面向横琴新区政府单位、公众、入驻企业和社会群体提供政务流程办理、政务信息服务。为了提供这样的服务，需要构建包括人口基础数据库、法人基础数据库、城市部件基础数据库、宏观经济信息资源库、时空大数据库。以下将分别介绍跨域多维大数据中不同资源库的数据模型。

2.4.1 跨域多维人口基础数据模型

人口信息的基础数据项和扩展数据项如表 2-1 所示。

表 2-1 人口信息的基础数据项和扩展数据项

大类	分类	来源
公安户籍信息	基本信息、户籍扩展信息等	公安局
流动人口信息	计生流动人口信息、公安流动人口信息等	公安局、社会事务局
计生信息	独生子女领证信息、生育服务证号信息、子女信息等	社会事务局
卫生健康信息	健康信息、出生证信息、家族病史等	社会事务局
劳动就业信息	就业状况、单位信息、职业资质类型、职业资格等级等	社保局
保险信息	社会保险信息、生育保险信息、工伤保险信息、失业保险信息、养老保险信息、医疗保险信息等	社保局
民政信息	婚姻登记信息、流浪乞讨人员信息、个人归属社区信息、双拥优抚信息、最低生活保障信息、殡葬管理信息等	社会事务局
住房公积金信息	公积金缴存情况、所在单位情况、个人登记信息等	住房公积金管理中心
住房信息	住房产权信息和住房信息等	住建局
人事档案信息	行政职务级别、专业技术职务、单位信息等	社保局
教育信息	学籍情况、学历情况等教育情况等	社会事务局
个人缴税信息	缴税信息、欠缴信息等	税务局

与人口管理有关的各个部门的人口数据及人口基础资源库管理中心数据构成了整个人口数据网格体系，人口信息资源数据网格架构如图 2-7 所示。在人口数据库存储人口基础信息，作为人口数据基准。各个业务部门的数据经过抽象形成结构化的专用信息也存储在中心，并通过元数据及其维护机制与各业务部门建立沟通与抽象过程。在数据高层通过标准化的信息分析，形成为宏观决策的人口知识，为领导决策提供依据。

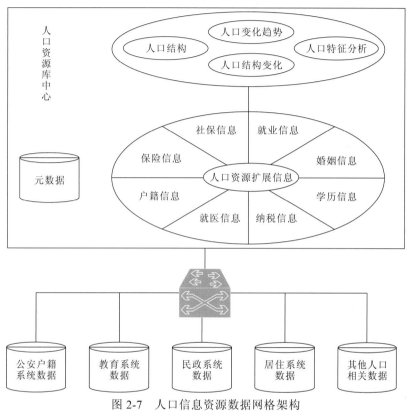

图 2-7　人口信息资源数据网格架构

在人口信息资源数据网格中，数据的提供通过 Web 服务的方式进行。Web 服务使应用程序的集成比以前更快、更容易。集成在协议栈中较高层发生，它基于更注重服务语义而不那么注重网络协议语义的消息，从而实现了业务功能的松散集成。系统中提供了查询、查证、比对、统计等服务，形成了人口资源的信息网格化。

人口基础数据的主要数据模型如图 2-8 所示。

在人口信息资源数据网格中，元数据包括数据位置和转换规则、数据标准影射关系、数据整合规则、数据扩展属性等。

元数据的定义使人口数据网格中杂乱无章的数据形成统一标准格式的信息，进而通过分析模型形成知识。元数据合理规整的管理是数据分析应用最基本的特征。元数据管理负责管理数据分析中的元数据，为数据加载和数据分析提供数据支持。元数据管理包括数据源管理及调用、基础元数据管理、OLAP 多维结构元数据的管理、元数据变动日志查询。

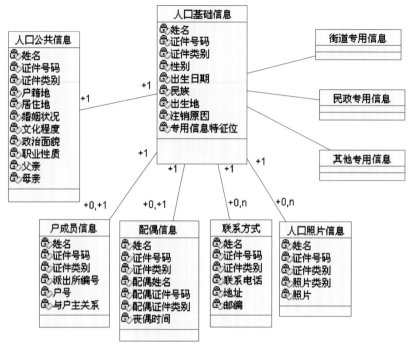

图 2-8　人口基础数据模型

数据源管理负责记录和修改数据分析所有相关数据源的相关信息，并且提供对于数据源的数据库连接的调用支持。元数据管理帮助用户管理关于数据分析中的数据的元数据信息，可管理关于数据的、关于加载的和关于分析的等各方面的元数据。

数据库是根据人口数据模型来设计的，根据数据网格的概念，将数据划分成不同层次的信息集合。数据设计基础为数据库架构平台、元数据、历史变动信息平台，业务相关信息按照插件接口方式根据数据规范和数据安全标准放入该平台中。

根据基础信息、扩展信息和专用信息的划分，将人口数据分为基本表、扩展表和专用表三个层次来设计，既可以将人口数据这个主题突出，又可以按照不同条线来存储人口数据。

（1）历史变动信息。人口是个变动的概念，人口库的数据，考虑数据的可追溯性，人口库设计成主表和变动表的方式，将数据变动和历史数据保存下来。

（2）元数据信息。资源库中具有各种数据的元数据信息，满足数据更新维护、数据服务的需要。

（3）数据可扩展特性。人口库存在多种专用数据，后续也将会不断补充加入新的数据。人口库采用新数据的插件机制，当有新的专用数据加入人口库时，通过元数据控制、数据关联控制、统计分析控制等方式，整合和关联这些专用数据，使得系统自动识别新数据。数据可扩展性通过数据库架构平台完成。

在分析和设计每一要素数据时采用了数据项集的概念层次结构，各业务部门都要使用的数据项称为共享数据项集，单一部门使用的数据项称为业务数据项集，带本地管理特征的数据项称为地方业务扩充数据项集。

从服务于粤港澳大湾区跨域多维大数据监管的需求出发，跨域多维大数据模型中对人口基础数据模型按户籍、居住、工作信息的全面描述，将港澳作为重中之重的服务目标。

2.4.2 跨域多维法人基础数据模型

法人基础数据库以质监、工商、税务、民政、司法等为基础，如表 2-2 所示，对法人单位基本情况进行采集、整理、登记、存储、分析，数据涵盖各企业单位、事业单位、机关部门、社会团体等法人单位的基础信息，可为国民经济和社会生活提供信息服务。

表 2-2　法人基础数据相关指标项信息

大类	数据内容	来源
法人基础信息	法人基础信息等	工商局、公安局、国税局、地税局、质监局、编办
法人代表信息	法人代表信息、组织机构代码、登记信息、证书信息、分支机构信息、年检信息、历史信息等	工商局、质监局
税务监管	国税税务监管信息、地税税务监管信息、行政许可信息、行业资质信息、行政监管信用评级信息等	税务局、工商局

按照国家电子政务目录与交换体系要求，"法人基础数据库"指标项分成两部分：一是法人领域基本指标项，二是法人扩展指标项，通过法人组织机构代码，将这些信息唯一关联，建立法人基础数据模型。

横琴新区推出的创新服务模式中，提供了无地址注册公司的新模式，允许注册地和办公地的分离。从服务于粤港澳大湾区跨域多维大数据监管的需求出发，跨域多维大数据平台的法人模型中对法人大数据模型按注册地、办公地分离的监管需求进行全面描述，将服务于企业创新作为重中之重的服务目标，截至 2020 年 9 月，横琴新区注册的澳门企业已突破 3 000 户。

2.4.3 跨域多维基础设施数据模型

城市管理部件按建设部标准，划分为大类和小类，部件的大类分为公用设施类、道路交通类、市容环境类、园林绿化类、房屋土地类、其他设施类及扩展部件类。

（1）公用设施类主要包括水、电、气、热等各种检查井盖，以及相关公用设施等；

（2）道路交通类主要包括停车设施、交通标志设施、公交站亭、立交桥等；

（3）市容环境类主要包括公共厕所、垃圾箱、广告牌匾等；

（4）园林绿化类主要包括古树名木、绿地、城市雕塑、街头坐椅等；

（5）房屋土地类主要包括宣传栏、人防工事、地下室等；

（6）其他设施类主要包括重大危险源、工地、水域附属设施等；

（7）扩展部件类专门用于对未包括在上述大类中而又确需分类管理的部件的扩充。

部件的分类可根据本地实际情况在建设部标准基础上做相应调整。

部件代码由 10 位数字组成，依次为：6 位区级及区级以上行政区划代码、2 位大类代码、2 位小类代码。代码结构如图 2-9 所示。

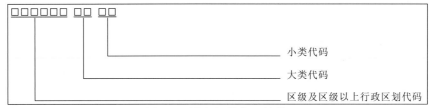

图 2-9　城市部件代码结构

区级及区级以上行政区划代码为 6 位，按照《中华人民共和国行政区划代码》（GB/T 2260—2013）的规定执行。

大类代码为 2 位，表示部件大类，具体划分为 01～06 分别表示公用设施类、道路交通类、市容环境类、园林绿化类、房屋土地类及其他设施类；21 表示扩展部件类。

小类代码为 2 位，表示部件小类，具体编码方法为依照部件小类从 01～99 由小到大顺序编写。

城市部件基本属性信息包括的内容如表 2-3 所示。

表 2-3　城市部件的基本属性信息内容

序号	属性项名称	定义与值域范围	约束/条件
1	标识码	部件的标识码	必选
2	名称	部件的标准名称	必选
3	主管部门代码	部件主管部门的代码	必选
4	主管部门名称	部件主管部门的全称	必选
5	权属单位代码	部件权属单位的代码	可选
6	权属单位名称	部件权属单位的全称	可选
7	养护单位代码	部件养护单位的代码	可选
8	养护单位名称	部件养护单位的全称	可选
9	所在单元网格	部件所在单元网格的代码，应符合《城市市政综合监管信息系统　单元网格划分与编码规则》（CJ/T 213—2005）的规定	必选
10	状态	普查时部件的状态，包括完好/破损/丢失/占用	普查时必选
11	初始时间	部件信息调查的初始时间（格式为：YYYYMMDD）	必选
12	变更时间	部件信息变更调查的时间（格式为：YYYYMMDD）	变更时必选
13	数据来源	普查部件数据的来源，包括实测/地形图/其他	可选
14	备注	需要特别说明的内容，如部件类型的进一步说明等	可选

2.4.4　跨域多维宏观经济信息资源模型

以"需求导向、统一设计、联建共享、讲求实效"为原则，全面整合和采集横琴发展改革、财政、税收、投资、消费、出口、物价等方面的年度数据、月度数据、普查数据和专题数据，收集产业经济、地区经济和世界经济的基本运行数据信息，构建全区统一有效共享的宏观经济数据库，为政府、企业和社会公众提供权威的、基础性的数据支持和咨询服务。

建立一个边界清晰、共享兼容的宏观经济数据指标体系，尽可能涵盖国民经济、社会发展、科技教育、环境资源等经济社会各个方面的宏观情况。

横琴宏观经济数据库建设涵盖全区发改、财政、税收、投资、消费、出口、物价等部门的共享数据库和主题数据库；通过元数据技术和其他多样化的信息检索工具，建立多数据源、多目录之间的集成配置体系，宏观经济信息资源库数据集规范如表2-4所示。

表2-4 宏观经济信息资源库数据集规范

大类	数据内容	来源
综合核算	行政区划和陆地面积，国民经济主要指标，经济社会结构指标等	统计局、发改委
人口与劳动力	历年户籍户数、人口数情况，户籍人口出生、死亡及自然增长情况，部分年份计划生育情况等	统计局、发改委
财政、金融、保险	历年财政一般预算收入情况，财政分项目收入，财政分项目支出等	统计局、发改委
人民生活	农村住户总收入与纯收入情况，农村居民家庭生活情况，农村居民人均支出情况等	统计局、发改委
农业	农村基本情况，农村劳动力资源及劳动力产业分布，农林牧副渔总产值等	统计局、发改委
工业、能源消费与电力	规模以上工业企业单位数，规模以上工业企业总产值，规模以上工业企业销售产值等	统计局、发改委
固定资产投资和建筑业	分产业全社会固定资产投资完成额，全社会固定资产投资，城镇以上新增固定资产及房屋建筑面积等	统计局、发改委
交通运输、邮电	交通、邮电基本情况，历年客运量，历年货运量，历年旅客周转量和货物周转量等	统计局、发改委
国内贸易、餐饮和营利性服务业	社会消费品零售总额，零售业态，批发零售额及住宿餐饮业总额等	统计局、发改委
对外经济、旅游	对外经济贸易基本情况，按企业性质分的进出口总值，按贸易方式分的进出口总值等	统计局、发改委
科学技术	科协系统活动情况，市级以上科技成果鉴定、获奖、专利权情况	统计局、发改委
文化、教育、卫生、体育	文化事业单位、机构、人员及活动情况，广播电视基本情况，学生入、升学率等	统计局、发改委
市政、环保、民政、人才、档案	城市市政、公用事业情况，环境保护基本情况，社会团体机构情况等	统计局、发改委

根据宏观调控需要，建立面向主题的数据仓库。主要包括：经济统计数据库、农经数据库、财政预算收支数据库、金融数据库、外贸进出口数据库、外经数据库、重点企业数据库、重要商品价格数据库、投资项目数据库、国民经济发展规划计划数据库、社会发展数据库、区域主要经济指标库、经济文献库。建设宏观经济文献数据库、宏观经济专家数据库。

元数据库建设主要是由元数据库、统一元数据管理和规划设计系统组成，是一个对宏观经济数据库的元数据进行定义、管理和维护的系统。通过元数据库系统建设满足宏观数据库系统的标准化设计和管理。

2.4.5 跨域多维时空大数据模型

横琴新区时空大数据库的筹建，应按体系化的思想，系统地梳理全岛信息化发展过程中规划的任务；按总体发展的要求，整合基础设施信息、运行环境信息等多方面信息资源；按宏观应用的需要，建立综合多维度的统计数据；按共享服务的需要，建立各部门、企业等之间信息交换的渠道，最终建立全岛统一的时空大数据库。

随着位置服务技术（location based services，LBS）和天、空、地各种传感器的广泛应用，产生了海量的时空序列数据（Deng et al.，2019）。为了快速接入、存储、管理这些时空序列数据，维护时空关系，描述和分析时空变化过程，满足对日益频发的各种自然与人为突发事件的检测、预警、应急响应及智慧城市等需求（Gebbert et al.，2014；Ye et al.，2014），需要建立一个合适的时空大数据模型。

时空大数据模型是一种有效组织和管理时态地理数据，属性、空间和时间语义更完整的地理数据模型。

对于横琴当地的时空大数据模型建设，首先对模型中需要设计的要素的概念进行说明，图 2-10 为时空大数据模型示意图。

唯一编码：地理对象的唯一标志符，指向唯一的地理对象（邬群勇 等，2016），可根据不同行业的需求分类编码，便于后续进行专业分析时对象的调取。

地理对象：现实世界客观存在的物理实体或社会现象的抽象表达，由自然属性、空间属性、时态属性和专业属性共同组成（陈新保 等，2009）。其中：自然属性指的是地理对象不随时空变化而变化的属性；专业属性指的是由于不同行业对地理要素管理的视角和粒度不同，而需要的迎合行业应用的不同属性。

时空过程：地理现象沿着时间轴的变化过程，即地理现象所包含的地理对象相互作用所产生的自然属性、空间属性和专业属性一者或多者变化的过程。

事件：地理对象时空显著变化的一次发生过程，它是由地理对象时空变化达到某种程度时生成的，并且可以驱动地理对象产生新的时空变化，它是地理对象变化的结果，同时也可以是地理对象变化的直接原因，是时空过程得以继续下去的动力（陈君 等，2019）。

状态：地理对象可变属性在某一时刻所表现出来的形态，可变属性包括空间属性、时态属性和专业属性，通过状态序列中属性的变化，表现地理对象的时空变化（张晓祥，2014）。

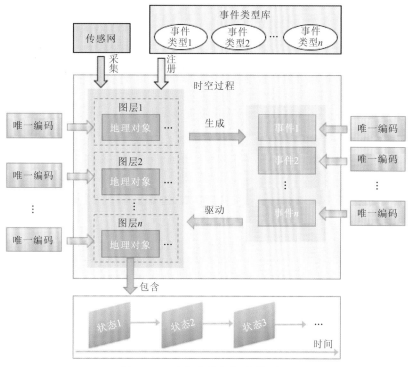

图 2-10　时空大数据概念模型图

事件类型：事件类型中包含地理对象生成该类事件的条件，或该类事件驱动地理对象产生变化的条件。

图层：具有共同结构和功能的地理对象集合。

采集：采集传感器的观测属性值，为地理对象提供变化的时空属性。

时空过程是地理现象时空变化的总称，它就像一个大的场景或容器，包含着有限多个地理对象和事件（龚健雅 等，2014）。地理对象是时空过程的主要实体部分，地理对象随时间的变化是时空过程的外在表现。在时空过程中，使用不同的图层实现对地理对象进行组织与管理，使用唯一编码便于对地理对象进行检索与控制。事件是时空过程的另外一个重要的组成部分，它是地理对象相互作用的表现形式，也是地理对象相互联系的纽带。事件类型注册到地理对象中，指明了地理对象生成该种类型的事件的生成条件，或者是地理对象受到该种类型事件驱动而产生变化时的驱动条件。当地理对象的时空变化满足事件类型所规定的条件时，地理对象就会生成一个该类型的事件，同样，当事件的属性满足事件类型所规定的条件时，地理对象就对事件的驱动作出响应，即事件驱动地理对象产生变化。从而使整个时空过程处于一个动态变化的过程中。为保证模型的实时性，采集通过天-空-地一体化传感网的传感器观测服务，获取传感器观测数据，并将实时数据写入对应的地理对象中（李景文 等，2011）。地理对象根据采集到的变化数据，构建相应的对象状态序列。

2.5 跨域多维大数据建模方法

通过大数据、云计算、分布式计算、人工智能、机器学习等多个学科技术的融合，实现数据的抽取、管理和分析，达到发现新知识和规律的目的（王珊 等，2011）。模型构建通常包括模型建立、模型训练、模型验证和模型预测 4 个步骤，但根据不同的数据挖掘类型，在应用上会有一些细微的不同（牛倩，2016）。

模型的建立是一个反复的过程，需要仔细考察不同的模型以判断哪个模型对问题是最有用的（Vilajosana et al.，2013）。

（1）数据采集。利用多个数据库接收来自 Web、APP 或者传感器等数据，并进行查询和处理工作。

（2）数据导入与预处理。对海量数据进行有效的分析，将这些来自前端的数据导入一个集中的大型分布式数据库，或者分布式存储集，并做一些清洗与预处理（孙春菊，2013）。

（3）统计与分析。利用分布式数据库，或者分布式计算集群来对存储的海量数据进行简单的统计分析和分类汇总等，以满足大多数常用分析方法的需求。

（4）数据挖掘与数据建模。数据挖掘是一种决策支持过程，在数据库中进行知识发现，利用数据挖掘技术进行数据分析的常见方法主要有分类、回归分析、数理统计、关联规则、神经网络等。通过数据挖掘技术进行建模，依据现有的数据基于各种可能的有效算法进行计算，以实现分析预测、分类、聚类、识别、排序等目的。

图 2-11 是数据的建模过程。

图 2-11 数据建模过程

以下是建模过程的简要介绍。

（1）数据采集：按照跨域多维大数据的要求对各地区、各个部门的数据进行采集，同时对互联网数据进行爬取。

（2）数据清洗：将政府的法人数据、人口数据、房屋数据和互联网采集的数据进行拆分清洗，进行分类，形成比较完善的法人数据库、人口数据库、建筑物数据库等。

（3）数据编目：将已经处理完成的数据，按照"时间、空间、属性"三个维度进行管理，形成关系数据库，并行对数据进行统一编目管理。

（4）数据使用：将已经形成好的关系数据库为跨域多维数据应用提供服务，在应用系统使用的过程中，不断给数据进行核准和纠错，保证数据的准确性和及时性。

以横琴新区跨域多维电子围网系统为例，为实现对海面船只 24 h 全天候自动监测，建立了自动检测监控视频船只的模型，检测流程如图 2-12 所示，首先采集船只样本数据以构建涵盖不同种类船只的船只大数据样本库，采用深度学习模型进行自动检测，对船只样本库进行学习得到横琴海面船只检测模型，最终实现对监控视频船只的在线自动检测。

图 2-12　基于深度学习模型的船只在线检测结果图

参 考 文 献

曹闻, 2011. 时空数据模型及其应用研究. 郑州: 中国人民解放军信息工程大学.

陈君, 庄义斐, 崔美莉, 等, 2019. 基于 APTS 大数据的城市公交出行多维分析模型和方法. 交通运输系统工程与信息, 19(1): 76-82.

陈新保, 朱建军, 陈建群, 2009. 时空数据模型综述. 地理科学进展, 28(1): 9-17.

杜文晟, 2018. 基于关系数据库的多维数据模型实现方法及复杂性研究. 湖北师范大学学报(自然科学版), 38(4): 5-10.

杜晓梦, 2016. 基于分布式架构的大数据建模实践. 电信网技术(10): 48-55.

龚健雅, 李小龙, 吴华意, 2014. 实时 GIS 时空数据模型. 测绘学报, 43(3): 226-232, 275.

韩晶, 2013. 大数据服务若干关键技术研究. 北京: 北京邮电大学.

李青, 2014. 基于 NoSQL 的大数据处理的研究. 西安: 西安电子科技大学.

李国杰, 程学旗, 2012. 大数据研究: 未来科技及经济社会发展的重大战略领域:大数据的研究现状与科学思考. 中国科学院院刊, 27(6): 647-657.

李景文, 田丽亚, 张燕, 等, 2011. 面向对象的空间数据模型设计方法. 地理空间信息, 9(5): 9-11, 14, 163.

李向波, 2019. 跨域大数据处理作业的任务调度问题研究. 南京: 南京大学.

刘梦玲, 杨勤, 2018. 一种基于跨域关联的大数据应用支撑系统. 信息通信(9): 277-278.

孟小峰, 慈祥, 2013. 大数据管理:概念、技术与挑战. 计算机研究与发展, 50(1): 146-169.

牛倩, 2016. 基于 Spark 的数据分析建模工具的设计与实现. 北京: 华北电力大学.

孙春菊, 2013. 云环境下数据模型和索引技术研究. 南京: 南京邮电大学.

陶雪娇, 胡晓峰, 刘洋, 2013. 大数据研究综述. 系统仿真学报, 25(S1): 142-146.

王珊, 王会举, 覃雄派, 等, 2011. 架构大数据:挑战、现状与展望. 计算机学报, 34(10): 1741-1752.

王静远, 李超, 熊璋, 等, 2014. 以数据为中心的智慧城市研究综述. 计算机研究与发展, 51(2): 239-259.

王瑞松, 2016. 大数据环境下时空多维数据可视化研究. 杭州: 浙江大学.

邬群勇, 孙梅, 崔磊, 2016. 时空数据模型研究综述. 地球科学进展, 31(10): 1001-1011.

张博文, 张淑丽, 郝昕, 等, 2019. 基于局部敏感哈希的多维海量数据处理. 科技创新与应用(2): 54-55.

张晓祥, 2014. 大数据时代的空间分析. 武汉大学学报(信息科学版), 39(6): 655-659.

张忠贵, 2014. 市政公用基础设施时空信息集成管理技术研究. 武汉: 中国地质大学.

周志光, 孙畅, 乐丹丹, 等, 2017. 多维时空数据协同可视分析方法. 计算机辅助设计与图形学学报, 29(12): 2245-2255.

BOYD D, CRAWFORD K, 2012. Critical questions for big data: Provocations for a cultural, technological, and scholarly phenomenon. Informacios Tarsadalom, 15(2): 662-679.

CAI L, ZHU Y, 2015. The challenges of data quality and data quality assessment in the big data era. Data Science Journal, 14(1): 1-10.

CHEN C L, ZHANG C, 2014a. Data-intensive applications, challenges, techniques and technologies: A survey on big data. Information Sciences, 275(275): 314-347.

CHEN M, MAO S, LIU Y, et al., 2014b. Big data: A survey. Mobile Networks and Applications, 19(2): 171-209.

DENG L, LI D, YAO X, et al., 2019. Mobile network intrusion detection for IoT system based on transfer learning algorithm. Cluster Computing, 22(4): 9889-9904.

DONALEK C, DJORGOVSKI S G, CIOC A, et al., 2014. Immersive and collaborative data visualization using virtual reality platforms. International Conference on Big Data: 609-614.

FAN J, HAN F, LIU H, et al., 2014. Challenges of big data analysis. National Science Review, 1(2): 293-314.

GEBBERT S, PEBESMA E, 2014. A temporal GIS for field based environmental modeling. Amsterdam: Elsevier.

JAMES M, MICHAEL C, BRAD B, et al., 2011. Big data: The next frontier for innovation, competition and productivity. McKinsey Global Institute, Silicon Valley, USA: Technical Report 0983179697.

LABRINIDIS A, JAGADISH H V, 2012. Challenges and opportunities with big data. Proceedings of the VLDB Endowment, 5(12): 2032-2033.

NAJAFABADI M M, VILLANUSTRE F, KHOSHGOFTAAR T M, et al., 2015. Deep learning applications and challenges in big data analytics. Journal of Big Data, 2(1): 1-21.

SAGIROGLU S, SINANC D, 2013. Big data: A review. Collaboration Technologies and Systems: 42-47.

SHI Q, PETTERSON J, DROR G, et al., 2009. Hash kernels for structured data. Journal of Machine Learning Research: 2615-2637.

VILAJOSANA I, LLOSA J, MARTINEZ B, et al., 2013. Bootstrapping smart cities through a self-sustainable model based on big data flows. IEEE Communications Magazine, 51(6): 128-134.

WALLER M A, FAWCETT S E, 2013. Data Science, predictive analytics, and big data: A revolution that will transform supply chain design and management. Journal of Business Logistics, 34(2): 77-84.

YAQOOB I, HASHEM I A, GANI A, et al., 2016. Big data. International Journal of Information Management, 36(6): 1231-1247.

YE X, WU X, 2014. Three-dimensional panel data models with interactive effects: Estimation and simulation. Economics Letters, 123(1): 62-65.

第3章 跨域多维大数据发展策略

本章将探讨跨域多维大数据发展策略，分别从跨域多维大数据的需求、发展瓶颈、数据来源、数据安全、数据价值和数据交易6个方面进行详细介绍。

3.1 跨域多维大数据需求

本节从服务对象和业务需求两个方面探讨跨域多维大数据的需求。其中：服务对象主要包括政府、企业、公众和城市4个方面；业务需求主要可以分为政务管理、城市综合管理、公众服务、企业服务四大类。

3.1.1 跨域多维大数据服务对象分析

跨域多维大数据服务对象如图3-1所示。

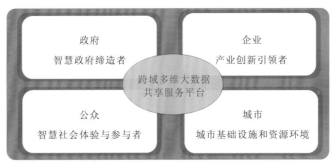

图3-1 跨域多维大数据服务对象

地方政府作为城市管理者，要有全面高效可靠的技术能力保障；横琴新区以创新为灵魂和基因，要有创新灵活的系统做匹配；自贸区赋予改革试点先行义务，要有颠覆性技术做依靠。

粤港澳大湾区是全球开放性最高、经济最活跃、创新氛围最浓厚的地区之一。同时，在建设过程当中，跟其他湾区相比有它的特殊性。这个特殊性就在于粤港澳大湾区是基于一个国家、两种制度、三个关税区、三种货币和三种法律制度这样一个非常复杂的情况。因此，其对服务于粤港澳三地的政府有着更高的要求，更加需要利用跨域多维大数据共享平台作为支撑。

企业作为城市活力的引擎，要为企业入驻发展提供全方位便捷的服务；要持续保持企业服务制度和应用创新，以科技手段提供支撑保障。

粤港澳大湾区的特殊性还在于粤港澳大湾区是国家重大发展战略布局地区，辐射范围不局限于粤港澳企业；随着《粤港澳大湾区发展规划纲要》的发布，内地多省区奔赴粤港澳地区招商引资，积极主动对接、融入大湾区。这就更需要通过利用跨域多维大数据共享平台来更加便捷快速地服务当地及各个新融入的企业。

公众作为城市的主人，要处处体现以人为本的建设理念目标；科技作为人与城市的最主要媒介，要让两者互动无处不在；科技能力在公共服务领域中将有着极大的助力外因作用。

粤港澳地区是我国开放程度最高、经济活力最强的区域之一，因此，公众不仅包括常驻市民，同时有很大一部分群体属于港澳相关群体和外来游客；由于这一特殊性，让建设跨域多维大数据共享平台更加刻不容缓。

横琴发展纲要中提出横琴活力岛、生态岛、智能岛的定位；打造国际一流的智慧城市体验之城，设定智慧城市新指标体系；以"互联网+"、"双创"（大众创业、万众创新）、新基建、大数据特区的国家战略为依据，打造示范城市试点，努力探索以科技创新为支点的发展之路。

澳门大学在横琴地区有着 $1.09\ km^2$ 的土地作为校区，并通过全国人大常委会的立法，按照澳门法律来管辖，这一举措提升了粤港澳大湾区整体高等教育水平，打造了教育和人才高地；通过一流的科研和教育，为粤港澳大湾区发展提供持续的创新发展动力源；但同时，也为政府对当地的管理加大了难度，需要跨域多维大数据服务平台进行统一管理。

3.1.2 跨域多维大数据服务分析

跨域多维大数据既实现了横琴新区从数字化到智慧化的自身需求，又满足了粤港澳大湾区发展过程的特殊需求。根据对智慧岛建设的服务对象分析，在智慧岛的应用中主要存在三个主体：政府、公众、企业，结合服务对象和管理信息分类，将智慧岛城市信息平台及应用系统分为四大类：政务管理、城市综合管理、公众服务、产业服务。

1. 政务管理

跨域多维大数据为实现一体化政务提供支持。围绕促进简政放权、放管结合、优化服务改革措施落地，针对企业和群众反映的办事难、审批难、跑腿多、证明多等突出问题，从充分发挥信息化作用的角度提出规范行政权力运行、优化政务服务供给的解决路径和操作方法。基于跨域多维大数据，建成覆盖横琴的整体联动、部门协同、一网办理的一体化"智慧政务服务"技术和服务体系，推出"琴易办"移动应用，实现政务服务的标准化、精准化、便捷化、平台化、协同化，优化政务服务流程，打通服务渠道，提升群众办事满意度，"琴易办"移动应用界面如图3-2所示。

2. 城市综合管理

（1）智慧交通。利用各种智能交通系统技术为出行者提供安全、畅通、高品质的行程服务，支撑和引导交通与城市的和谐和可持续发展，具体包括：通过建设完备的交通综合监测和交通综合调控体系提高道路通行能力；通过建设客货运场站管理体系和信用

图 3-2 "琴易办"移动应用界面图

体系及营运车辆监控体系，提高交通运输管理水平；通过智能交通技术的引进和发展，促进智能交通产业，形成智能交通产业群。

（2）智慧城管。基于跨域多维大数据建立城市管理信息集成和可视化管理平台，遵循万米单元网格法和城市部件、事件管理法，创建整个智慧城市"大城管"的科学化城市管理工作流程和绩效评价机制，构建一个适应创新型城市和低碳城市管理的新体制、新方法，为城市管理体制、机制及管理手段的重大变革与创新提供助力。

（3）智慧平安。跨域多维大数据服务于"开放岛""活力岛""智慧岛""生态岛"的建设，通过夯实视频基础设施建设、新建视频云数据中心、建设三网视频联网平台、建设视频图像综合应用平台、开放社会视频应用服务接口、完善配套管理措施在内的公共安全视频监控系统建设任务，提升视频应用在加强治安防控、优化交通出行、服务城市管理、创新社会治理等方面的覆盖面，图 3-3 为智慧横琴视频监测系统示意。

（4）智慧消防。通过高效复用已有感知设备并合理增加其他感知设备，构建城市泛在感知网络，继而对各类感知数据、政府部门数据、行业数据全面整合、深度挖掘、综合应用，实现城市消防日常治理精准有效、危机处置快速高效、队伍管理精细实效，提升城市消防日常治理、应急处置的运营管理水平。更具体地，通过相关系统建设，可以提高平时对部队装备、消防车辆、市政消火栓的管理效率和精细化程度，以及形成战时快速响应调度能力、资源优化配置能力、火情精准掌控能力、人员安全保障能力等。

3. 公众服务

（1）智慧医疗。分层医疗卫生体系通过对相同区域、不同级别的医疗资源进行职责区分，统一进行关联管理的一套新型医疗改革模式，通过充分发挥不同级别医院能力的同时，保证医疗资源有效地供给，满足居民对医疗服务的需求。要充分实现分层医疗卫

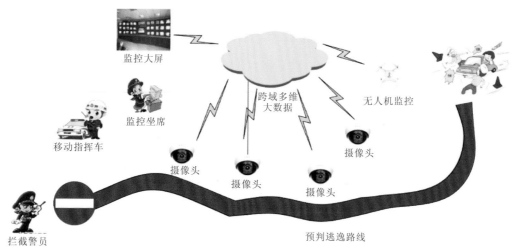

图 3-3　智慧横琴视频监测系统示意图

生体系的优势、探索更好的医疗服务模式，需要具备"智慧"的医疗卫生体系：完善的居民电子健康信息、医疗资源间的互联与共享、居民和医疗资源间的互动、医院的运营管理和对医院运营的监管。这些都需要具有海量、复杂多样数据的跨域多维大数据提供数据支持。

（2）智慧社区。加快推进社区服务资源信息的集成利用。社区各级各类服务资源信息的集成开发利用是智慧社区建设的核心，也是推进智慧社区建设的重点、难点和关键点，采取强有力措施，进行全面采集、系统集成、广泛开发、充分利用。加快推进公共服务系统建设。加快电子政务向基层延伸，支持基层政府和社区开展管理和服务模式创新。通过建立市区、街道、社区三级政务服务网络，让居民在社区享受到相关政策的网上查询、网上服务等。通过电子政务服务的整合共享，让居民在社区享受到"一站式、互动式、高效率"的在线办事服务。

（3）智慧社保。智慧社保的核心思想是"以人为本"，核心目标为"记录一生、服务一生、保障一生"，即按人一生的状态变化，进行人力资源社会保障信息系统总体设计。以服务流为核心，面向个人服务一生、保障一生，实现社会保障一卡通；以信息流为核心，面向个人记录一生；以基金流为核心，以信息化手段保障基金安全；以管理流为核心，面向管理决策者实现精确管理。

（4）智慧教育。横琴作为粤港澳合作新模式的示范区，将成为人才聚合的高地。为此，横琴将利用信息化建成覆盖全区、互联互通、开放共享的数字教育资源云服务体系，建立优质教育资源的共建共享机制和服务供给模式，实现优质教育资源公办民办学校全覆盖。

4. 产业服务

（1）智慧旅游。横琴新区智慧旅游系统的建设以"统一规则、分步实施、贴近游客、深度服务"为原则，通过重点建设智慧横琴旅游服务平台、智慧横琴旅游电子商务平台、智慧横琴旅游管理平台、智慧横琴旅游政务平台为基础，形成"基础建设是支撑，信息资源交换与信息共享是主线，应用是关键，服务是核心，制度、标准、管理、绩效是保障"的智慧旅游体系。

（2）智慧金融。主要针对横琴新区全部企业的非法集资风险监测和预警系统、针对拟新设、变更或注销企业（需进行信息采集的企业）的合规风险审核系统、针对横琴新区企业的投融资对接服务系统。由于奖励企业数量增多、金额巨大，再加上奖励工作的长期延续性，希望通过奖励系统提高工作效率、实现网上申报、横纵向、多口径的统计、检索和存档功能。

（3）智慧口岸。横琴兼具国家级新区和自由贸易试验区的双重身份，承载着粤港澳一体化发展的历史使命，同时毗邻港澳，处于"一国两制"的交汇点和"内外辐射"的结合部，2011年国务院发文批复横琴实行"分线管理"创新政策，将横琴与澳门之间设为一线口岸，将横琴和内地设为二线口岸，一线放开，二线管住，构建粤港澳紧密合作新载体，促进澳门产业多元化。同时明确要求横琴环岛不能像保税区一样设置物理隔离围网，而是采用信息化手段，确保有效监管，图3-4为横琴跨域多维电子围网系统界面。

横琴智慧口岸是覆盖口岸和海关特殊监管区的电子政务、公共服务和电子商务的统一信息平台。作为自成体系且独立运作的"大通关、大物流、大外贸"公共信息平台，在服务执法统一性的同时，为有关部门、口岸单位及相关进出口企业提供通关、物流及商务等方面的服务。

图 3-4　横琴跨域多维电子围网系统界面图

3.2　跨域多维大数据之瓶颈

大数据是一种新型技术，大数据技术在其实际应用过程中，需要不断完善与发展，以适应现代企业发展需要，现在一般专家都对大数据定义为"大数据技术描述了新一代的技术和架构体系，通过高速采集、发现或分析，提取各种各样的大量数据的经济价值"。

根据其定义特点,大数据具有 4V 特性。大数据的快速发展正在给传统工业生产方式带来颠覆性、革命性的影响,但目前跨域多维大数据也还存在诸多瓶颈。具体分为图 3-5 所示的几个方面。

图 3-5 跨域多维大数据瓶颈

3.2.1 行业标准规范存在不一致导致的大数据共享困难

由于不同行业不同企业的信息化程度不同,大数据行业标准难以形成。许多信息系统重复建设,造成资源的大量浪费,并且无法解决数据共享困难、数据口径不统一等问题。没有统一的数据标准、技术标准和统一标准的系统,数据共享互通非常困难。目前大数据领域缺乏统一的数据标准和建设规范体系,各地在区域性大数据发展建设过程中自建体系标准导致大数据共享困难。在此期间也容易出现盲目跟风建设现象,造成标准不一。如果不能及时采取有效途径,则很可能形成新一轮行业、区域间的数据壁垒,导致建于其上的应用无法在不同区域间复制推广。

目前,大数据的相关标准建立仍处于探索阶段,行业大数据的安全规范还不够完善。随着大数据在多个领域的深入应用,在行业缺乏统一标准和规范的情况下,单纯依靠企业自身的控制管理将会带来更大的安全风险。

3.2.2 政府数据开放共享不足

对数据与信息的获取和控制是大数据产业的基础,数据流通是促进数据市场发展的首要条件。李克强总理在 2016 年度贵阳国际大数据产业博览会上指出"数据就像是一个钻石矿",中国超过 80%的数据在政府手中,政府应共享开放信息来改善大数据。目前,我国政府信息共享工作仍处于渐进期,对于数据开放还处于摸索时期,政府数据开放共享中存在以下几个方面的问题.

(1)在管理方面,由于各部门肩负不同的行政管理职能,部门信息的管理标准基于本部门的实际需求制定,各部门的大数据建设标准不一致,各部门间的数据不能直接共享,形成了数据孤岛、数据壁垒,加大了政府数据共享的难度。

(2)在技术方面,大数据核心技术包括数据采集、预处理、存储管理与挖掘等几个方面,目前海量的多源异构大数据对大数据技术提出了更高的要求,需要技术人员不断努力与创新。

（3）在安全方面，信息安全也影响了政府信息共享的进程，我国目前针对信息安全的法律法规还不够完善，政府大数据共享中涉及的采集安全、存储安全、传递安全等环节，任何一个出现纰漏，都会造成巨大的损失。

3.2.3 配套法律法规建设滞后

目前国内关于信息数据的配套法律法规还不够完善。

一方面，个人信息法律保护不完善，我国尚未制定专门统一的个人信息保护法。当前，我国初步建立了对个人信息和个人隐私权保护的法律体系，散见在相关法律条款、行政法规和部门规章中，但缺少个人信息保护方面的专门性立法，没有一部基本法律来全面系统地就个人信息保护的基本原则、个人信息主体的权利、监管机构及其职责、个人信息和隐私权受到侵犯时有效的法律救济等重要问题进行规定。2012 年全国人大常委会出台的《关于加强网络信息保护的决定》只是规定了个人信息保护的基本原则，操作性不强，需要建立配套的法律法规及操作性强的实施细则。

另一方面，各行业主管机构分头监管，企业对所收集用户数据的使用权边界模糊不清，用户无法了解自己隐私信息的用途，缺少知情权和选择权，数据使用监管存在明显隐患。同时，大数据时代数据产权模糊，由于数据产权的模糊性，也给用户权益的保护带来了困难，非法利用和出售个人数据以获利，侵犯用户知识产权、隐私权、知情权等行为时有发生。企业或组织内部出现信息泄露更有可能会泄露几乎所有的数据资产，并且数据可能会在泄密后迅速传播，甚至会导致更严重的数据篡改和智能欺诈。目前，互联网上出现了大量的高新技术应用，如云计算、无线射频辨识系统和社交网络等，这也可能导致许多用户的隐私泄露。如今，电信诈骗、个人信息泄露等问题已经成为一个非常严重的社会现象，而这一现象大部分是由数据隐私泄露造成的。

3.2.4 大数据获取水平不高

大数据的获取仍存在数据应用响应速度不足、数据系统不够集中、数据质量较低等多个问题。数据的质量不足，主要表现在获取的数据重复、数据错误、数据丢失及数据格式不统一等方面，且大数据来源复杂，会存在小概率偏差，可能会导致大数据分析的结果有时不可信赖。数据信息大部分分散于多个数据系统中，且不同系统标准不一致，导致现有的数据采集能力难以满足当前大数据分析处理要求，数据获取手段仍需进一步提高。

3.3 跨域多维大数据来源

进入 21 世纪以来，随着互联网信息技术及经济社会的发展，移动互联、社交网络、电子商务等极大拓展了互联网的应用范围，各个行业和业务职能领域的各类数据迅速膨胀和大量积累，根据 IDC 的测算，2011 年数字世界将产生 1 800 EB 的数据，2012 年增长 40%，达到 2 500 EB（Jindal et al.，2018）。截至 2020 年底，会达到 35 000 EB。而 2019 年 11 月腾讯云副总裁、腾讯数据平台部总经理蒋杰在 Techo 开发者大会上表示，腾讯大数据平台的算力资源池在经过 10 年的积累后，目前已有超过 20 万台的规模，每天实时数据计算量超过 30 万亿条。不只是腾讯数据，百度、阿里、Google 等平台上每日数据量也增长到了令人难以置信的程度。跨域多维大数据来源主要有以下几个方面。

3.3.1 天-空-地-海一体化感知网时空大数据

天-空-地-海一体化感知网是多维大数据中的重要组成部分。

1. 导航与定位大数据

连续运行卫星定位服务综合系统（CORS），利用多基站网络实时动态（real-time kinematic，RTK）技术建立，已成为城市卫星定位应用的发展热点之一。CORS 是卫星定位技术、计算机网络技术、数字通信技术等高新科技多方位、深度结晶的产物。CORS 由基准站网、数据处理中心、数据传输系统、定位导航数据播发系统、用户应用系统 5 个部分组成，各基准站与监控分析中心间通过数据传输系统连接成一体，形成专用网络，如图 3-6 所示。

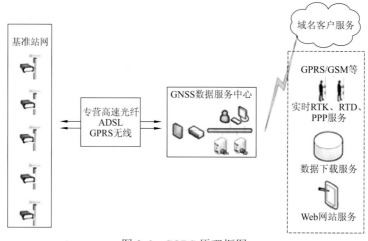

图 3-6　CORS 原理框图

CORS 彻底改变了传统 RTK 测量作业方式，其主要优势体现在：①改进了初始化时间、扩大了有效工作的范围；②采用连续基站，用户随时可以观测，使用方便，提高了工作效率；③拥有完善的数据监控系统，可以有效地消除系统误差和周跳，增强差分作业的可靠性；④用户不须架设参考站，真正实现单机作业，减少了费用；⑤使用固定可靠的数据链通信方式，减少了噪声干扰；⑥提供远程 Internet 服务，实现了数据的共享；⑦扩大了 GPS 在动态领域的应用范围，更有利于车辆、飞机和船舶的精密导航；⑧为建设数字化城市提供了新的契机。

CORS 不仅是一个动态的、连续的定位框架基准，同时也是快速、高精度获取空间数据和地理特征的重要的城市基础设施，CORS 可在城市区域内向大量用户同时提供高精度、高可靠性、实时的定位信息，并实现城市测绘数据的完整统一，这将对现代城市基础地理信息系统的采集与应用体系产生深远的影响。它不仅可以建立和维持城市测绘的基准框架，更可以全自动、全天候、实时提供高精度空间和时间信息，成为区域规划、管理和决策的基础。该系统还能提供差分定位信息，开拓交通导航的新应用，并能提供高精度、高时空分辨率、全天候、近实时、连续的可降水汽量变化序列，并由此逐步形成地区灾害性天气监测预报系统。此外，CORS 可用于通信系统和电力系统中高精度的时间同步，并能就地面沉降、地质灾害、地震等提供监测预报服务、研究探讨灾害时空演化过程。

2. 对地观测系统数据

天-空-地-海一体化感知网通过数据采集、查询和处理等，基于科学目的与应用，实现对环境事件的感知，从而促进空间数据获取、处理、分发和应用。不仅可以基于天地一体化对地观测系统生产 4D 产品，而且可以提供定制化、实时的灵性服务，图 3-7 为对地观测系统示意图。

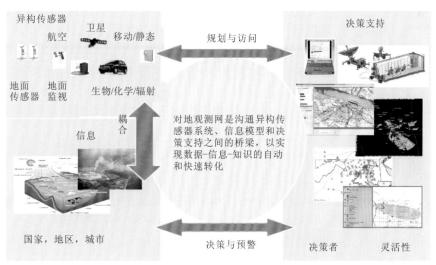

图 3-7　对地观测系统示意图

横琴对地观测系统根据横琴的实际情况，定期购买相关的遥感影像数据和进行各类测绘工作，并搭建自己的无人机系统和各类无线传感系统，配合横琴北斗 CORS，实现横琴的实时对地观测。

无人机（unmanned aerial vehicle，UAV），即无人驾驶飞机，是利用无线电遥控设备和自备的程序控制装置操纵的不载人飞机。图 3-8 为无人机系统构成，无人机没有驾驶舱，但安装有自动驾驶仪、程序控制装置等设备。民用无人机应用行业广泛，可用于农业植保、电力巡检、油气管道巡检、森林防火、公安执法与反恐维稳、地质勘探和海洋遥感等。

利用一些包括无人机低空遥感技术在内的信息化手段，为用户提供智慧应用、智慧规划、多规合一，实现同样一张蓝图下的智慧城市建设。

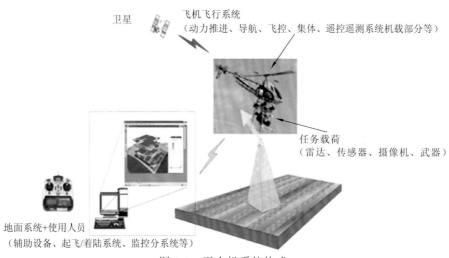

卫星　飞机飞行系统
（动力推进、导航、飞控、集体、遥控遥测系统机载部分等）

任务载荷
（雷达、传感器、摄像机、武器）

地面系统+使用人员
（辅助设备、起飞/着陆系统、监控分系统等）

图 3-8　无人机系统构成

3. 视频监控网络数据

为实现横琴新区"封关运作、分线管理"的部署，横琴海关建设了综合运用多种技术手段，构建一个数字化、智能化、多层次、多种检测技术叠加的闭合式电子围网。电子围网是沿横琴环岛岸线设立总长约 53 km 的闭合的电子信息围网，通过红外检测、雷达监测、无人机巡查、车载巡查、卫星定位、船舶自动识别系统（automatic identification system，AIS）等技术，构建一个针对横琴及其周边全天候闭合式电子信息围网，横琴新区电子围网系统如图 3-9 所示。横琴新区电子围网全天候、无盲区对横琴岸线进行监测，电子围网系统中的视频数据也是跨域多维大数据的重要组成部分。

4. 无线传感网络数据

无线传感器网络（wireless sensor networks，WSN）是一种由传感器节点构成的网络，能够实时地监测、感知采集节点部署区内感兴趣的感知对象的各种信息（如光强、温度、湿度、噪声和有害气体浓度等物理现象），并对这些信息进行处理后以无线的方式发送出去，通过无线网络最终发送给终端用户。随着通信技术、嵌入式技术、传感器技术的飞速发展和日趋成熟，具有感知、计算、通信、路由功能的微传感器节点不断涌现，由这些节点构成的无线传感器网络备受关注。

无线传感器网络系统通常由传感器节点（sensor node）、网关节点（sink node）和终端用户组成。如图 3-10 所示，大量的传感器节点部署在监测区域，通过自组织方式构成网络。传感器节点监测到的数据经过多跳后路由到网关节点，网关节点在对数据进行分析、融合等处理后，通过有线或者无线的方式将数据送入终端用户。用户通过监控中心对传感器网络进行配置和管理，发布监测命令及收集监测数据。

横琴无线感知网是一个包含北斗导航系统（CORS）、4G、WiFi 等组成的物联网体系。物联网结点群借助现有的电信网与 Internet 联结，北斗导航系统（含 CORS）为物联网结点提供定位，提高结点获取信息的有效性，因为不确定位置的信息往往是无用的。这种定位，可以是卫星直接与任意结点进行单独定位，但这样对结点功能要求高，结构

图 3-9　横琴新区电子围网系统

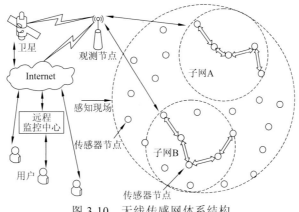

图 3-10　无线传感网体系结构

设计复杂，制造成本较高；另外，可以使用卫星只对簇头结点进行定位，再用定位好的簇头结点对普通结点进行间接定位。由于北斗导航系统所独有的短报文转发功能，在物联网结点无法与电信网实现联结的情况下，可以借助北斗导航系统为物联网结点提供一种可用的辅助通信方式。

结点可以通过卫星与结点进行通信，大部分情况下，通过现有布设好的电信网设备与结点取得联系，获取信息或控制结点。对于物联网信息的管理，结点通过电信网设备上传到互联网，用户通过电信网登录互联网获取物联网信息。

3.3.2　政务大数据

政府、协会、其他中介组织等，会拥有大量的数据信息。它可以从整体上分为公开的和保密的两个类别。公开的如 GDP、固定资产投资等宏观经济数据，包括历年统计年鉴或人口普查的数据，以及地理信息数据、金融数据、房地产数据、医疗统计数据等。保密的数据有军事数据、航空航天、卫星监测、刑事档案等不可公开的大量数据。例如现在许多城市所推动的智慧城市建设蓝图，其基本思路之一，即是推动各种公共渠道大量数据的共享，从而为城市的各种智慧化应用提供数据支撑，其服务对象当然也包括广大的企业。又如，我国新近实施的企业工商数据公示制度，其实也会成为一个很好的公共数据来源。在任何一个企业的基本情况与报表信息都可以在网上查到的情况下，如果能够对这样的数据资源进行归集整理，其中的价值不可小视。

政务大数据管理示意图如图 1-9 所示，由于政府各系统接口不一、行政分割、管理分治，缺乏有效的横向协同机制，形成了众多呈封闭状态的信息孤岛，对接政府数据源的关键在于首先要开发安全、可信模型，从技术和流程层面确保信息安全，可开发运行于当前各类政府数据平台内部的采集模块或前置机，通过政务云和数据总线等基础设施实现工商、公安、税务、人社、民政、卫生等部门业务数据库、数字档案和电子文件内的物理汇聚和逻辑互通。

3.3.3　企业大数据

除了政府数据源之外，企业作为城市经济系统的基本单位，同样拥有海量高价值的数据（郑英豪，2015）。如百度、阿里巴巴、腾讯、新浪微博、亚马逊等公司的用户消费行为数据及社交行为数据。旅游公司的酒店、交通、门票等订单数据，医院的检测数据及死亡病因数据，农业的养殖培育数据等，都属于企业大数据。企业大数据来源主要包括以下几个方面。

（1）来自企业数据化的档案。每个企业都会有历史档案，这些历史档案资料，与财务、客户、员工、地理、人文甚至是天气等相关的资料蕴含着客观的数据挖掘潜力。如在粤港澳大湾区的房地产企业的销售数据中，可以通过历史档案数据与当时天气、地理等数据的结合，进而有针对性地进行一些营销活动。当然，利用历史档案的前提是档案的数据化，借助于现代的图像、文字、音视频等识别技术，将大量的历史档案转为数据资料，是档案大数据挖掘的重要基础。

（2）来自企业信息化系统。企业的信息化系统包括办公自动化（office automation，OA）、企业资源计划（enterprise resource planning，ERP）、客户关系管理（customer relationship management，CRM）等多种类别。在这样的信息化系统中，每一天都会有大量的数据产生并沉淀。例如 OA 系统中各种办公流程所产生的人事、财务、业务、项目等方面的数据，以及后台的日志数据；ERP 系统中关于企业人、财、物、时间、空间等资料与企业供应链方面的数据；CRM 系统中客户的信息与交互数据等。信息化系统本身就是良好的数据分析平台，其报表生成、运营分析等各种分析功能也能够为企业带来诸多的分析价值。

（3）来自企业物联网络。企业数据化的一个重要领域是物联网，一方面，物联网的技术存在于企业产品的智能化互联，例如德国某光学设备生产企业通过涵盖整个制造流程的数据化传感网络，使其生产制造具备了工业 4.0 的特征。另一方面，物联网的大数据还可来自关于企业内部管理的物联网络。例如美国的 Sociometric Solutions 公司，是一家社会经济学解决方案提供商，这家公司推出了一款智能工牌，如胸牌，内置了多种物联传感器。这种智能工牌可以记录员工的交流行为，包括声调、姿态和身体语言。例如当员工之间在聊天时身体有向前靠的举动，则有可能说明二人的合作状态不错。类似于这种的物联网系统所产生的大数据，其应用潜力是巨大的。

企业大数据可以通过离线交换的方式或者通过公众网数据上载的方式来进行采集。其流程如图 1-10 所示。

3.3.4　互联网众源大数据

散布于网络上的图文影像是数据生态的重要组成部分，能够用于了解社会动向，准确把握舆情和公共服务需求，提前发现和消除社会安全隐患，它的来源主要有两方面。

（1）互联网大数据。美国信息可视化服务商 Domo sphere 在 2014 年 4 月发布的 2.0 版《数据永不眠》显示，每分钟 Facebook 上有 246 万的帖子被分享、Twitter 上有 28 万条推送、You Tube 上能收到 72 h 时长的视频、谷歌上收到 400 万次搜索请求。每分钟如此，每天、每年的数据量，只能用"海量"来概括。当然，准确计算究竟有多少数据量，没有实际意义，因为互联网的数据增加速度，时刻都在变化。这里，需要重点关注的是现在的社交网络，美国的 Twitter 与中国的微博，美国的 Facebook、WhatsApp 与中国的微信，已呈"统治一切"的节奏，这些应用所带来的数据量每时每刻都在增大，所带来的大数据价值也将不可估量。

（2）物联网大数据。除了互联网，外部大数据仍然需要注意能量更大、影响更深的物联网（Internet of things，IoT）世界。一架波音 787 飞机，每次飞行所产生的物联网数据量大约有 500 GB。据著名咨询公司 Gartner 预计，2020 年全球将有 250 亿台的设备通过物联网连接，如汽车、家电、办公设备等，这些连网设备中包括各式各样的音频采集器、视频采集器，多样的虚拟感官系统（视觉、听觉、嗅觉等）。如此的物联网世界，其数据产生速度肯定会大于关于人的互联网世界。

对于这类数据，需要开发大规模分布式爬虫和实施解析模块，针对特定主题，从互联网中爬取相关数据，并在抓取的同时实现基本的校验、统计和抽样提取，如图 3-11 所示。

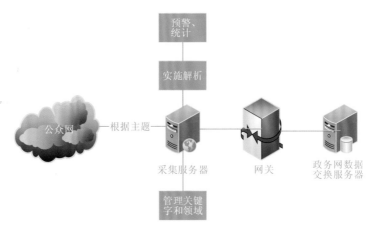

图 3-11　互联网众源大数据采集示意图

3.3.5　个人大数据

个人大数据指的是使用者自身产生的数据或信息。个人大数据包括电子邮件、文档、图片、音频、视频，以及通过微信、博客、Twitter、维基、Facebook、Linkedin 等社交媒体产生的数据流，如图 3-12 所示。比如个人拍摄的照片、录音、聊天记录、邮件、电话记录、文档等隐私数据。这类大数据大多数为非结构性数据，需要用文本分析功能进行分析。

图 3-12　个人大数据

3.4　跨域多维大数据安全

大数据安全和隐私持续令人担忧。如何在不泄露用户隐私的前提下，提高大数据的利用率，挖掘大数据的价值，是目前大数据研究领域的关键问题，将直接关系大数据的民众接受程度和进一步发展趋势（范海燕，2019；Dincer et al.，2017；Khan et al.，2017；

Bertino et al.，2015）。

大数据的过度滥用所带来的问题和副作用，最典型的就是个人隐私泄露（陈丽丽，2017；Jung et al.，2017；Zharova et al.，2017）。在传统采集分析模式下，很多隐私在大数据分析能力下变成了"裸奔"。类似的问题还包括大数据分析能力带来的商业秘密泄露和国家机密泄露。

在技术方面，隐私保护的研究领域主要关注基于数据失真的技术、基于数据加密的技术和基于限制发布的技术。

3.4.1 隐私安全

大数据的关键在于数据的存储和使用，因此不可避免地会遇到安全隐私保护的问题，相比于传统的数据，大数据具有生命周期长、可多次访问、频繁使用的特点（Katrina et al.，2018；Radu et al.，2017；Liu et al.，2015），大数据环境下，云服务提供商、各数据厂商、外部入侵者的增加都加大了用户隐私数据泄露、数据被窃取、数据被篡改的风险。由于云平台的大数据具有很高的价值，大数据信息的泄露将会给政府、企业和个人带来无法估量的损失。云端大数据平台的数据安全隐私威胁主要表现在以下几个方面。

数据拥有者在对数据存储过程中容易侵犯用户的隐私。大数据的拥有者无法知道自己在云平台上数据的具体位置，用户对个人数据无法得到有效控制。

在数据上传到云平台的过程中对用户的安全隐私造成侵犯，在大数据和云计算环境下，环境更加复杂、更加开放和多元化，基础设施的限制和外部的侵入使用户数据的安全隐私更容易受到侵犯（Santos et al.，2018；Torra，2017；Tankard，2012）。

在云平台上，在数据的处理过程中容易对用户的安全隐私造成侵犯，在云平台处理大数据的过程中，部署大量的虚拟技术、加密措施的不完善和云服务提供商的不可靠等都会产生安全问题。另外由于云端大数据的动态性和共享性加大了管理的难度，账户劫持、攻击、身份伪装、密钥丢失、认证失败等都容易给用户造成安全隐私问题。

云计算和大数据的安全隐私保护是云端大数据平台关键技术快速发展和运用的重要前提。在网络信息技术时代，如果没有网络的安全就没有数据的隐私安全，没有数据隐私安全必然就没有信息安全，没有信息安全何谈云服务的安全。云计算、大数据产业及相应提供的服务要健康、快速的发展，就需要得到用户的信赖，就需要社会各界更加重视云平台下的大数据安全隐私保护的问题。从技术层面深研发相关的技术，严防计算机病毒和打击不法黑客的攻击，确保数据信息拥有者的自主权。从法律层面，要加快立法的进度，依法保护大数据的隐私安全，对不法分子坚决打击，维护良好的信息服务环境。从科研层面，研究云端人数据平台的安全隐私保护方面的算法及协议，并运用到具体的实践中。云计算平台下的大数据安全隐私保护问题，是社会各界必须要高度重视的问题，良好的云端大数据平台的安全隐私保护是保证云计算、大数据快速发展和运用的重要前提。

3.4.2　跨域多维大数据安全隐私的挑战和对策

目前跨域多维大数据所面临的安全挑战有以下几点。

（1）远程数据完整性验证。云计算结果的正确性当然依赖于参与运算的数据是否完整且真实，在现实网络环境下，由于用户在本地未保存数据备份，即便保存有数据备份也不能通过从云端下载数据来进行验证（这样做将付出极大的通信及计算代价），那么如何以较小的成本验证远程数据的完整性就显得非常重要。在数据流处理完整性验证方面，传统的分布式数据流处理假设所有的处理模块都是可信的，但是这在开放的多租客云平台上的云基础设施中是无效的，如有些模块可能存在很多安全漏洞，被攻击者挖掘而进行攻击；甚至有些攻击者可以租赁云服务器来设置恶意的处理模块对用户造成安全隐私威胁。

（2）由于有些用户对云端的安全性不完全放心，在上传数据之前会对自己的数据进行加密，而一旦数据加密，则导致大多数数据分析方法失效。

（3）云计算结果的正确性。如何保证上传至云端的数据在完整的情况下进行运算，同时因为有些运算数据十分重要，一旦泄露将带来无法估量的重大损失，所以需要对运算结果的隐私性加以保护。

（4）数据计算的隐私保护。根据前面提到的隐私性定义，数据安全隐私的保护是非常复杂的，除了数据内容本身的保护之外，数据的相关计算信息，如访问模式、访问历史等，一旦这些信息泄露，也将在一定程度上泄露数据本身的相关信息（周猛，2019）。

从跨域多维大数据所面临的安全挑战中可以看出，在大数据时代背景下，如果有不法人员能够获取到用户的各项数据信息，不仅仅可以将用户生活习惯了解清楚，甚至可以直接通过网络将部分用户财产进行转移。所以必须做好跨域多维大数据中的用户隐私保护工作。根据保护内容的不同，保护可分为位置隐私保护、标识符匿名保护及连接关系匿名保护等。

要想做到跨域多维大数据的安全防范，就应当保护好数据源、数据存储、数据分析及数据传输各个环节。因此，实现大数据安全与隐私保护的方法虽然种类多样，但目前常用的隐私保护技术主要可以划分为以下三类。

（1）数据本身隐私保护。从数据源处获取到的信息并不都是可信的信息，要想做到大数据安全，就应当对数据来源进行甄别，采取数据溯源技术则能够将原始数据转化为目标数据的过程进行忠实记录，从而保证后期数据处理时能够进行验证、清理，确保所得到的数据都是真实可靠的。另外，还可以考虑采用数据扰乱的方式加强隐私保护力度，将原始数据先进行部分属性值交换、叠加噪声或者删除修改记录等处理，将各类敏感数据隐藏起来，保证原始数据在传输过程当中不被窃取。常用的数据扰乱技术有数据乱序、数据屏蔽、数据清洗、数据匿名等。但是采用数据扰乱虽然能够有效地保护数据隐私，但是也会使得数据本身被修改，如果要进行数据挖掘操作，将会影响到挖掘精度问题。

（2）基于计算框架隐私保护。因为大数据采取的是分布式计算框架，所以不能依照常规的安全保护技术去保护隐私，而应当尽可能地去建立安全认证授权机制，准确地判定计算节点是否可信、做好认证授权机制检查工作。如德克萨斯大学研究人员开发的名为 Airavat 的分布式计算系统，是用一套 Kerberos 的计算机网络授权协议作为在网络通信之中提供可信第三方服务的认证授权机制。在该分布式系统中，还将强制访问控制介质访问控制层（media access control，MAC）与差分隐私技术进行了整合，这样系统可以拥有最高权限，强制性进行主体是否拥有访问相应资源权限的查询，同时完成细粒度的访问控制，又能将差分隐私技术干扰攻击者破译隐私信息的优势放大，有效提升了隐私保护力度。

（3）数据挖掘隐私保护。进行数据挖掘分析时，很容易泄露用户信息。因此在进行数据挖掘时，相关技术人员也会采取各种隐私保护方法，并且尽量保证数据挖掘精度不会受到严重影响。比较常见的数据挖掘隐私保护技术可以分为基于同态加密、基于不经意传输、基于安全多方计算等。所谓的数据加密其实就是利用一些加密算法将原有信息数据进行处理，当需要使用信息的一方拿到数据以后，再用既定的解密规则将密文还原为明文。在这个过程当中，没有秘钥的攻击者们即使拦截了传输密文，也很难得到有用信息。但是，大数据时代数据量过大，这也就催生了同态加密技术的诞生，利用该技术能够将密文施加代数运算，而且运算后得到的数据依旧为加密状态，不需要将其进行多次加密解密也可以保证数据隐私。而不经意传输（oblivious transfer，OT）协议则是现如今比较常见的一种隐私保护协议，其核心理念是"接收者可以有一定的概率接收到发送者发出的消息，但是并不是全部，这也就保证了通信过程的保密性"。现如今的 OT 协议已经可以进行 N 选 1 不经意传输，发送者本身也不会知道自己的消息究竟是哪一位接收者收到。安全多方计算（secure multi-party computation，SMC）则是指多个参与方相互提供自己的秘密数据，共同完成协同计算，这样的协同过程能够让每一个参与者都能得到正确计算结果，而且各自秘密数据不会被泄露。在数据挖掘当中应用安全多方计算能够很好地保证数据隐私。

3.5　跨域多维大数据价值

跨域多维大数据公共服务云平台项目建设，是探索和解决大数据发展制约问题、实现全国数据一盘棋的重要手段；是实现粤港澳信息化深度融合的有效手段，同时也是构建创新创业生态体系的有效途径，因此对于落实国家大数据发展战略具有重大意义。

3.5.1　实现数据资源的开放共享

加强政府数据开放共享，推动资源整合，提升治理能力，同时还要发展万众创新大数据，鼓励企业和公众发掘利用开放数据资源，激发创新活力。加快推动数据资源共享开放和开发应用，助力产业转型升级和社会治理创新。

然而目前大数据发展仍受到行业及部门间数据壁垒、政府数据开放不足、法律法规建设滞后等问题的制约，通过跨域多维大数据建设，探索和解决大数据发展制约问题，打破数据资源壁垒，深化数据资源应用，加快数据开发有着重要的示范效应。在跨域多维大数据发展过程中，横琴新区建设了横琴新广东自贸试验区成立以来第一个大数据云计算中心，图 3-13 为横琴大数据云计算中心内部照片，中心拥有 PB 级数据存储能力和千核计算能力，主要承载了横琴新区政府政务重要的应用系统和业务数据。数据中心实现了智能分析和展现环境、集成与交换平台及数据仓库应用。该数据中心成为支撑横琴所有公共信息系统的"中枢神经"。

图 3-13　横琴大数据云计算中心

未来随着跨域多维大数据公共服务云平台及其标准规范的推广应用，可实现各地数据的标准化统一，有望实现跨地区、跨行业数据的互联互通，基于平台构建的应用可在不同城市间实现无缝迁移，构建起更有活力的创新创业生态体系。

3.5.2　推动大数据国际化的合作

横琴兼具国家级新区和自由贸易试验区的双重身份，承载着粤港澳一体化发展的历史使命，同时毗邻港澳，处于"一国两制"的交汇点和"内外辐射"的结合部，港珠澳大桥通车后横琴是唯一与港澳路桥相连的区域，有着独特的政策优势和区位优势。

不仅如此，横琴于 2014 年被工业和信息化部列入中欧绿色智慧城市 15 个合作试点城市之一，目前横琴新区已经与欧盟在智慧城市领域建立良好合作关系，并计划围绕 FIWARE 平台的开源标准开展智慧城市建设和标准方面的合作。

依托横琴新区的区位优势，应用跨域多维大数据建设了中国（广东）自由贸易试验区珠海横琴新区片区跨境贸易电子商务综合服务平台，整合跨境贸易电子商务基础信息资源，规范跨境贸易电子商务数据标准，搭建跨境贸易电子商务互联互通互换数据中心，实现数据共享共通共用，提供电子商务的交易、通关、物流、数据交换、外贸协同、商务信息、商务信用等综合服务，实现跨境贸易电子商务进出口通关无纸化功能。跨境贸易电子商务综合服务平台，一是可以为中、小、微企业发展创造良好环境，并依托横琴自贸区优势带动本地经济发展；二是可以推进横琴自贸区区域优势，将横琴自贸区建设成为集物流保税、仓储、加工、交易、运输、分拨等于一体的特色鲜明的珠江西口岸国际物流中心。

3.5.3　促进双创战略目标的实现

跨域多维大数据，通过数据开放能够为国内及港澳青年、中小企业提供创业机会，深化数据资源应用，培育新产业发展新业态。横琴国际数据中心的建设及国际专用信道规划，将吸引香港及澳门企业将数据机房投放在横琴，增进三地之间的合作。横琴企业网页为横琴新区企业办事提供互联网途径，图 3-14 为横琴企业网页界面，移动版基于跨域多维大数据建设，该移动应用基于横琴工商部门的商事信息数据和相关的政策信息，提供服务入口，主要分为三个栏目：横琴新区直通车、商事数据直通车、应用直通车，包括港澳落户直通车、国内投资直通车、境外企业直通车等子项目，各栏目接入横琴区工商部门的数据以匹配服务，为境内境外企业提供相关事项办理的全流程服务攻略，图 3-15 为横琴企业网页移动版界面。

图 3-14　横琴企业网页界面

图 3-15　横琴企业网页移动版界面

同时，随着平台的推广和应用，未来基于平台构建的应用可在不同城市间实现无缝迁移，能够最大化市场价值，实现大众创业、万众创新，从而构建起更有活力的创新创业生态体系。

3.6　跨域多维大数据交易

随着数据体量的增加及应用领域的宽泛，数据的价值为越来越多行业和领域所认可，数据交易需求日益迫切（张敏，2018；姜永涛，2017；李怡 等，2017；Boone et al.，2017）。2015 年《促进大数据发展行动纲要》明确提出，"要引导培育大数据交易市场。开展面向应用的数据交易市场试点，探索开展大数据衍生产品交易，鼓励产业链各环节的市场主体进行数据交换和交易，促进数据资源流通，建立健全数据资源交易机制和定价机制，规范交易行为等一系列健全市场发展机制的思路与举措"。在这种背景下，2015年我国进入大数据交易平台"井喷期"，仅 2019 年一年由政府主导，企业合作新投入运营的大数据交易平台（包括大数据交易中心和大数据交易所）就有贵阳、华中、东湖、长江、咸阳 5 家。

跨域多维大数据交易平台旨在促进数据流通、公正、有公信力、创新型的第三方数据交易平台，向社会提供完整的数据交易、结算、交付、安全保障、数据资产管理和融资等综合配套服务，提供数据出售、数据购买、数据提供商查询及数据需求发布等模块综合配套服务。

在功能定位上，跨域多维大数据交易平台可同时支持个人和机构用户的综合实时在线交易系统。跨域多维大数据交易平台更像一个"数据商城"。在这个平台上不同数据提供主体通过认证就可以出售数据和求购数据，并可对交易过程和交易产品进行满意度评价。

在数据交易品类上，跨域多维大数据交易平台为综合类全品类交易平台，涵盖互联网、政府、医疗、能源、金融、交通旅游、农业等十多个领域的数据。

跨域多维大数据交易平台包含以下几个重要组成部分。

（1）交易中心门户。大数据交易平台提供统一门户进行底层功能集成包含：统一认证管理、统一日志管理、统一会员管理、统一门户后台管理四大基础模块。大数据交易平台门户展现层包含首页、新闻动态、交易规则、个人中心模块。图 3-16 为横琴新区数据交易门户。

（2）数据集市。大数据交易平台数据集市为用户浏览、线上购买与使用数据产品。数据超市上架的数据产品主要以 API 调用的方式进行数据信息的获取，包含征信、GIS等类型，供创客浏览、购买、试用、调用。

（3）数据开放。跨域多维大数据交易平台数据商店为用户浏览、购买数据模块。数据商店上架的产品均为免费公开数据，供创客浏览、购买、下载，如图 3-17 所示。

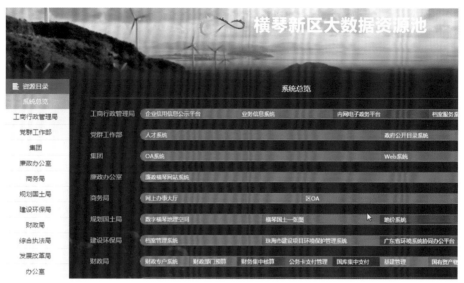

图 3-16　横琴新区数据交易门户

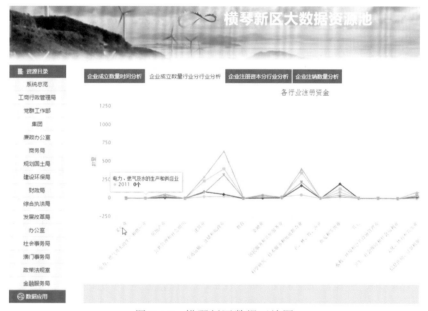

图 3-17　横琴新区数据开放图

参 考 文 献

陈丽丽, 2017. 大数据安全与隐私保护. 现代工业经济和信息化(4): 92-93.

杜洋, 梁军辉, 2018. 大数据背景下北京市通勤绿道选线研究//2018 中国城市规划年会: 226-237.

范海燕, 2019. 大数据安全与隐私保护技术. 南方农机(10): 236.

范丽鹏, 王曰芬, 李埈, 2019. 大数据与创新双驱动的知识创新服务需求与趋势研究. 情报工程, 5(3): 22-32.

郭成涛, 张小倩, 贾小林, 2017. 云计算与大数据技术研究现状. 科学技术创新(7): 168.

姜艳, 宋海宁, 2018. 大数据分析对企业决策的影响. 企业改革与管理, 329(12): 57-58.

姜永涛, 2017. 大数据推动公共资源交易平台信息化发展. 中国政府采购(7): 43-46.

金探花, 杨俊宴, 王桥, 等, 2019. 基于多源大数据的传统商业中心区动静特征与规律解析: 以广州上下九商业区为例. 南方建筑(3): 114-120.

康莹莹, 2019. 公交大数据及其应用. 城市公共交通(1): 22-23.

李怡, 杨帆, 安克万, 2017. 大数据交易中的数据安全与隐私保护. 网络安全技术与应用(10): 74-75.

刘忆迪, 郭方修, 2017. 大数据研究现状与展望. 科学技术创新(1): 191-192.

马靖霖, 2017. 智慧交通背景下大数据应用面临的挑战与对策研究. 内蒙古科技与经济(2): 69-70.

潘庆一, 2017. 大数据挑战下的改进型企业竞争情报体系. 电子世界(4): 46.

乔向杰, 2013. 基于大数据的旅游公共管理与服务创新模式研究//北京两界联席会议高峰论坛: 55-63.

尚进, 2017. 用大数据服务民生. 中国信息界(3): 7.

汪浩, 2017. 大数据的现状、机遇与挑战. 中华临床实验室管理电子杂志, 5(1): 30-35.

汪自书, 胡迪, 2018. 我国环境管理新进展及环境大数据技术应用展望. 中国环境管理, 10(5): 90-96.

王卫, 张梦君, 王晶, 2019. 基于数据社区的综合服务大数据交易平台设计. 图书情报导刊, 4(3): 40-45.

王曰芬, 2018. 创新驱动发展需要基于大数据的知识服务. 数字图书馆论坛(3): 1.

丁辉侠, 2018. 地方政府大数据治理:行动、挑战与应对. 郑州大学学报(哲学社会科学版), 51(1): 76-80.

徐一斌, 2018. Accomplishment and challenge of materials database toward big data. 中国物理 B, 27(11): 134-139.

余聂芳, 2017. 大数据应用的现状与展望. 数码世界(12): 199.

詹庆明, 范域立, 罗名海, 等, 2019. 基于多源大数据的武汉市区域空间格局研究. 上海城市规划(3): 30-36.

张敏, 2017. 交易安全视域下我国大数据交易的法律监管. 情报杂志, 36(2): 127-133.

郑英豪, 2015. 大数据与企业大数据的来源. 上海经济(Z1): 100-102.

周虹, 2017. 数据分析服务的大数据交易平台探讨. 学园(35):171.

周猛, 2019. 基于支付系统数据的大数据分析平台架构研究. 北方金融(1): 38-40.

周敏, 田秋艳, 2019. 大数据应用现状与展望. 信息与电脑(3): 39-41.

周永红, 赵维, 2019. 大数据交易背景下用户个人数据权利的保护研究. 数字图书馆论坛(2): 24-28.

BERTINO E, FERRARI E, 2015. Big data - security and privacy//IEEE International Congress on Big Data. IEEE: 757-761.

BOONE C A, SKIPPER J B, HAZEN B T, 2017. A framework for investigating the role of big data in service parts management. Journal of Cleaner Production, 153: 687-691.

DINCER C, ZEYDAN E, 2017. Big data security: Requirements, challenges and preservation of private data inside mobile operators//IEEE International Black Sea Conference on Communications and Networking (BlackSeaCom 2017). IEEE: 1-6.

JINDAL A, KUMAR N, SINGH M, et al., 2018. A unified framework for big data acquisition, storage, and analytics for demand response management in smart cities. Future Generation Computer Systems, 108: 921-934.

JUNG T, LI X Y, HUANG W, et al., 2017. AccountTrade: Accountable protocols for big data trading against dishonest consumers//IEEE INFOCOM 2017-IEEE Conference on Computer Communications. IEEE:1-9.

KATRINA E B, ALFREDO C, CARSON K L et al., 2018. Big data visualisation and visual analytics for music data mining// 2018 22nd International Conference Information Visualisation (IV): 235-240.

KHAN M, WU X, XU X, et al., 2017. Big data challenges and opportunities in the hype of Industry 4.0// 2017 IEEE International Conference on Communications (ICC). IEEE: 1-6.

LIU K, SHENG W, ZHANG D, et al., 2015. Big data application requirements and scenario analysis in smart distribution network. Proceedings of the Chinese Society of Electrical Engineering, 35(2): 287-293.

LUO J, WU M, GOPUKUMAR D, et al., 2016. Big data application in biomedical research and health care: A literature review. Biomedical Informatics Insights, 8: 1-10.

PENG X, DENG D, CHENG S, et al., 2015. Key Technologies of electric power big data and its application prospects in smart grid. Proceedings of the Chinese Society of Electrical Engineering, 35(3): 503-511.

RADU B, IONUT P, DRAGOS-MARIAN S, et al., 2017. A maturity analysis of big data technologies. Informatica Economica, 21(1/2017): 60-71.

REN W, LI X, 2018. Tourism demand analysis based on Internet big data: The case of Huairou, Beijing. Xitong Gongcheng Lilun yu Shijian/System Engineering Theory and Practice, 38(2): 437-443.

SANTOS N, MASALA G L, MASALA, 2018. Big data security on cloud servers using data fragmentation technique and NoSQL database// International Conference on Intelligent Interactive Multimedia Systems & Services. New York: Springer: 5-13.

TANKARD C, 2012 . Big data security. Network Security(7): 5-8.

THOMAS LEFÈVRE, 2017. Big data in forensic science and medicine. Journal of Forensic & Legal Medicine, 57: 1-6.

TORRA V, 2017. Data privacy foundations, new developments and the big data challenge. New York: Springer.

VAJJALA V A H, 2017. A novel solution to use big data technologies and improve demand response program in aggregated residential houses// 2016 IEEE Conference on Technologies for Sustainability(SusTech). IEEE: 251-256.

WEI Z, LI X, LI X, et al., 2017. Medium- and long-term electric power demand forecasting based on the big data of smart city. Journal of Physics Conference Series, 887(1):012025.

QIN X, CHEN Y, WANG B, et al., 2017. Application case of big data analysis: Robustness of a trading model. Journal of Computer Applications, 37(3): 660-667.

ZHAROVA A K, ELIN V M, 2017. The use of big data: A Russian perspective of personal data security. Computer Law & Security Review: S0267364917301164.

第4章 跨域多维大数据加工

跨域多维大数据的加工过程主要包括大数据接入、清洗、融合、整理，本章将分为 4 节对以上内容进行介绍。

4.1 跨域多维大数据接入

在大数据体系中，数据的流向是数据源通过数据接入技术装载到数据平台，进行一系列的处理操作，最终通过数据服务技术提供数据应用。面对各种来源、各种类型的数据，需要通过数据接入将这些零散的数据整合在一起，纳入统一的大数据平台，如图 4-1 所示。

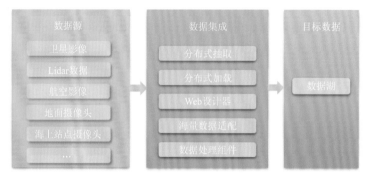

图 4-1 数据接入

跨域多维大数据主要包括天地一体化感知网数据（卫星遥感影像、无人机航天影像、雷达数据、地面摄像头数据、海上站点摄像头数据等）、政务数据、企事业单位数据、互联网数据等。通过云数据采集系统，对采集的数据源进行配置，定义采集指标规格，配置采集流程，最后配置数据采集的周期，将数据采集过程变成自动化的采集流程。

4.1.1 采用交换库对接方式的采集流程

图 4-2 为交换库对接方式采集示意图，具体流程如下：

（1）业务应用系统数据存储在业务数据库中，业务数据库定时将增量及更新的业务数据装载到交换库中；

（2）建立以自动采集定时任务为主的更新机制，通过云采集节点对交换库中的数据进行定时抽取，并对已抽取数据进行状态更新或删除；对于在采集过程中出现的错误记录，将存放到错误信息表中，由人工进行判断处理；

（3）通过数据采集系统，将数据装载到原始数据库中，为保留原始数据的真实性，该过程不对数据进行任何处理。

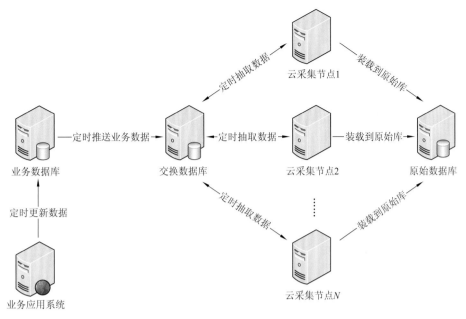

图 4-2　交换库对接方式采集示意图

4.1.2　采用文件服务器方式的采集流程

图 4-3 为文件服务器方式采集示意图，具体流程如下：

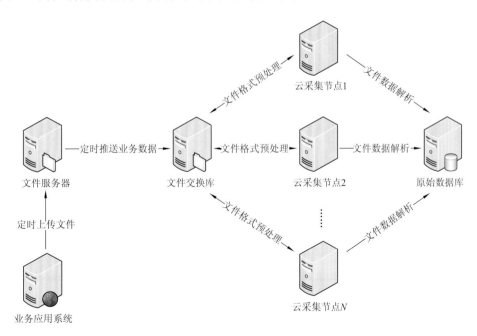

图 4-3　文件服务器方式采集示意图

（1）业务应用系统将文件存储在文件服务器中，文件服务器定时将增量文件及更新文件同步到文件交换库中；

（2）建立以自动采集定制任务为主的更新机制，通过云采集节点对文件交换库中的文件数据进行定时抽取，并对已抽取数据进行状态更新或删除，抽取过程中对文件的格式进行校验，格式不正确的文件不进行采集；

（3）通过数据采集系统，将符合格式要求的文件内容进行解析并装载到原始数据库中。

4.1.3 采用消息中间件方式的采集流程

图 4-4 为消息中间件方式采集示意图，具体流程如下：

（1）业务应用系统将数据以消息队列的方式对外提供，包括端–端/订阅两种数据提供方式；

（2）端–端的消息传输方式需要云采集节点服务中配置消息列队名称及监听端口，每当有新消息产生时，将会定向传输给消息接收者；订阅模式需要在云采集节点服务中添加消息列队的订阅配置，并获得消息队列的确认，当有新的消息产生时，消息列队将发布给所有的订阅者；

（3）通过云采集节点获取到的数据将统一装载到原始数据库中，该过程不对数据进行任务处理，未能采集入库的数据或是数据质量不达标的数据将会存放到错误信息表中，由人工进行判断处理。

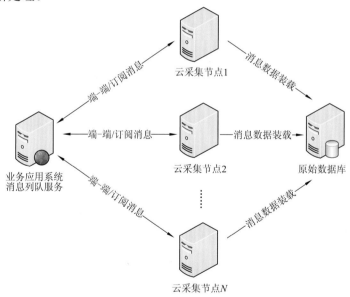

图 4-4　消息中间件方式采集示意图

4.1.4 采用 WebServices 主动推送方式的流程

图 4-5 为 WebServices 主动推送方式采集示意图，具体流程如下：

（1）业务应用系统以 WebServices 服务接口方式对外提供数据信息；

（2）WebServices 服务定期将业务数据推送到云数据中心，云数据中心将数据分布式存储到各个存储节点。

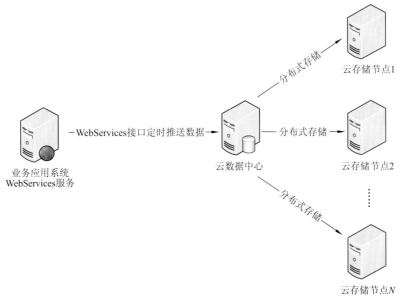

图 4-5　WebServices 主动推送方式采集示意图

4.1.5　采用 WebServices 被动调用方式的流程

图 4-6 为 WebServices 被动调用方式采集示意图，具体流程如下：

（1）业务应用系统以 WebServices 数据查询接口服务的方式对外提供数据服务；

（2）采集系统以定时任务方式调用 WebServices 查询接口，将业务数据抽取并装载到原始数据库中；

（3）采集过程中接口中断或是数据丢失信息将被写入到错误信息表中，由人工来进行判断处理。

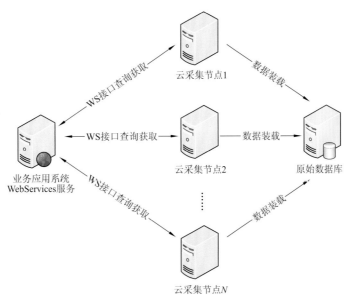

图 4-6　WebServices 被动调用方式采集示意图

4.2 跨域多维大数据清洗

跨域多维大数据规模大，数据结构、格式复杂，在获取、存储、传输等过程中可能会产生各种错误，这些错误会影响后续大数据的应用。为了保证数据质量，需要对跨域多维大数据中的错误进行清洗（王宏志，2020）。

数据清洗是数据分析、数据挖掘的前提，也是数据预处理的关键环节，可保证数据质量和数据分析的准确性（耿昭阳，2019；Wang et al.，2019；Rahm et al.，2000）。大数据清洗流程如图 4-7 所示。

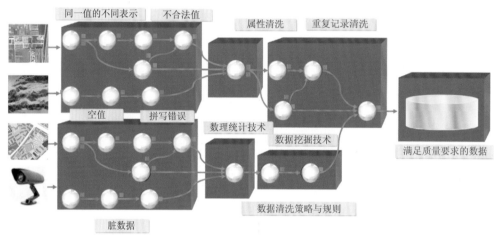

图 4-7　大数据清洗流程示意图

数据清理技术主要包括相似重复数据清洗技术、不完整数据清洗技术和不一致数据修复技术（邓线平，2018；封富君 等，2017）。

4.2.1 重复数据清洗技术

由于数据仓库的出现及数据挖掘相关技术的发展和应用，多源数据合并时容易出现大量重复数据的问题，因而相似重复记录的检测与清除成了数据清洗领域的研究重点(李蕾，2019；刘政宇，2019；蒋勋 等，2013)。具体表现为多种形式的记录描述目标却相同，或多条同样记录表达同样含义，其产生的原因多种多样，主要包括数据录入拼写错误、存储类型不一致、缩写不同等。

重复数据检测主要分为基于字段和基于记录的重复检测（杨巧巧，2018；张攀，2018）。基于字段的重复检测算法主要包括编辑距离算法等。基于记录的重复检测算法主要包括排序邻居算法、优先队列算法、N-Gram 聚类算法（卢星，2019）。

4.2.2 不完整数据清洗技术

不完整数据清洗技术主要针对数据库字段是空值或错误字段（杨尚林，2017）。字段错误值检测主要包括统计法、聚类方法及关联规则方法，这些方法都是以统计和总结规律的方式计算并查找错误值，进而修正错误数据。而空值检测主要采用人工填写空缺值法手工检测并填写属性值，也可以采用属性的平均值、中间值、最大值、最小值或更为复杂的概率统计函数值填充空缺值。

不完整数据清洗技术对数据清洗的流程有一定转变，但在实际清洗过程中根据需要科学选择清洗方法结合其他数据分析技术进行科学清洗。

4.2.3　不一致数据修复技术

大数据环境下，数据源受多种因素的影响，违反完整性约束，造成大量不一致数据的产生。在数据清洗中，要利用不一致数据修复技术使不一致数据符合完整性约束，进而保证数据质量。

不一致数据修复流程如图 4-8 所示。检测数据源中的数据格式，对数据格式进行预处理；检测预处理数据后的数据是否符合完整性，如果不符合，则要修复数据。如果在数据修复之后依然存在与数据完整性约束不一致的情况，则要再次修复数据，直到数据符合要求；数据修复完成后，将其还原成原格式，为数据录入系统打下基础。

图 4-8　不一致数据修复流程

4.3　跨域多维大数据融合

数据融合技术是指利用计算机对按时序获得的若干观测信息，在一定准则下加以自动分析、综合，以完成所需的决策和评估任务而进行的信息处理技术（Fouad et al.，2015）。融合技术主要包括数据层的融合、特征层融合与决策层融合。

大数据时代数据的极大丰富为人们提供了更大的利用价值，但是数据的海量产生和新的特征也使人们面临的问题空前复杂化。大数据融合不同于以往的数据融合，它是一种处理大数据的手段，用于从大数据中发现知识，并按照知识的语义逻辑关联融合形成更接近人类思维的知识，包括数据融合和知识融合两个步骤，如图 4-9 所示。

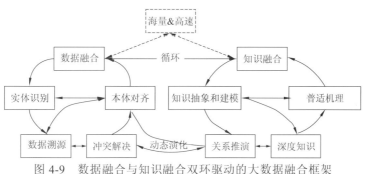

图 4-9　数据融合与知识融合双环驱动的大数据融合框架

4.3.1　跨域多维数据融合

数据融合需要用动态的方式统一不同的数据源,将数据转化为知识资源。这个过程对用户透明,缺乏可解释性和可操作性,并且人数据的海量性和动态演化加人了错误恢复的难度,传统融合方法没有考虑这一点。因此,必须建立大数据融合的可溯源机制。另外,大数据的关联性使得融合步骤之间相互影响,传统的流水线式融合不再满足现有融合需求。

面对新的融合需求,反馈迭代机制显得极为重要。为此,给出数据融合的实现步骤:

(1) 对齐本体、模式,加速融合效率;

(2) 识别相同实体、链接关联实体;

(3) 甄别真伪、合并冲突数据,并将处理结果反馈给实体识别阶段,提高识别效率;

(4) 对数据起源、实体识别和冲突解决过程溯源、跟踪数据的演化。

4.3.2　跨域多维知识融合

知识融合是将数据融合阶段获得的笼统的知识转化为可领悟知识,面向需求提供知识服务。它需要挖掘隐含知识,寻找潜在知识关联,进而实现知识的深层次理解,以便更好地解释数据。为此,给出知识融合的实现步骤:

(1) 对知识进行抽象和建模,为后续知识融合提供方便;

(2) 通过对表层知识的推理、理解,得出显式深度知识,如通过多路径关系推理得到间接知识;

(3) 通过推理、归纳等方法发现隐式深度知识,如类比关系等;

(4) 对知识资源、深度知识等剖析、解释、归纳出普适机理。

数据融合与知识融合是一个相互启发、协调逐步融合的过程,两者受一些共同因素的影响,如动态演化性、海量性和高速性。这些因素直接影响融合技术。

知识的动态演化贯穿整个大数据融合过程,它影响数据融合、知识融合的各种技术,所以还需要结合其他方法具体考虑。但是,必须做的两个工作是:

(1) 对动态变化的跟踪和知识演化的建模,对于大数据的特殊性,需要考虑变化的复杂模式,如语义关系等,最好能从中挖掘概念模板以应对数据的高速性和海量性;

(2) 动态性多数据存储、索引带来的挑战,这也是影响大数据融合的关键因素,亟待解决。

对于海量性和高速性,主要是解决它们带来的负面影响,对这两个因素的处理直接关系大数据融合的性能和效率。目前使用最多的方法是利用 MapReduce 解决,也有优化硬件技术的方法。

4.4 跨域多维大数据整理

对汇聚的结构化、非时空大数据，上架前整理工作包括：统一格式、统一时空基准和空间化。

4.4.1 统一格式

不同数据能够基本实现无损格式转换，对于无拓扑关系图形数据如 CAD 要能够转换至地理信息数据，并建立拓扑关系。格式统一后的地理信息数据应合并、自动接边，数据表格能够实现自动属性赋值。

4.4.2 统一时空基准

在统一空间基准后，对于存放的多尺度矢量数据和多分辨率的影像数据，将其中更新后的大尺度的静态地理数据快速及时进行地图综合，综合的结果联动更新相应范围中小比例尺数据，原来内容自动变成历史地理信息数据，以确保多尺度、多分辨率基础地理信息的时间一致性，实现时空基准的统一，以便让各种专题信息能够叠加集成在"一张图"上，即统一的时空基准上，更好地支撑"多规合一"、协同办公等应用需求。

4.4.3 空间化

1. 地名谱特征萃取

汇聚的众源大数据信息，有些有空间位置坐标信息，经过了统一时空基准后，即可匹配集成；部分自身没有空间坐标信息，但在属性项中蕴含了地名地址；还有一部分只是蕴含了一些地名基因，要结合汉语分词和数据比对技术，通过基于语义和地理本体的统一认知，提取地名谱特征。

2. 空间匹配

对于具有空间位置坐标的信息内容，直接坐标匹配。根据识别萃取出的地名地址信息，建立含有地名标识的切分序列与逻辑组合关系，开展基于分词、基于本体、基于词语相似性的多种匹配，开发局部模糊匹配后的歧义消除方法，实现高效、精准、实用的地名地址匹配。

3. 数据上架

依托时空信息基准，采用地名地址匹配的技术方法，将三域标识的信息内容，在时空信息基准的立方体模型上定位寻址。特别是在立方体模型的空间位置轴，带有空间位置信息内容，通过地名地址匹配上架；蕴含地名地址的信息内容，通过地名地址匹配上架；仅蕴含地址基因的信息内容，先萃取地名地址信息，再通过地名地址匹配上架。

以横琴新区电子围网为例，在构建船只大数据样本库的过程中，首先需要对采集的监控视频进行挑选，要涵盖尽可能多的船只类型、同一区域不同方向/视角下的数据、不同光照背景下的数据等，按照通用标准进行样本标注，将图片、标注数据存入 MongoDB 数据库，其元数据存入 MySQL 数据库。图 4-10 为船只大数据样本库示例。

图 4-10　船只大数据样本库

为了实现联动追踪船只的功能，建设天-空-地-海视频系统，雷达、光学摄像设备等不同设备获取的数据经过统一格式、统一时空基准和空间化的整理过程，最终实现对海面船只的实时接力追踪，图 4-11 为船只接力追踪示意图。

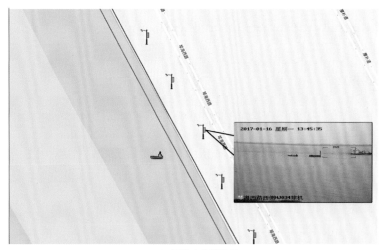

（a）摄像头监测船只

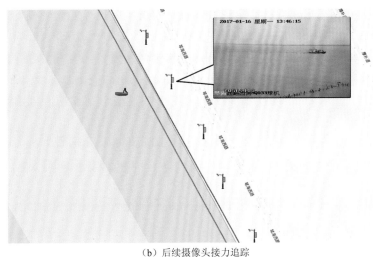

（b）后续摄像头接力追踪

图 4-11　船只接力追踪示意图

参 考 文 献

邓线平, 2018. 大数据清洗的方法论考察. 江南论坛(3): 31-32.

封富君, 姚俊萍, 李新社, 等, 2017. 大数据环境下的数据清洗框架研究. 软件, 38(12): 193-196.

高强, 张凤荔, 王瑞锦, 等, 2017. 轨迹大数据:数据处理关键技术研究综述. 软件学报, 28(4): 959-992.

耿昭阳, 2019. 大数据清洗算法研究与系统平台搭建. 长春: 吉林大学.

韩晶, 2013. 大数据服务若干关键技术研究. 北京: 北京邮电大学.

蒋勋, 刘喜文, 2013. 大数据环境下面向知识服务的数据清洗研究. 图书与情报(5): 16-21.

金翰伟, 2016. 基于 Spark 的大数据清洗框架设计与实现. 杭州: 浙江大学.

景超, 田凌涛, 2019. 大数据的数据接入和数据服务技术研究. 江苏科技信息, 36(24): 74-76.

李蕾, 2019. 大数据环境下相似重复记录数据清洗关键技术研究. 南京: 南京邮电大学.

李学龙, 龚海刚, 2015. 大数据系统综述. 中国科学: 信息科学, 45(1): 1-44.

刘政宇, 2019. 基于大数据的数据清洗技术及运用. 数字技术与应用(4): 92-92.

卢星, 2019. 大数据的数据清洗技术及运用. 电子技术与软件工程, 155(9): 173.

吕月米, 周雨, 2019. 基于多模态理论的大数据可视化的优化与拓展. 包装工程, 40(24): 251-259.

孟小峰, 杜治娟, 2016. 大数据融合研究:问题与挑战. 计算机研究与发展, 53(2): 231-246.

米允龙, 米春桥, 刘文奇, 2015. 海量数据挖掘过程相关技术研究进展. 计算机科学与探索, 9(6): 641-659.

宋杰, 孙宗哲, 毛克明, 等, 2017. MapReduce 大数据处理平台与算法研究进展. 软件学报, 28(3). 514-543.

苏佳轩, 2019. 面向工业大数据的高维时间序列清洗系统. 哈尔滨: 哈尔滨工业大学.

孙乐乐, 2018. 规则引擎驱动下的国土空间大数据清洗方法研究. 昆明: 云南师范大学.

谭晖, 廖振松, 周小翠, 等, 2017. 大数据的数据清洗方法研究. 信息通信(1): 238-239.

王宏志, 2020. 大数据清洗技术. 哈尔滨: 哈尔滨工业大学出版社.

杨东华, 李宁宁, 王宏志, 等, 2016. 基于任务合并的并行大数据清洗过程优化. 计算机学报, 39(1): 97-108.

杨巧巧, 2018. 工业大数据相似重复记录数据清洗关键技术研究. 青岛: 青岛大学.

杨善林, 周开, 2015. 大数据中的管理问题: 基于大数据的资源观. 管理科学学报(5): 1-8.

杨尚林, 2017. 基于机器学习的多源异构大数据清洗技术研究. 南宁: 广西大学.

张攀, 2018. 面向重复记录检测的数据清洗算法的研究. 西安: 西安电子科技大学.

周瀚章, 冯广, 龚旭辉, 等, 2018. 基于大数据的 ETL 中的数据清洗方案研究. 工业控制计算机, 31(12): 108-110.

AHMAD A, PAUL A, RATHORE M, et al., 2016. An efficient multidimensional big data fusion approach in machine-to-machine communication. ACM Transactions on Embedded Computing Systems (TECS), 15(2): 1-25.

ALAM F, MEHMOOD R, KATIB I, et al., 2017. Data fusion and IoT for smart ubiquitous environments: A survey. IEEE Access, 5: 9533-9554.

DIN S, AHMAD A, PAUL A, et al., 2017. A cluster-based data fusion technique to analyze big data in wireless multi-sensor system. IEEE Access, 5: 5069-5083.

DUTTA P, 2018. An uncertainty measure and fusion rule for conflict evidences of big data via Dempster-Shafer theory. International Journal of Image and Data Fusion, 9(2): 152-169.

FOUAD M M, OWEIS N E, GABER T, et al., 2015. Data mining and fusion techniques for WSNs as a source of the big data. Procedia Computer Science, 65: 778-786.

GAO J, LI P, CHEN Z, et al., 2020. A survey on deep learning for multimodal data fusion. Neural Computation, 32(5): 829-864.

JABBAR S, MALIK K R, AHMAD M, et al., 2018. A methodology of real-time data fusion for localized big data analytics. IEEE Access, 6: 24510-24520.

LIU J, LI T, XIE P, et al., 2020. Urban big data fusion based on deep learning: An overview. Information Fusion, 53: 123-133.

RAHM E, DO H H, 2000. Data cleaning: Problems and current approaches. IEEE Data(base) Engineering Bulletin: 3-13.

WANG T, KE H, ZHENG X, et al., 2019. Big data cleaning based on mobile edge computing in industrial sensor-cloud. IEEE Transactions on Industrial Informatics, 16(2): 1321-1329.

WANG Y, WANG P, WANG X, et al., 2018. Position synchronization for track geometry inspection data via big-data fusion and incremental learning. Transportation Research Part C: Emerging Technologies, 93: 544-565.

ZHANG L, XIE Y, XIDAO L, et al., 2018. Multi-source heterogeneous data fusion//2018 International Conference on Artificial Intelligence and Big Data (ICAIBD). IEEE: 47-51.

ZHENG Y, 2015. Methodologies for cross-domain data fusion: An overview. IEEE Transactions on Big Data, 1(1): 16-34.

第5章 跨域多维大数据中心

本章将主要介绍跨域多维大数据类型、跨域多维大数据中心建设、跨域多维大数据注册中心及跨域多维大数据运营中心四大部分。对跨域多维大数据进行正确理解分类是建设跨域多维大数据中心的基础，而跨域多维大数据中心是跨域多维大数据注册中心和运营中心的物理基础，只有电力、网络、存储、算力冗余，容灾能力强的跨域多维大数据中心，才能为后续的注册中心和运营中心建设奠定坚实基础。

5.1 跨域多维大数据类型

数据分类在收集、处理和应用数据过程中非常重要。数据的分类方式很多，每种方式都有特别的作用。数据工作中不同角色往往需要理解和掌握不同的分类方式，以便更好地组织、管理、分析和应用数据。

从数据结构上分类可以将跨域多维大数据类型分为结构化数据、半结构化数据、非结构化数据。

结构化数据通常是指用关系数据库方式记录的数据，数据按表和字段进行存储，字段之间相互独立。结构化数据可以用二维表结构来逻辑表达，结构化数据可以形式化存储在数据库中，每一列都有具体的含义（吴广君，2012）。ArcGIS常用的数据结构Shapefile文件格式就是典型的结构化数据，图5-1表示一个简单图形的Shapefile文件。

图 5-1　Shapefile 数据（横琴新区）

半结构化数据是指介于结构化数据和非结构化数据之间的数据，是以自描述的文本方式记录的数据，由于自描述数据无须满足关系数据库上那种非常严格的结构和关系，在使用过程中非常方便。常见的半结构化数据包括 XML 文档、JSON 文档等，图 5-2 为横琴船只样本库 XML 文件示例。

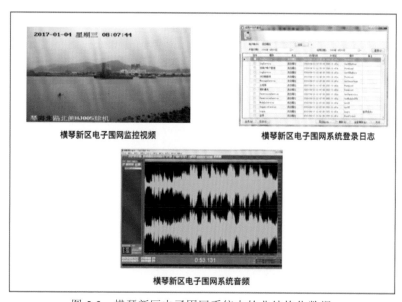

图 5-2　半结构化数据（横琴新区船只样本库 XML 文件示例）

非结构化数据通常是指纯文本、语音、图片、视频等格式的数据。这类数据一般按照特定应用格式进行编码，数据量非常大，且不能简单地转换成结构化数据。以横琴新区电子围网所获取的监控视频为例，其包含多个非结构化数据，监控视频中的音频数据、视频数据，以及部分事件截图都属于非结构化数据。另外监控系统每天生成的事件日志也为非结构化数据。图 5-3 表示非结构化数据的几个种类。

横琴新区电子围网监控视频　　　　　横琴新区电子围网系统登录日志

横琴新区电子围网系统音频

图 5-3　横琴新区电子围网系统中的非结构化数据

这种分类方式近几年特别重要，相关的场景包括：①结构化数据是传统数据的主体，而半结构化和非结构化数据是大数据的主体。后者的增长速度比前者快很多，大数据的量这么大，主要是因为半结构化和非结构化数据的增长速度太快。②在数据平台设计时，结构化数据用传统的关系数据库便可高效处理，而半结构化和非结构化数据必须用Hadoop 等大数据平台。③在数据分析和挖掘时，不少工具都要求输入结构化数据，因此必须把半结构化数据先转换成结构化数据（Buneman et al.，1997）。

从数据处理角度出发，可以将跨域多维大数据分为原始数据和衍生数据。

原始数据是指来自上游系统的，没有做过任何加工的数据。虽然会从原始数据中产生大量衍生数据，但还是会保留一份未做任何修改的原始数据，一旦衍生数据发生问题，可以随时从原始数据重新计算。衍生数据是指通过对原始数据进行加工处理后产生的数据。衍生数据包括各种数据集市、汇总层、宽表、数据分析和挖掘结果等。从衍生目的上，可以简单分为两种情况：一种是为提高数据交付效率，数据集市、汇总层、宽表都属于这种情况；另一种是为解决业务问题，数据分析和挖掘结果就属于这种。

以跨域多维电子围网系统为例，环岛电子围网通过全覆盖的监控视频网络对人、车、船进行监测与识别，监控摄像头获得的影像即为原始数据，在对原始数据进行算法处理后得到的人、车、船行为信息便称为衍生数据，如图5-4所示。

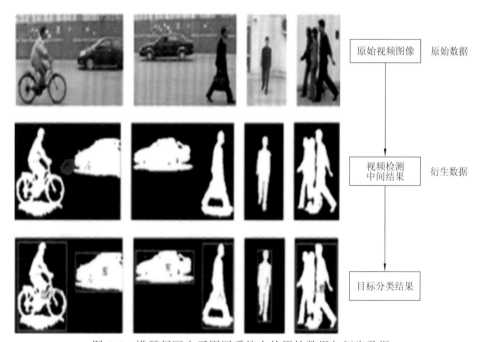

图 5-4　横琴新区电子围网系统中的原始数据与衍生数据

这种分类方式主要用在管理数据上，对原始数据的管理和衍生数据的管理有一些差别。原始数据通常只要保留一份，衍生数据却不同，管理形式比较灵活，只要有利于提高数据分析和挖掘效率，产生更大的数据价值，任何形式都可以尝试。比如为每个业务条线定制个性化数据集市，提高每个业务条线的数据分析效率，虽然不同集市存在大量冗余的数据，但只要能大幅提高分析效率，用空间换时间也未尝不可。

5.2　跨域多维大数据中心建设

数据中心，指用于安置计算机系统及相关部件的设施，如电信和储存系统。一般它包含冗余和备用电源、冗余数据通信连接、环境控制（如空调、灭火器）和各种安全设备。大型数据中心消耗的电约与一个小城镇工业业务规模一样多（Aamir，2018）。

数据中心是全球协作的特定设备网络，用来在网络基础设施上传递、加速、展示、计算、存储数据信息。

跨域多维大数据中心的概念来源于数据中心的概念，但并不局限于计算机领域的数据中心，其储存的数量类型更加多样，包含大量的结构化数据和非结构化数据，以及海量的历史实时数据。跨域多维的大数据中心需要能够高效地对结构化、半结构化及非结构化数据进行存储和处理，需要能够整合智能分析，为智慧城市提供动力。

横琴新区处于"一国两制"的最佳交汇点，与港澳一衣带水，地缘相近，人缘相亲，语言相通，经贸与文化的交流与合作源远流长。横琴新区跨域多维大数据中心的建设，是横琴自贸区发展金融、商品交易中心的迫切需求，由于行业的特殊性，交易中心对数据传输、存储的稳定性、可靠性、低延时有着近乎严苛的要求。横琴的海外直通专线正在审批中，批复后将具有国内数据中心不具备的海外直通、数据后审的优势，数据延迟更小、数据安全更高。藉此建立具有海外直通专线的数据中心，将吸引更多海外金融企业、交易中心等高等级高安全要求的客户落户横琴，相比国内其他数据中心对海外用户更具有吸引力。

跨域多维大数据中心是横琴重要的信息基础设施，建设等级目前按照国内 A 类机房标准，未来将按照国际 T4 等级标准执行，以满足国内用户、港澳用户和国际客户多样化的客户需求，同时兼顾银行、大型金融企业、交易所和跨国公司等对数据中心建设标准要求较高的高端客户。图 5-5 为横琴国际数据中心外部照片。

图 5-5　横琴国际数据中心外部照片

横琴国际数据中心同时规划建设部分独立建筑作为离岸数据中心，工业和信息化部电信研究院的专家认为离岸数据中心的定义应包含 5 点。①服务场所：在特定区域内（具备"境内关外"特点）利用相应的机房设施；②服务对象：只对境外用户（包括企业用户和个人用户）提供服务；③服务提供企业：经营数据中心的企业及入驻数据中心的企业可为外资，但必须在我国境内注册，并符合相关规定；④服务内容信息：在保障国家安全的前提下，离岸数据中心内信息来去自由；⑤网络连接：离岸数据中心网络在境内应与大陆网络采取严格的物理隔离措施。国际专用数据通道与离岸数据中心，将对目前把机房放在香港的跨国企业、中资企业产生巨大的吸引力。

5.3 跨域多维大数据注册中心

跨域多维大数据注册中心的建立目标：一是为了建立统一的注册中心，实现城市内部系统的统一认证，授权管理，实现单点登录；二是为了方便统一地用户管理，实现各系统的统一用户管理，实现统一的用户生命周期管理；三是建立云服务认证中心，实现横琴新区云资源服务的统一认证和授权。

如图 5-6 所示，服务注册中心最常见的场景就是用于远程过程调用（remote procedure call，RPC）的服务寻址，在 RPC 远程过程调用中，存在 2 个角色，一个是服务发布者（publisher）、另一个是服务订阅者（subscriber）。publisher 需要把服务注册到服务注册中心（registry），发布的内容通常是该 publisher 的 IP 地址、端口、调用方式（协议、序列化方式）等。而 subscriber 在第一次调用服务时，会通过 registry 找到相应的服务 IP 地址列表，通过负载均衡算法从 IP 列表中取一个服务提供者的服务器调用服务。同时 subscriber 会将 publisher 的服务列表数据缓存到本地，供后续使用。当 subscriber 后续再调用 publisher 时，优先使用缓存的地址列表，不需要再去请求 registry。

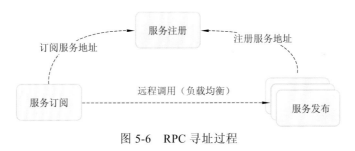

图 5-6　RPC 寻址过程

subscriber 还需要能感知到 publisher 的动态变化。比如当有 publisher 服务下线时，registry 会将其摘除，随后 subscriber 感知到新的服务地址列表后，不会再调用该已下线的 publisher。同理，当有新的 publisher 上线时，subscriber 也会感知到这个新的 publisher，如图 5-7 所示。

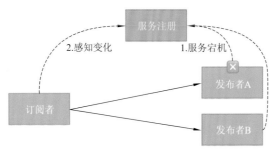

图 5-7　动态感知的 RPC 寻址过程

5.3.1　跨域多维注册中心四个角色

如图 5-8 所示，跨域多维注册中心包含 4 个角色。

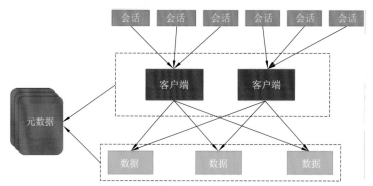

图 5-8　跨域多维注册中心 4 个角色关系

（1）客户端。提供应用接入服务注册中心的基本 API 能力，应用系统通过依赖客户端 JAR 包，通过编程方式调用服务注册中心的服务订阅和服务发布能力。

（2）会话服务器。负责接受 Client 的服务发布和服务订阅请求，并作为一个中间层将写操作转发连接会话层（DataServer）。数据存储层（SessionServer）可随业务机器数的规模的增长而扩容。

（3）数据服务器。负责存储具体的服务数据，数据按 dataInfoId 进行一致性 Hash 分片存储，支持多副本备份，保证数据高可用。这一层可随服务数据量的规模的增长而扩容。

（4）元数据服务器。负责维护集群 SessionServer 和 DataServer 的一致列表，作为跨域多维注册中心集群内部的地址发现服务，在 SessionServer 或 DataServer 节点变更时可以通知到整个集群。

5.3.2　跨域多维注册中心特性

（1）支持海量数据。大部分的服务注册中心系统，每台服务器都存储着全量的服务注册数据，服务器之间依靠一致性协议（如 Paxos/Raft/2PC 等）实现数据的复制，或者只保证最终一致性的异步数据复制。"每台服务器都存储着全量的服务注册数据"，在一般规模下是没问题的。但是在跨域多维庞大的业务规模下，服务注册的数据总量早就超过了单台服务器的容量瓶颈。

跨域多维注册中心基于一致性 Hash 做了数据分片，每台 DataServer 只存储一部分的分片数据，随数据规模的增长，只要扩容 DataServer 服务器即可，详细介绍见 5.3.3小节。

（2）支持海量客户端。跨域多维注册中心集群内部使用分层的架构，分别为连接会话层和数据存储层。SessionServer 功能很纯粹，只负责跟 Client 打交道，SessionServer 之间没有任何通信或数据复制，所以随着业务规模（即 Client 数量）的增长，SessionServer 可以很轻量地扩容，不会对集群造成额外负担。

（3）秒级的服务上下线通知。对于服务的上下线变化，跨域多维注册中心使用推送机制，快速地实现端到端的传达。

（4）高可用。各个角色都有 failover 机制：①MetaServer 集群部署，内部基于 Raft 协议选举和复制，只要不超过 1/2 节点宕机，就可以对外服务。②DataServer 集群部署，基于一致性 Hash 承担不同的数据分片，数据分片拥有多个副本，一个主副本和多个备副本。如果 DataServer 宕机，MetaServer 能感知，并通知所有 DataServer 和 SessionServer，数据分片可 failover 到其他副本，同时 DataServer 集群内部会进行分片数据的迁移。③SessionServer 集群部署，任何一台 SessionServer 宕机时 Client 会自动 failover 到其他 SessionServer，并且 Client 会拿到最新的 SessionServer 列表，后续不会再连接这台宕机的 SessionServer。

5.3.3　海量数据分片存储

面对海量数据，想突破单机的存储瓶颈，唯一的办法是将数据分片，接下来将介绍常见的两种数据分片方式。

1. 传统的一致性 Hash 分片

传统的一致性 Hash 算法，每台服务器被虚拟成 N 个节点，如图 5-9 所示（简单起见虚拟份数 N 设为 2）。每个数据根据 Hash 算法计算出一个值，落到环上后顺时针命中的第一个虚拟节点，即负责存储该数据。业界使用一致性 Hash 的代表项目有 Memcached、Twemproxy 等。

一致性 Hash 分片的优点：在虚拟节点足够多的情况下，数据分片在每台节点上是非常分散均匀的，并且增加或减少节点的数量，还是能维持数据的平衡。比如当 Memcached 单机遇到内存瓶颈时，通过扩容 Memcached 机器，数据将会被重新均匀地分摊到新的节点上，因此每台 Memcached 服务器的内存就能得到降低。当某台服务器宕机时，数据会被重新均匀地分摊到剩余的节点上，如图 5-10 所示，A 机器宕机，原先在 A 机器上的数据会分别重新分摊到 B 机器和 C 机器。

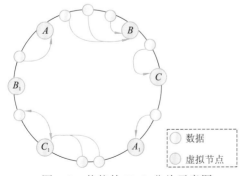

图 5-9　传统的 Hash 分片示意图

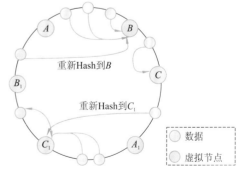

图 5-10　一致性 Hash 优点示意图

一致性 Hash 分片的缺点：分片范围不固定（一旦节点数发生变化，就会导致分片范围变化）。严格来说，这不是一致性 Hash 的缺点，而是它的特点，这个特点在追求数据分散的场景下是优点，但在谈及数据复制的这个场景下它是个缺点。从上面的机器宕机过程，可以看到，仅扩缩容少量节点，就会影响到其他大部分已有节点的分片范围，即每台节点的分片范围会因为节点数变化而发生变化。如图 5-11 所示，当 *A* 宕机时，分片 6 和 1 合并成 1，分片 3 和 4 合并成 4，也就是说，*A* 宕机后，*B* 和 *C* 的分片范围都发生了变化。

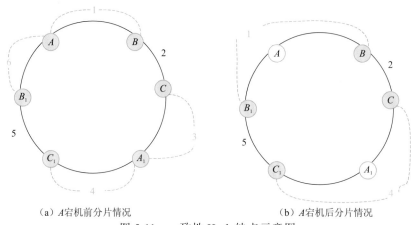

（a）*A* 宕机前分片情况　　　　　　　　　（b）*A* 宕机后分片情况

图 5-11　一致性 Hash 缺点示意图

"分片范围不固定"带来的问题：难以实现节点之间数据多副本复制。这个结论可能不太好理解，如如果要实现节点之间数据能够复制，首先每个节点需要对数据分片保留操作日志，节点之间依靠这些操作日志进行增量的日志同步。如图 5-11（a）所示，*B* 节点负责分片 1 和 5，因此 *B* 节点需要使用 2 个日志文件（假设叫作 data-1.log 和 data-5.log）记录这 2 个分片的所有更新操作。当 *A* 宕机时［图 5-11（b）］，*B* 节点负责的分片变成 7 和 5，那么 data-1.log 日志文件就失效了，因为分片 1 不复存在。可见，在分片范围易变的情况下，保存数据分片的操作日志，并没有意义。这就是为什么这种情况下节点之间的日志复制不好实现的原因。

值得一提的是，Twemproxy 也是因为"分片范围不固定（一旦节点数发生变化，就会导致分片范围变化）"这个问题，所以不支持平滑的节点动态变化。比如使用 Twemproxy+Redis，如果要扩容 Redis 节点，那么需要用户自己实现数据迁移的过程，这也是后来 Codis 出现的原因。当然，对于不需要数据多副本复制的系统，比如 Memcached，由于它的定位是缓存，不保证数据的高可靠，节点之间不需要做数据多副本复制，所以不存在这个顾虑。

2. 预分片机制

预分片机制，理解起来比一致性 Hash 简单，首先需要从逻辑上将数据范围划分成 *N* 个大小相等的槽（slot，即一个资源单位），并且 slot 数量（即 *N* 值）后续不可再修改。然后，还需要引进"路由表"的概念，"路由表"负责存放每个节点和 *N* 个 slot 的映射关系，并保证尽量把所有 slot 均匀地分配给每个节点。在对数据进行路由时，根据数据的关键字（key）计算出哈希值，再将哈希值对 *N* 取模，这个余数就是对应 key 的 slot 位置。比如 Codis 默认将数据范围分成 1 024 个 slots，对于每个 key 来说，通过以下公式确定所属的 slotId：slotId＝crc32（key）％1 024，根据 slotId 再从路由表里找到对应的节点。

可以看出来，相对传统的一致性 Hash 分片，预分片机制的每个 slot 的大小（代表数据分片范围）是固定的，因此解决了"分片范围不固定"的问题，现在节点之间可以基于 slot 的维度做数据同步。至于 slot 之间数据复制的方式，如"采取异步复制还是同步复制"，"复制多少个节点成功才算成功"，不同系统因其一致性、可用性、分区容错性（consistency，availablity，partion tolerance，CAP）定位不同，实现也大有不同，这里无法展开说明。接下来详细介绍节点增删过程。

（1）节点宕机。如图 5-12 所示，副本数为 2，路由表里每个 slotId 需要映射到 2 个节点，1 个节点存储主副本，1 个节点存储备副本。对于 S_1 的所有写操作，需要路由到 nodeA，然后 nodeA 会将 S_1 的操作日志同步给 nodeB。如果 nodeA 发生宕机，则系统需要修改路由表，将 nodeA 所负责的 slot（如图 5-12 中的 S_1 和 S_3）重新分配给其他节点，经过调整，S_1 的节点变为 nodeB 和 nodeC，S_3 的节点变为 nodeC 和 nodeE。然后系统会命令 nodeC 和 nodeE 开始做数据复制的工作，复制过程不会影响到 S_1 和 S_3 对外服务，因为 nodeC 和 nodeE 都属于备副本（读写都访问主副本）。复制完成后方可结束。

图 5-12　节点宕机示例

（2）节点扩容。节点扩容的过程比节点宕机稍微复杂，因为新节点的加入可能导致 slot 迁移，而迁移的过程中需要保证系统仍可以对外服务。以图 5-13 为例，扩容 nodeF 之后，系统需要对路由表的重新平衡，S_1 的主节点由 nodeA 变为 nodeF，S_{12} 的备节点由 nodeC 变为 nodeF。S_1 的数据迁移过程：首先客户端所看到的路由表还不会发生变化，客户端对 S_1 的读写请求仍然会路由到 nodeA。与此同时 nodeA 开始将 S_1 的数据复制给 nodeF；然后，当 nodeF 即将完成数据的备份时，短暂地对 S_1 禁写，确保 S_1 不会再更新，然后 nodeF 完成最终的数据同步；最后，修改路由表，将 S_1 的主节点改为 nodeF，并将最新的路由表信息通知给 Client，至此就完成 S_1 的迁移过程。Client 后续对 S_1 的读写都会发送给 nodeF。

一般来说，管理路由表、对 Client 和所有 node 发号施令的功能（可以理解成是"大脑"），通常由单独的角色来承担，比如 Codis 的大脑是 codis-conf+Zookeeper/Etcd，Tair 的大脑是 ConfigServer。图 5-14 是 Tair 官方展示的部署架构图，ConfigServer 由 2 台服务器组成，一台主服务器（master），一台从服务器（slave）。

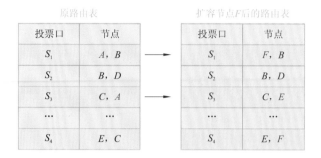

原路由表 → 扩容节点F后的路由表

投票口	节点
S_1	A, B
S_2	B, D
S_3	C, A
...	...
S_4	E, C

投票口	节点
S_1	F, B
S_2	B, D
S_3	C, E
...	...
S_4	E, F

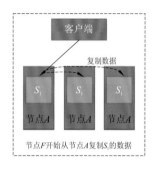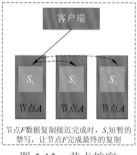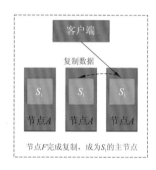

图 5-13　节点扩容

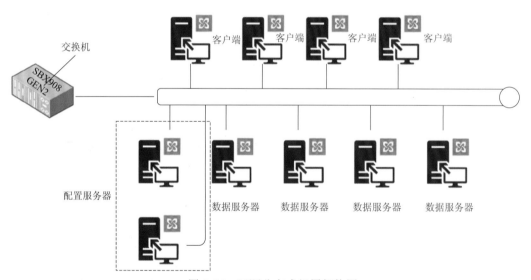

图 5-14　开源分布式部署架构图

5.4　跨域多维大数据运营中心

跨域多维大数据运营中心包括数据管理、数据分析量测、大数据挖掘三个部分，运营中心是构成整个跨域多维大数据的核心部分，建设科学、合理、高效的跨域多维大数据运营中心是整个跨域多维大数据核心概念的基础。

5.4.1 数据管理

如图 5-15 所示，数据管理包括输入输出、数据编辑处理、数据可视化、查询统计、动态更新、历史数据管理、元数据管理、安全管理。

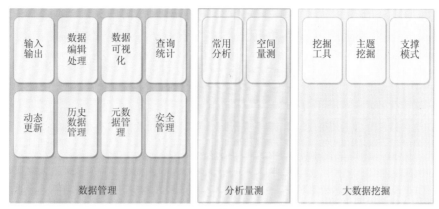

图 5-15 大数据管理系统

5.4.2 数据分析量测

跨域多维大数据分析量测具体功能包括：

（1）跨域多维大数据分析。应具有不同类型数据融合、多时相数据对比、变化信息提取等功能，以及时空数据分类、时空叠加分析、时空序列分析和预测分析。

（2）跨域多维大数据空间测量。应具备对二维数据进行距离、面积量测功能；对三维模型数据进行空间距离量测的功能；对三维模型数据进行水平面积量测的功能；对三维模型数据进行体积量测的功能。

5.4.3 大数据挖掘

具体功能包括：

（1）跨域多维大数据挖掘工具。基于历史推理方法、购物篮分析、决策树、遗传算法、聚类分析、连接分析、在线分析处理、神经网络、判别分析、逻辑分析、支持向量机、贝叶斯理论、人工智能等多种方法，建立大数据分析挖掘工具集。针对横琴电子围网系统的视频数据，可以通过高效的深度学习目标检测网络实时检测横琴海域船只停靠岸情况，通过大数据和异常事件数据库判断船只行驶是否合法、合规，从而做出正确决策告知管理员并发出相应警告。同时通过卫星视频数据、无人机影像判断横琴新区整体规划情况，对违建、乱建项目进行实时检测和干预，从而做到智能化管理。

（2）跨域多维大数据主题挖掘。面向 3～5 个主题，以挖掘工具为原子，形成定制流程化的大数据挖掘功能。以横琴新区电子围网系统中的海域异常行为监测为例，通过地面监控视频，无人机巡视视频和雷达传感器等多维数据，实时检测海域船只形式情况，如果船只出现违法越界、违法停靠、走私等行为，系统将会实时学习到相关异常情况并实时作出决策，有效对横琴海域进行管理。图5-16为横琴新区电子围网系统海域异常行为监测示意图。

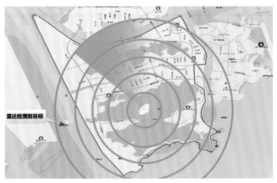

图 5-16　横琴新区电子围网系统海域异常行为监测示意图

（3）跨域多维大数据支撑模式。开发自选、定制和推送三种支持应用模式，将时空大数据挖掘信息内容发布为服务。

自选是被动式提供给用户自主调用，比如将横琴新区交通情况和海域情况做成一个用户接口，可供需要的用户高效调用；定制是与用户交互的提供，用户可以根据自己需要，选择合适的数据信息。推送是在用户大数据分析的基础上，将分析挖掘和知识主动式提供给感兴趣的用户，利用跨域多维大数据运营中心的优势，进行数据清洗、挖掘，并根据用户喜好推送给合适的用户。

参 考 文 献

陈天, 申德荣, 于戈, 2003. 应用于虚拟企业的私有UDDI注册中心. 计算机应用研究, 20(4): 132-134.

付金华, 石玉江, 王娟, 等, 2017. 长庆油田勘探开发服务型共享数据中心构建研究. 中国石油勘探, 22(6): 1-8.

胡博, 2012. 多类型复发事件数据的统计分析. 上海: 上海师范大学.

刘俊文, 玄佳兴, 2017. 数据中心仿真云平台的功能需求与设计. 电信科学, 33(5): 176-182.

吕霖, 2014. PubMed及其衍生数据库在医药领域的应用. 中国发明与专利(8): 107-113.

马腾, 胡宇翔, 张校辉, 2018. 基于深度增强学习的数据中心网络Coflow调度机制. 电子学报, 46(7): 84-91.

邱超, 王威, 2018. 基于云计算架构的水文大数据云平台建设. 人民长江, 49(5): 31-35.

史嘉权, 1999. 数据库系统基础教程. 北京: 清华大学出版社.

唐长乐, 王春迎, 2017. 基于政务云数据中心的政府数据开放共享服务集成平台研究. 情报资料工作, 38(5): 13-19.

汪红兵, 姚琳, 武航星, 等, 2014. C语言程序设计课程中的计算思维探析. 中国大学教学(9): 59-62.

文韬, 2017. 某数据中心空调系统设计. 暖通空调, 47(1): 55-58.

吴广君, 王树鹏, 陈明, 等, 2012. 海量结构化数据存储检索系统. 计算机研究与发展, 49(S1): 1-5.

姚世超, 王岩飞, 张冰尘, 等, 2002. 合成孔径雷达原始数据幅相压缩算法. 电子与信息学报, 24(11):

1627-1633.

姚文永, 杨珩, 2017. 历史档案文献数据中心建设模式刍议. 档案学研究, 25(2): 60-63.

张源笙, 夏琳, 桑健, 等, 2018. 生命与健康大数据中心资源. 遗传, 40(11): 1039-1043.

钟志琛, 尚方, 刘生, 2017. 基于SDN的新一代电网数据中心安全防护架构研究. 电力信息与通信技术, 15(8): 21-25.

AAMIR M, 2018. Design of a non-isolated single phase online UPS topology with parallel battery bank for low power applications. New York: Springer.

BUNEMAN P, DAVIDSON S B, FERNANDEZ M, et al., 1997. Adding structure to unstructured data. International Conference on Database Theory: 336-350.

CUZZOCREA A, DAMIANI E, 2018. Pedigree-ing your big data: Data-driven big data privacy in distributed environments//2018 18th IEEE/ACM International Symposium on Cluster, Cloud and Grid Computing (CCGRID). IEEE: 675-681.

IMAWAN A, KWON J, 2015. A timeline visualization system for road traffic big data//2015 IEEE International Conference on Big Data. IEEE: 2928-2929.

JUNEJA A, DAS N N, 2019. Big data quality framework: Pre-processing data in weather monitoring application//2019 International Conference on Machine Learning, Big Data, Cloud and Parallel Computing. IEEE: 559-563.

LIAO C H, LEI Y H, LIOU K Y, et al., 2015. Using big data for profiling heavy users in top video apps//2015 IEEE International Congress on Big Data. IEEE: 381-385.

MCHUGH J, CUDDIHY P E, WILLIAMS J W, et al., 2017. Integrated access to big data polystores through a knowledge-driven framework//2017 IEEE International Conference on Big Data. IEEE: 1494-1503.

NGUYEN T L, 2018. A framework for five big V's of big data and organizational culture in firms//2018 IEEE International Conference on Big Data. IEEE: 5411-5413.

NORMAN R, BOLIN J, POWELL E T, et al., 2018. Using big data analytics to create a predictive model for joint strike fighter//2018 IEEE International Conference on Big Data. IEEE: 3590-3596.

REDAVID D, CORIZZO R, MALERBA D, 2018. An owl ontology for supporting semantic services in big data platforms//2018 IEEE International Congress on Big Data. IEEE: 228-231.

XIAO H, WANG F, WANG F, et al., 2017. Some key problems of data management in army data engineering based on big data. International Conference On Big Data: 149-152.

XU L, JIANG C, WANG J, et al., 2014. Information security in big data: Privacy and data mining. IEEE Access, 2: 1149-1176.

ZHANG L, SHAO Z, LIU J, et al., 2019. Deep Learning based retrieval of forest aboveground biomass from combined LiDAR and Landsat 8 data. Remote Sensing, 11(12): 1459.

第6章　跨域多维大数据管理模型

本章将围绕跨域多维大数据管理模型，具体介绍跨域多维网络模型、跨域多维物联模型、跨域多维云计算模型、跨域多维时空云服务模型和跨域多维公共服务模型。

6.1　跨域多维网络模型

网络模型一般包括七层参考模型和四层参考模型。七层参考模型是国际标准化组织（open system interconnection，OSI）制定的标准体系，一般称为 OSI 模型（周志敏，2018）。四层参考模型是传输控制协议/网际协议（transmission control protocol/internet protocol，TCP/IP），一般称为 TCP/IP 模型（高有德 等，2019；Badshah et al.，2017）。OSI 参考模型的设计照顾到各个方面的因素，OSI 的模型过于理想化，使 OSI 模型变得大而全，缺乏灵活性，效率低。OSI 参考模型将"服务"和"协议"定义结合起来的设计方法，使得整个模型非常复杂，很难在现实中实现（Shi，2016；王田，2013）。而 TCP/IP 模型实际上只不过是对已有协议的抽象描述，TCP/IP 不存在与协议的匹配问题。TCP/IP 协议已成为目前网际互联事实上的国际标准和工业标准（孙建召，2010）。

跨域多维大数据的获取平台跨天、空、地、海，具有多平台特征。"天"指航天平台，以卫星为主，具有极高的高度，其获取的数据覆盖范围大、波段丰富，可实现对地表的覆盖监测。"空"指航空平台，包括航空飞机、无人机、飞艇、气球等。对于横琴来说，也可以利用海基遥感平台完成海岸或河岸监测、大气污染监测、目标识别、移动测量等任务，如船载遥感监测平台。从数据属性的视角跨域多维大数据亦可分类为空间位置大数据、社会属性大数据、媒体大数据、遥感大数据等。从多维角度来看，跨域多维大数据是遥感卫星、无人机、雷达、LiDAR、音视频传感器等产生的自然数据和互联网、政府部门、企事业单位等在使用或工作生产过程中产生的人为数据的集成，数据量大且复杂，因此该跨域多维网络模型采用 TCP/IP 四层参考模型，如图 6-1 所示。TCP/IP 这一参考模型共分为四层：数据链路层、网络层、传输层、应用层。各层功能如下。

（1）数据链路层。链路层主要提供相邻设备之间的数据传输，链路层主要实现三个目的：接收和发送 IP 数据包、接收发送地址解析协议（address resolve protocol，ARP）请求、发送逆地址解析协议（reverse address resolve protocol，RARP）请求和接收 RARP 应答，另外根据网络中硬件的不同，链路层有不同的协议，如以太网、令牌环网。

数据链路层两个常用的协议是 ARP 和 RARP（张兴 等，2016）。它们实现了 IP 地址和机器物理地址（通常是 MAC 地址，以太网、令牌环和 802.11 无线网络都使用 MAC 地址）之间的相互转换。网络层使用 IP 地址寻址一台机器，而数据链路层使用物理地址寻址一台机器，因此网络层必须先将目标机器的 IP 地址转化成其物理地址，才能使用数据链路层提供的服务，这就是 ARP 的用途。RARP 仅用于网络上的某些无盘工作站。因

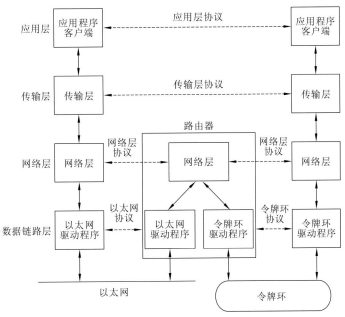

图 6-1　TCP/IP 四层模型结构图

为缺乏存储设备，无盘工作站无法记住自己的 IP 地址，但它们可以利用网卡上的物理地址来向网络管理者（服务器或网络管理软件）查询自身的 IP 地址。运行 RARP 服务的网络管理者通常存有该网络上所有机器的物理地址到 IP 地址的映射。

（2）网络层。网络层实现数据包的选路和转发。TCP/IP 协议族中，网络层协议包括 IP、因特网控制报文协议（Internet control message protocol，ICMP）、Internet 组管理协议（Internet group management protocol，IGMP）。

网络层最核心的协议是 IP（彭志航 等，2019；Wang et al.，2018）。IP 根据数据包的目的 IP 地址来决定如何投递它。如果数据包不能直接发送给目标主机，那么 IP 就为它寻找一个合适的下一跳路由器，并将数据包交付给该路由器来转发。多次重复这一过程，数据包最终到达目标主机，或者由于发送失败而被丢弃。可见，IP 使用逐跳的方式确定通信路径。网络层另外一个重要的协议是 ICMP。它是 IP 的重要补充，主要用于检测网络连接。

（3）传输层。传输层为两台主机上的应用程序提供端到端的通信。与网络层使用的逐跳通信方式不同，传输层只关心通信的起始端和目的端，而不在乎数据包的中转过程。按照网络能处理的最大尺寸将教程的数据包进行强制分割，发送方节点的传输层将数据分割成较小的数据片，同时对每一个数据片安排一序列号，以便数据到达接收方的传输层时能以正确的顺序重组，该过程称为排序。

传输层的两个重要的协议是传输控制协议（transmission control protocol，TCP）和用户数据报协议（user datagram protocol，UDP）（吕焦盛，2019）。TCP 为应用层提供可靠的、面向连接的和基于流（stream）的服务。TCP 使用超时重传、数据确认等方式来确保数据包被正确地发送至目的端，因此 TCP 服务是可靠的。UDP 则与 TCP 完全相反，它为应用层提供不可靠、无连接和基于数据报的服务。"不可靠"意味着 UDP 无法保证数据从发送端正确地传送到目的端。

（4）应用层。应用层负责处理应用程序的逻辑。数据链路层、网络层和传输层负责处理网络通信细节，这部分必须既稳定又高效，因此它们都在内核空间中实现。而应用层则在用户空间实现，因为它负责处理众多逻辑，比如文件传输、名称查询和网络管理等。

在基础网络模型基础上，针对不同场景，不同的网络模型被设计出来，如物联网终端采用的窄带物联网（narrow band Internet of things，NB-IoT）网络。在最初物联网概念兴起时，市面上并没有专门为物联网打造的无线网络技术。当时已有的技术主要包括2G、3G、4G及LTE蜂窝技术、无线局域网技术（如WiFi）和近场通信技术（如ZigBee和蓝牙），它们主要专注于建立特定的高速设备和语音、数据网络的离散连接，对数据传输的功耗考虑得很少。随着LTE-M、NB-IoT等低功耗广域网网络（low-power wide-area network，LPWAN）的提出及技术上的实现和支持，物联网终于有了一套自身专有的网络技术。LPWAN旨在满足IoT应用的核心需求，它从成本、功耗、覆盖范围三方面提升物联网设备及服务的市场竞争力。目前，物联网的传输网络，主要分为两类：一类是ZigBee、WiFi、蓝牙、Z-wave等短距离通信技术；另一类是LPWAN。

横琴跨域多维物联网平台建设以LPWAN（NB-IoT/LoRa）技术为主，其他制式为辅的全区物联网通信网络覆盖体系，如图6-2所示。不同行业对于物联网通信基础设施的需求不同，包括通信速率、通信可靠性、通信成本、功耗水平、信息安全等。围绕核心应用需求，赋能产业发展，结合规划站址和核心应用需求布设相应网络设备，实现全境5G/NB-IoT/LoRa/RPMA等多种物联网通信网络覆盖，面向全球提供物联网产业开发测试、应用示范的基础设施环境。

图6-2 跨域多维物联网平台架构图

NB-IoT，是由3GPP标准化组织定义的一种技术标准，是一种专为物联网设计的窄带射频技术。LoRa（longrange）是美国Semtech公司采用和推广的一种基于扩频技术的超远距离无线传输方案。LoRa网络主要由终端（可内置LoRa模块）、网关（或称基站）、Server和云四部分组成，应用数据可双向传输。

NB-IoT 和 LoRa 两种技术具有不同的技术和商业特性，也是最有发展前景的两个低功耗广域网通信技术。这两种 LPWAN 技术都有覆盖广、连接多、速率低、成本低、功耗小等特点，都适合低功耗物联网应用（关于物联网 NB-IoT 和 LoRa 的技术分析）。NB-IoT、LoRa 对比如表 6-1 所示。

表 6-1　NB-IoT、LoRa 方案对比

参数	NB-IoT	LoRa
组网方式	基于现有蜂窝组网	基于 LoRa 网关
网络部署方式	节点	节点+网关（网关部署位置要求较高，需要考虑因素多）
传输距离	远距离（可达十几千米，一般情况下 10 km 以上）	远距离（可达十几千米，城市 1～2 km，郊区可达 20 km）
单网接入节点容量	约 20 万	约 6 万，实际受网关信道数量，节点发包频率，数据包大小等有关。一般有 500～5 000 个不等
电池续航	理论约 10 年/AA 电池	理论约 10 年/AA 电池
成本	模块 5～10 美元，未来目标降到 1 美元	模块约 5 美元
频段	授权频段，运营商频段	1 GHz 以下的非授权频段，应用时不需要额外付费
传输速度	160～250 kB	293 B～50 kB
适合领域	户外场景，LPWAN 大面积传感器应用	户外场景，LPWAN，大面积传感器应用可搭私有网络，不依赖蜂窝数据或 WiFi，其覆盖范围在所有地区都保持相对稳定

物联网中的每一个设备都需要由两部分组成，第一部分是互联网。任何一个物联网设备都离不开网络，接入方式有 NB-IoT、LoRa、WiFi 等。第二部分是应用数据交换协议，每个物联网设备都需要与另外一个或多个设备相互交换数据才能确保其正常工作，这也是目前控制物联网设备的唯一方法。一般常用的物联网应用层协议包括消息队列遥测传输（message queuing telemetry transport，MQTT）、超文本传输协议（hyper text transfer protocal，HTTP）等，其中 MQTT 应用较为普遍。如图 6-3 所示，跨域多维物联网平台支持 Modbus、JT/T808、思科路由器端口组管理协议（Cisco router port group management protocal，RGMP）、MQTT、HTTP 5 种协议。

产品名称	技术/性能参数	国内先进技术水平	本平台技术水平
横琴物联网公共服务平台	支持接入协议	最多支持3种协议：如 MQTT、HTTP、Modbus	支持5种协议MQTT、HTTP、Modbus、JT808、RGMP，且可以扩展
	支持联网方式	支持2~3种网络：WiFi、蓝牙、ZigBee、移动网络	支持5种网络：LoRa、WiFi、蓝牙、ZigBee、移动网络
	终端接入流程	支持单独接入	根据公开及私有协议不同，提供不同的接入方式
	支持APP开发类SDK	支持2~3种SDK：IOS/RTOS、Android、Linux、RTOS	支持3种SDK：IOS、Android、Linux
	支持开发语言SDK	支持2~4种SDK：PHP、Javascript、.NET	支持4种SDK：PHP、Javascript、.NET、C++、C

图 6-3　跨域多维物联网平台与国内同类技术的主要参数对比图

（1）MQTT（消息队列遥测传输）。互联网的基础网络协议是 TCP/IP，MQTT 是基于 TCP/IP 协议栈而构建的，已成为 IoT 通信的标准。MQTT 最大优点在于可以以极少的代码和有限的带宽，为连接远程设备提供实时可靠的消息服务。作为一种低开销、低带宽占用的即时通信协议，其在物联网等方面有较广泛的应用。

（2）HTTP（超文本传输协议）。HTTP 是一个基于 TCP/IP 通信协议来传递数据（HTML 文件、图片文件、查询结果等）。MQTT 以数据为中心，而 HTTP 以文档为中心。HTTP 是用于客户端-服务器计算的请求-响应协议，并不总是针对移动设备进行优化。尽管 MQTT 在物联网环境下各方面的性能都强于 HTTP，在实际应用中，MQTT 也有些影响它发挥性能的地方。MQTT 的优势就是海量小型数据传输，如果话题字节太长，如传输目前互联网中常见的图片和视频，其性能就会弱于 HTTP（周超 等，2017）。

（3）Modbus。Modbus 协议是应用于电子控制器上的一种通用语言。通过此协议，控制器相互之间、控制器经由网络（如以太网）和其他设备之间可以通信。它已经成为一通用工业标准。有了它，不同厂商生产的控制设备可以连成工业网络，进行集中监控。

（4）JT/T808（道路运输车辆卫星定位系统终端通信协议及数据格式）。规定了道路运输车辆卫星定位车载终端与监管/监控平台之间的通信协议与数据格式。

（5）RGMP（思科路由器端口组管理协议）。RGMP 作用于组播路由器和交换机之间。RGMP 的设计目标是应用于具有多种路由器相连的骨干交换网。

6.2　跨域多维物联模型

物联网（IoT）是下一代网络，包含上万亿节点来代表各种对象，从无所不在的小型传感器设备，掌上的到大型网络的服务器和超级计算机集群（James et al.，2009）。它是继电脑和网络革命之后的又一场科技革命。它集成了新的计算和通信技术[如传感器网络、无线射频识别（radio frequency identification，RFID）技术、移动技术、实时定位、普遍存在计算和 IPV6 等]和建立下一代互联网的发展方向。IoT 是 IBM 公司提出的智能星球的核心。物联网的智能对象（如传感器输入、制动器等）可以通过基于新信息和通信技术的网络来通信。

Haller 等（2008）提出了如下的定义："它是这样的一个世界，物理对象可以无缝集成到信息网络，并且可以成为业务流程的积极参与者。服务可以在网络中影响到这些'智能对象'，找到它们的国家及与它们相关联的任何问题，并能考虑安全和隐私问题。"

物联网将会产生大量的信息。例如将超市引入一个采用 RFID 技术的供应链。RFID 数据的原始形态是这样的形式：EPC、地点、时间。EPC 代表了一个 RFID 读者阅读的唯一标识；地点是读者的位置；时间是阅读发生的时刻。这需要 18 个字节来储存一个 RFID 记录。一个超市，大约有 700 000 个 RFID 记录。所以如果这个超市每秒都有读者在浏览，那么每秒大约产生 12.6 GB RFID 数据流，每天将达到 544 TB 的数据。因此，发展有效的思想去管理、分析、挖掘 RFID 数据是非常必要的。物联网数据可以分成几种类型：RFID 数据流、地址/唯一标识、描述数据、位置数据、环境数据和传感器网络数据等（Cooper et al.，2009）。它将给物联网的管理、分析、挖掘数据带来巨大的挑战。

物联网的核心和基础仍然是互联网，是在互联网基础上的延伸和扩展的网络，其用户端延伸和扩展到了任何物品与物品之间，进行信息交换和通信（戴方 等，2019）。因此，物联网的定义是通过RFID、红外感应器、全球定位系统、激光扫描器等信息传感设备，按约定的协议，把任意物品与互联网相连接，进行信息交换和通信，以实现对物品的智能化识别、定位、跟踪、监控和管理的一种网络。物联网在国际上又称为传感网，这是继计算机、互联网与移动通信网之后的又一次信息产业浪潮。世界上的万事万物，小到手表、钥匙，大到汽车、楼房，只要嵌入一个微型感应芯片，把它变得智能化，这个物体就可以"自动开口说话"。再借助无线网络技术，人们就可以和物体"对话"，物体和物体之间也能"交流"，这就是物联网（刘素艳，2019）。

6.2.1　传统物联网模型

传统物联网模型采用物联网的三层概念模型（Yu，2019；吴战广 等，2017），如图6-4 所示。物联网三层概念模型共分为三层：感知层、网络层、应用层。各层功能如下。

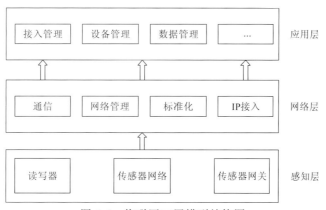

图 6-4　物联网三层模型结构图

（1）感知层。感知层是整个物联网系统的数据基础。它利用传感器获得被测量（物理量、化学量或生物量）的模拟信号，并负责把模拟信号量转换成数字，也包括从电子设备（如串口设备）中采集到的直接的数字，最终由传输层转发到应用层。除各类传感器外，这一层里也存在广泛的执行器，可以响应对从网络层转发来的数字信号（执行器可以对将数字信号转为模拟信号）。

伴随着物联网产业的快速发展，对新型传感器、芯片的需求逐渐增大，因此对其尺寸和功耗提出了更高的要求。而微控制单元（micro control unit，MCU）和微机电系统（micro-electro-mechanical system，MEMS）由于其高性能、低功耗和高集成度的优势，得到了全面发展，成为感知层发展最重要的两项技术。

（2）网络层。网络层是物联网的中间环节，物联网的网络层主要负责传递和处理感知层获取的信息，实现物的连接，分为有线传输和无线传输两大类，其中无线传输是物联网的主要应用。

无线传输技术按传输距离可划分为两类：一类是以 ZigBee、WiFi、蓝牙等为代表的短距离传输技术，即局域网通信技术；另一类则是低功耗广域网，即广域网通信技术。

LPWAN 又可分为两类：一类是工作于未授权频谱的 LoRa、Sigfox 等技术；另一类是工作于授权频谱下，3GPP 支持的 2G/3G/4G/5G 蜂窝通信技术，如增强机器类通信（enhanced machine type of communication，eMTC）（金舰 等，2019）、窄带物联网（NB-IoT）（Ratasuk et al.，2019；张万春 等，2017）。由于物联网要求的连接几乎是无所不在的，一些已有的通信技术在分别朝着高速率、低（微）功耗、复杂组网等方向发展，一些新的通信技术也应需而生。

（3）应用层。物联网系统的应用层承载着用户业务和功能，由于云计算的发展，大部分的系统都在这一层实现数据存储和主要的计算。应用层开发包含了非常多的内容，最基本的如接入管理、终端管理、数据管理和事件管理，这些都是解决终端连接到物联网所必需的功能，其他的信息化功能、虚拟化功能及数字化功能的实现都建立在这些基本功能之上。丰富的应用是物联网的最终目标，未来基于政府、企业、消费者三类群体将衍生出多样化物联网应用，创造巨大社会价值。根据企业业务需要，在网络层之上建立相关的物联网应用，如城市交通情况的分析与预测，城市资产状态监控与分析，环境状态监控、分析与预警（如风力、雨量、滑坡），健康状况监测与医疗方案建议等。

6.2.2 跨域多维物联网平台

与一般的数据相比，跨域多维数据有自己的特色，如数据总是大规模的、分布式的、时间相关的和位置相关的。同时，数据的来源是各异的，节点的资源是有限的。这些特征带来了很多集中数据管理式样的问题。

跨域多维大数据的数据量大且复杂，使用传统的物联网三层模型很难达到预期效果，因此需要针对多源异构和数据量庞大两个特点在传统物联网三层模型上的进行改进。横琴城市物联网平台的定位是一个公共服务平台，通过建立开放、共享的城市物联网架构体系，推动横琴区内各部门按照统一的标准规范应用物联网技术，实现城市管理信息资源共享和业务协同，提高建设、管理与物联网应用的集约化和规模化水平，提升横琴政府部门管理效能和横琴城市管理服务水平。

横琴物联网公共服务平台是一个支持泛在设备接入与管理，支持设备互联互通、数据开放，服务开放，方便行业（企业）在平台上快速形成解决方案并部署应用的基础性、支撑性的关键基础设施和公共服务平台，如图 6-5 所示。物联网公共服务平台的建设旨在推进物联网应用示范工程建设，广泛开展物联网技术集成应用和创新模式，丰富物联网应用，其总体设计方案如图 6-2 所示，包含 5 个部分的建设内容：感知设备、传输网络、开放云平台、网络安全保障和应用示范。

1. 标准规范体系

横琴物联网公共服务平台的标准规范主要包括体系标准、共性标准和各行业应用标准。其中体系标准主要规定横琴物联网标准体系，共性标准在已有行业标准的基础上，面向横琴的物联网建设，构建面向统一规划和统筹建设的基础感知设施共建共享标准、标识解析、数据共享和信息流动等可供多个行业使用的共性标准。行业应用标准则主要与横琴各行业的物联网应用结合，重点制定数据格式、平台对接和系统建设等标准。

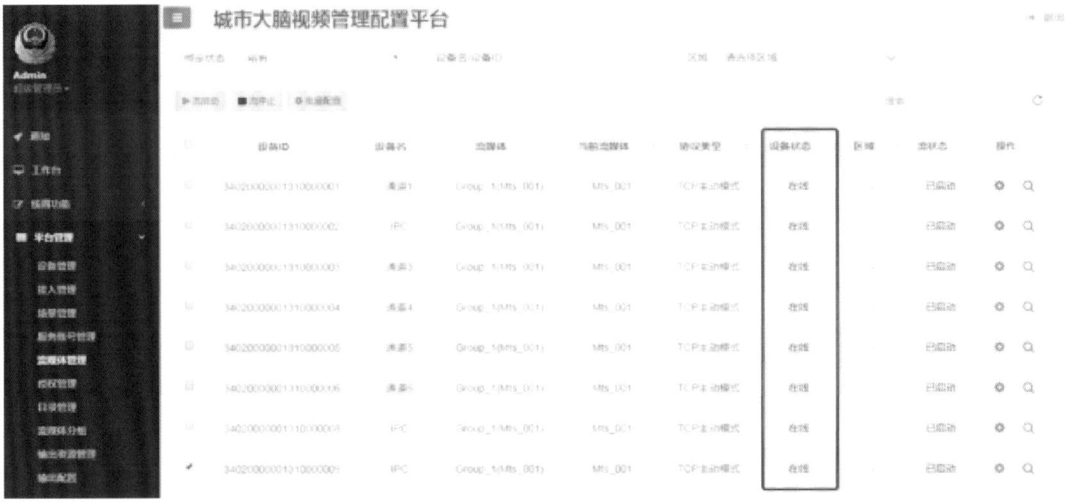

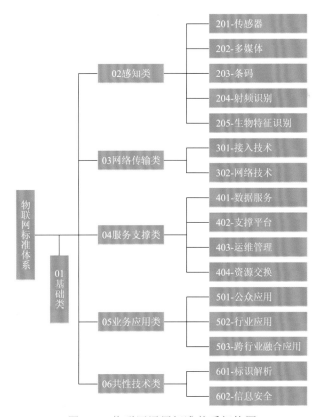

图 6-5　横琴物联网平台界面图

物联网标准体系的建立遵照全面、明确、兼容、可扩展的原则。在全面综合分析物联网应用生态系统设计、运行涵盖领域基础上，将物联网标准体系划分为 6 个大类，如图 6-6 所示，分别为基础类、感知类、网络传输类、服务支撑类、业务应用类、共性技术类。

图 6-6　物联网通用标准体系架构图

横琴物联网云平台在遵守通用标准体系的基础上，应制订适应横琴发展需求的物联网标准体系。其体系架构可分为感知层、传输层、平台层、应用层、网络安全五大标准模块。为使物联网标准体系与产业体系更好地融合，满足标准的可执行性，构建如图 6-7 所示的物联网标准体系框架。

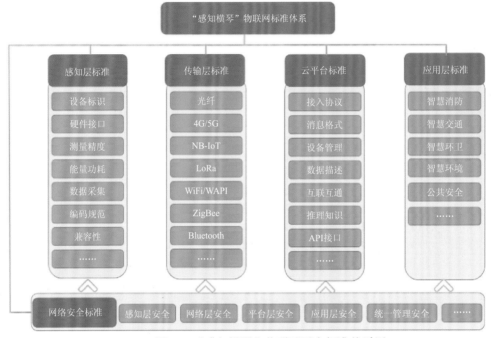

图 6-7 "感知横琴"物联网平台标准体系图

2. 感知设备

感知设备主要实现对物联网终端（支持主流物联网操作系统：Linux、Windows、Android、IOS 等）进行远程接入与连接管理、连接监控、配置更新、软件与系统升级、故障排除、生命周期管理功能；提供实时的设备状态监控和应用状态告警，开放 API 调用接口，使用户轻松进行系统集成与增值功能开发，设备数据直接存储在云端，如图 6-8 所示。

图 6-8 感知设备管理软件界面图

感知设备按用途可分为温度传感器，湿度传感器，气敏传感器，空气检测传感器，水质检测传感器，烟雾检测传感器，雨水感应传感器，红外检测传感器，车位检测传感器，水、气、电采集传感器，位置探测传感器，速度检测传感器，光感应传感器，智能电子秤，智能血压计等。

感知设备获取的数据可以分为三类：道路感知数据、环境感知数据和消防感知数据。

（1）道路感知数据包括交通状况、道路空气质量、人流数据、停车数据、下水井盖。

（2）环境感知数据包括对城市空气环境质量、水环境质量、土壤环境质量环境的监测数据，同时也包括对重点区域、重点企业废水、废气、固体废物、噪声等污染物排放浓度和数量的实时自动监测数据。

（3）消防感知数据包括火灾自动报警系统、电气火灾自动报警系统、消防水系统、消防水泵监测系统、防火门监测系统、排烟风机监测系统、气体灭火系统等报警信息、故障信息、状态信息等通过用户信息传输装置、各类传感器等数据。

3. 传输网络

建设一张统一的感知传输网络，利用 5G、NB-IoT、光纤等传输通道，实现对所有感知设备的数据汇聚。由政府统一规划区内资源和使用规则，对全区进行统一的物联网基础设置站址规划和建设运维。结合交通设施，通过和智能路灯的发展结合，形成覆盖全区道路和周边的物联网基站站址，实现道路周边信号覆盖。

目前横琴的有线网络拥有国际互联网出口；无线网络有覆盖全岛的 WiFi。

4. 开放云平台

开放云平台实现物联网体系架构中的平台层功能，如图 6-9 所示。开放云平台的意义在于打通多个行业，构建统一的平台，在标准方面逐步走向统一，消除信息孤岛。通过开放的云平台，可以实现物联网产业链上下游优势资源互补。同时，云平台也可以有效减少重复建设，实现资源的集约化，在城市物联网这个大框里有数十个细分领域，每

图 6-9　物联网体系架构图

一个细分领域的应用部署都需要考虑传感网络、硬件环境，因此减少重复建设的意义非常重大。此外，开放云平台的意义还在于大数据的收集和处理。智慧的终极基础是数据和信息。分散建设的城市物联网应用，很多垂直应用采集数据，同步到数据中心时，一方面失去了实时性，另一方面经过应用系统处理的数据，对大数据挖掘来说其价值已经打了折扣。通过开放云平台将资源统一接入和统一管控，让城市公共基础设施相关的传感器直接接入物联网云平台，在纵向上可以通过能力开放成为创新应用的平台支撑，在横向上可以实时捕捉感知数据用于大数据处理。

如图 6-10 所示，开放云平台由开放设备平台、开放数据平台和开放应用平台组成。开放设备平台负责处理与海量物联网设备的连接和通信，开放数据平台负责搜索、存储和分析来自物联网设备的感知数据，开放应用平台为上层复杂物联网应用的开发提供规则引擎、API 接口、应用模板等赋能。

图 6-10　开放云平台架构图

1）开放设备平台

开放设备平台支持感知与控制设备、网关设备、移动终端等各种类型的物联网设备通过 4G/5G、NB-IoT、WiFi 等多种类型的网络接入，并能适配 MQTT、CoAP、XMPP、RESTful HTTP 等多种物联网连接协议。

2）开放数据平台

开放数据平台包括海量数据存储、实时数据查询及大数据分析平台。

（1）海量数据存储。海量数据存储包含异构数据采集、数据清洗及时序数据库存储。

数据格式缺乏统一的标准，为后期的数据库存储、数据清洗和数据的集成融合分析带来了严峻的挑战。最终要实现基于统一的数据采集模型，采集不同类型的设备数据，对各类结构化和非结构化数据通过统一的数据传输标准，向上提供开放接口，实现统一的可扩展的异构数据采集。同时，由于数据具有极强的时空特性，需要构建统一的时空编码标准，实现数据在时间和空间上的关联和统一，为未来的数据清洗、数据管理和数据应用提供强有力的保障。

大数据的重要特点是价值的密度可能较低，其数据质量也有别于传统数据的质量，可能存在大量的劣质数据、错误数据和缺失数据，数据质量对基于大数据挖掘的决策效果有巨大影响。因此，数据的清洗，对无效数据、错误数据的鉴别成为影响大数据挖掘效果的关键前提。

物联网设备产生的感知数据是基于时间的一系列数据，这样的数据称为时序数据。在有时间的坐标中将这些数据点连成线，往过去看可以做成多纬度报表，揭示其趋势性、规律性、异常性；往未来看可以做大数据分析、机器学习，实现预测和预警。时序数据库就是存放时序数据的数据库，并且需要支持时序数据的快速写入、持久化、多纬度的聚合查询等基本功能。对比传统数据库仅仅记录了数据的当前值，时序数据库则记录了所有的历史数据。同时时序数据的查询也总是会带上时间作为过滤条件。

（2）实时数据查询。实时数据查询采用一个在 shared-nothing 架构下，通过支持高级索引结构实现在几秒钟中内对数十亿行进行查找的实时数据存储和查询引擎，并且该引擎支持水平扩展，集群由不同类型的节点组成，每个节点都执行特定的功能。集群的组成如图 6-11 所示。

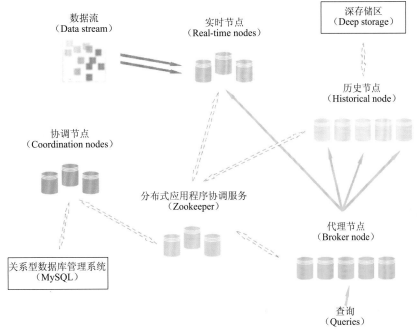

图 6-11 实时数据查询集群架构图

Real-time 节点负责数据的注入、存储及最近事件查询的响应。同样，Historical 节点负责加载和响应历史事件的查询。数据被存储到存储节点，存储节点可以是 Historical 节点或者是 Real-time 节点。一个查询首先会访问 Broker 节点，该节点负责发现并且把查询路由到各个包含相关数据的存储节点，然后存储节点并行的执行它们查询的部分并且将结果返回给 Broker 节点，Broker 节点接收到这些结果后进行合并，最后把合并的最终结果返回给查询的请求者。Broker 节点、Historical 节点和 Real-time 节点都被认为是可查询节点。由一组 Coordination 节点来管理负载分配、分发和复制。Coordination 节点是不可查询节点，它主要是用来维护集群的稳定性。Coordination 节点需要依赖外部 MySQL 数据库。需要 Zookeeper 来进行集群协作。虽然查询是通过 HTTP 转发，但是集群内部通信是通过 Zookeeper 转发。

（3）大数据分析平台。开放数据平台中的大数据分析平台通过实时流的分布式计算和基于 Hadoop 的分布式离线批处理。实时流计算完成基于模型的实时数据监控、规则计算、数据查询等功能。离线批处理完成基于分布式数据仓库的数据深度挖掘、模型训练、在线计算结果验证、基于历史数据的趋势预测等功能。大数据分析平台提供的基础算法库包括聚类分析、归纳分析、分类计算、演绎计算、关联分析、单点分析、深度学习、批量数据特征抽取等。

3）开放应用平台

开放应用平台包括规则引擎、API 接口及应用模板。

（1）规则引擎。规则引擎帮助应用灵活地转发和处理设备消息，应用可以通过 SQL 语言的形式设定规则，对设备的消息数据进行筛选、变型、转发，根据不同应用场景将数据无缝转发至不同的数据目的地，如时序数据库、流式处理、其他应用等。规则引擎需要具备的基础业务逻辑处理能力如表 6-2 所示。

表 6-2　业务逻辑处理能力

处理能力	说明
空间逻辑	某个空间范围内的数据查询
时间逻辑	某个时段范围内的数据查询
算术逻辑	平均值、最大最小值等的数据查询
关系逻辑	>，<，==，&，|，~等的数据查询

（2）API 接口。开放应用平台为各种物联网应用的开发提供丰富、完善的 API 接口。每个 API 功能（也可以称为资源）都使用统一资源标识符（uniform resource identifier，URI）来唯一确定。对资源的请求方式是通过向资源对应的 URI 发送标准的 HTTP 请求，比如 GET、PUT、POST 等，同时，请求需要遵守签名算法，并包含约定的请求参数。

（3）应用模板。开放应用平台提供完善的开发文档和典型应用的开发模板，开发者参照应用模板可以快速开发基于物联网开放云平台的各种应用。

5. 网络安全保障

物联网设备海量，软硬件和网络协议异构多样，针对物联网的网络攻击不断变化和更新，采用安全防护策略对新型的攻击具有滞后性。为此采用以安全检测与监测为主、安全防护为辅的物联网安全保障体系，建设两大平台实现对横琴物联网的全天候全方面态势感知和防御，总体架构如图 6-12 所示。其中安全检测与监测平台包括 4 个系统，检测与监测内容包含了物联网设备资产运行状态、设备的软件和协议漏洞、内外部的网络攻击威胁与通信异常，以及物联网无线环境安全。安全防护平台包含了多种安全设备，可针对重要物联网选择性部署防护设备。

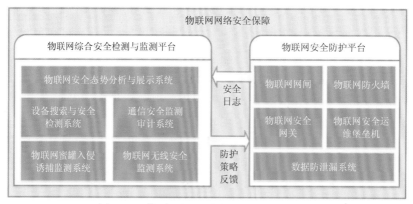

图 6-12　物联网网络安全保障总体架构图

6. 物联网应用

1）全天候可靠监控

安全问题是当今所有的政府部门、企事业单位非常重视的问题，视频监控技术已经成为公安机关打击犯罪的有效手段，视频监控系统也开始迈向规模化建设，目前全球已经安装了数以百万计的监控摄像机。这些摄像机一般由安全人员值守，用于监控、存储或回放录像。过多的摄像机使值班人员疲于应付，无法发挥出实时监控的能力，这种被动式的事后查验的方法根本不能提供一种满足当今需要的实时安全监控，这种情况下既增加了破案难度，又浪费了大量的警力。解决以上问题的一个有效方法是对视频进行智能分析。大数据分析平台的智能视频分析技术是通过借助计算机的运算能力对视频内容进行实时分析，过滤掉不相关的信息，仅仅提取视频中的关键信息，并针对违法事件自动报警的监控方式，是新一代的监控系统。智能视频分析技术将传统的事后取证的监控方式变为事前预防和实时报警的监控方式。智能视频监控以传统视频监控为基础，可以充分挖潜视频监控系统的潜力，带来更大收益。

24×7 全天候可靠监控彻底改变以往完全由工作人员对监控画面进行监视和分析的模式，它通过智能视频分析模块对所监控的画面进行不间断分析，一旦发现安全威胁立刻向监控中心报警。智能视频分析系统具有强大的图像分析能力，基于行为特征的算法，使用户可以更加精确地定义安全威胁的特征，有效降低误报和漏报现象，减少无用数据量。大大提高响应速度，及时识别可疑活动，在危险事件发生之前就能够发出警报，可以使公安机关提前做好准备，阻止危险事件的发生。

借助智能视频监控，横琴电子围网系统同样实现了对横琴环岛 53 km 海岸线 24×7 全天候监测。前端智能视频监控信息采集系统在横琴环岛岸线部署高清摄像机、红外摄像机等设备，对环岛沿线进行全覆盖、全天候、全高清感知层信息的采集；海关移动巡查执法系统由在岛内移动巡逻的车辆、无人机上安装的车载、机载和执法人员手持无线终端、岛内高山铁塔与机房及部分光缆等有线传输设施组成。如图 6-13 所示，环岛越界智能检测网基于雷达及视频的联动预警技术，雷达扫描到远处目标闯入警戒线时，系统产生报警联动雷达、球机目标接力跟踪，视频智能分析系统对目标进行检测分析与跟踪。

2）环境监测

物联网技术应用于环境监测，既可以对环境进行有效的实时监测，又可以通过信息共享辅助决策，为环境监督与管理提供重要的数据依据（邢彦 等，2018）。物联网环境监测系统主要由两部分组成，硬件系统和软件系统。硬件系统起着实时数据采集、传输和存储等功能，主要包括感知传感器网络和视频监控系统。软件系统包括可视化功能，可视化展示土壤、空气、监控视频等数据。同时，传感器数据采集软件能将数据采集并传输至指定服务器。

针对横琴新区生态环境信息建立感知网络，感知对象覆盖城市环境相关的水质、风速风向、噪声、温湿度、土壤和空气等生态环境数据，为面向横琴岛的智慧化应用提供丰富的环境类数据。各类传感器包括水质监测传感器、风速风向监测传感器、噪声监测传感器、温湿度监测传感器、土壤监测传感器及空气监测传感器等。水质监测传感器能够监测内河、沿海和市政水环境中重要水质参数[如温度、电导率、溶解氧气、pH、浊

图 6-13 环岛越界智能检测系统示意图

度、氨氮（NH₄）等]的变化情况。风速风向监测传感器能够测量风速和风向这一生态环境的重要气象要素。噪声监测传感器负责对干扰工作、学习和生活的声音及其声源进行监测，监测点包括城市各功能区噪声监测、道路交通噪声监测、区域环境噪声监测和噪声源监测等。温湿度传感器负责感知横琴新区各区位实时温度和湿度。土壤监测传感器负责监测土壤状态，包括湿度、土壤墒情、温度、盐分等。空气监测传感器负责监测大气污染物参数，如二氧化硫、二氧化氮、可吸入颗粒物（PM_{10}、PM_5和$PM_{2.5}$等）。环境视频监控主要是对现场的监测进行可视化表达，视频通过有线或者无线传输。

3）融合应急指挥

融合指挥中心是全媒体融合、全视频融合、全网络融合、多级指挥调度、移动指挥调度、全天候、全场所的融合指挥调度系统。支持音频、视频、消息、图片全媒体融合；支持各类监控视频、社会监控视频、车载视频、执法视频、指挥视频融合；支持 4G/5G 网络融合和物联网融合使用；支持多级指挥调度指挥中心、临时指挥中心、移动指挥中心多级指挥中心调度；满足全天候/全场所迅速搭建全天候指挥中心，实现哪里需要指挥，哪里就有指挥。在能力上，融合指挥系统解决了各种信息孤岛，实现视频会议系统、视频监控系统、指挥调度系统互通，形成统一的作战视野，将现场情况实时传递给警务人员及指挥中心，准确判断现场真实情况。

融合指挥系统以信息驱动、视频调度为主，融合固网、无线网络，在互联网数据中心机房部署视频传输服务器，服务于指挥中心和各类终端，实现多级多业务指挥调度。从逻辑单元上看，整个系统分为指挥中心、车载（临时）指挥中心、巡逻车指挥、单兵指挥、无线监控、临时布控、无人机图传及网络报警。融合指挥中心系统由融合指挥调度、监控调度、资源管理三大部分组成。真正扁平、集约、高效、全天候的创新指挥新模式，贯穿各级机构。通过各类网络、覆盖各个末端地域，4G/5G 聚合适用极端应急场景的融合指挥平台，实现随时随地基于视讯的应急指挥、移动指挥、远程指挥。平台功能模块如图 6-14 所示：以多媒体云通信技术为桥梁，解决各种应急通信手段无缝通信的问题；以视频融合应用为基础，实现语音、视频、GIS 定位的多维度智能化指挥，有效提升应急指挥能力。

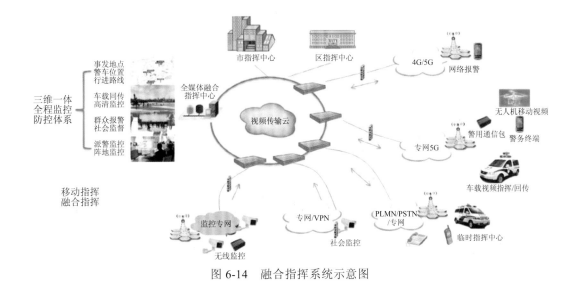

图 6-14　融合指挥系统示意图

6.3　跨域多维云计算模型

6.3.1　云计算概述

　　云计算（cloud computing）是近几年开始流行的概念，是利用计算机处理庞大数据的一种商业计算模型，根据用户需求提供数据获取、存储、快速处理、分析、信息发布服务。云计算是分布式计算的一种，指的是通过网络"云"将巨大的数据计算处理程序分解成无数个小程序，通过多部服务器组成的系统处理和分析这些小程序得到结果并返回给用户。云计算早期，简单地说，就是简单的分布式计算，解决任务分发，并进行计算结果的合并。因而，云计算又称为网格计算。

　　"云"实质上就是一个网络，狭义上讲，云计算就是一种提供资源的网络，使用者可以随时获取"云"上的资源，按需求量使用，并且可以看成是无限扩展的，只要按使用量付费就可以，"云"就像自来水厂一样，人们可以随时接水，并且不限量，按照自己家的用水量，付费给自来水厂就可以（罗晓慧，2019）。

　　从广义上说，云计算是与信息技术、软件、互联网相关的一种服务，这种计算资源共享池叫作"云"，云计算把许多计算资源集合起来，通过软件实现自动化管理，只需要很少的人参与，就能让资源被快速提供。也就是说，计算能力作为一种商品，可以在互联网上流通，就像水、电、煤气一样，可以方便地取用，且价格较为低廉（罗晓慧，2019）。

　　总之，云计算不是一种全新的网络技术，而是一种全新的网络应用概念，云计算的核心概念就是以互联网为中心，在网站上提供快速且安全的云计算服务与数据存储，让每一个使用互联网的人都可以使用网络上的庞大计算资源与数据中心（罗晓慧，2019）。

云计算是继互联网、计算机后在信息时代又一种新的革新，云计算是信息时代的一个大飞跃，未来的时代可能是云计算的时代，虽然目前有关云计算的定义有很多，但总体上来说，云计算虽然有许多的定义，但概括来说，云计算的基本含义是一致的，即云计算具有很强的扩展性和需要性，可以为用户提供一种全新的体验，云计算的核心是可以将很多的计算机资源协调在一起，因此，使用户通过网络就可以获取到无限的资源，同时获取的资源不受时间和空间的限制（赵斌，2019）。通过这项技术，可以在很短的时间内（几秒钟）完成对数以万计的数据的处理，从而达到强大的网络服务（周悦芝 等，2019；Bahrami，2015）。云计算模型如图 6-15 所示。

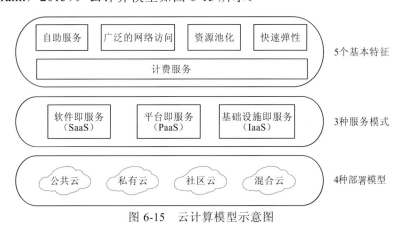

图 6-15　云计算模型示意图

6.3.2　云计算的基本特征

　　云计算的 5 个基本特征如下。

　　（1）自助服务。消费者不需要或很少需要云服务提供商的协助，就可以单方面按需获取云端的计算资源。

　　（2）广泛的网络访问。消费者可以随时随地使用任何云终端设备接入网络并使用云端的计算资源。常见的云终端设备包括手机、平板、笔记本电脑、掌上电脑和台式机等。

　　（3）资源池化。云端计算资源需要被池化，以便通过多租户形式共享给多个消费者，也只有池化才能根据消费者的需求动态分配或再分配各种物理的和虚拟的资源。消费者通常不知道自己正在使用的计算资源的确切位置，但是在自助申请时允许指定大概的区域范围（如在哪个国家、哪个省或者哪个数据中心）。

　　（4）快速弹性。消费者能方便、快捷地按需获取和释放计算资源，也就是说，需要时能快速获取资源从而扩展计算能力，不需要时能迅速释放资源以便降低计算能力，从而减少资源的使用费用。对于消费者来说，云端的计算资源是无限的，可以随时申请并获取任何数量的计算资源。

　　（5）计费服务。消费者使用云端计算资源是要付费的，付费的计量方法有很多，如根据某类资源（如存储、CPU、内存、网络带宽等）的使用量和时间长短计费，也可以按照每使用一次来计费。但不管如何计费，对消费者来说，价码要清楚，计量方法要明确，而云服务提供商需要监视和控制资源的使用情况，并及时输出各种资源的使用报表，做到供/需双方费用结算清清楚楚、明明白白。

6.3.3 云计算服务

云计算的 3 种服务如下。

（1）软件即服务（software as a service，SaaS）。云服务提供商把 IT 系统中的应用软件层作为服务出租出去，消费者不用自己安装应用软件，直接使用即可，这进一步降低了云服务消费者的技术门槛（Ferreira et al.，2019）。SaaS 如图 6-16 所示。

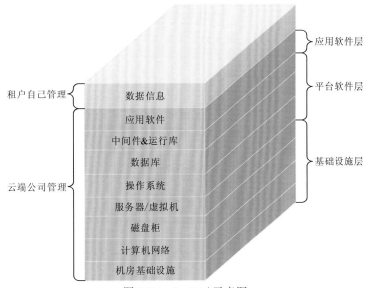

图 6-16　SaaS 云示意图

（2）平台即服务（platform as a service，PaaS）。云服务提供商把 IT 系统中的平台软件层作为服务出租出去，消费者自己开发或者安装程序，并运行程序（雷唯，2019；Linthicum，2017）。Paas 如图 6-17 所示。

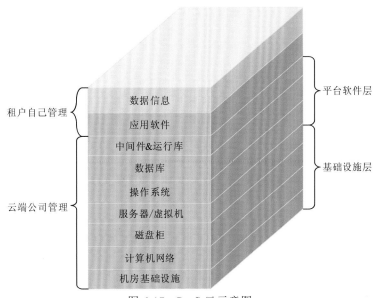

图 6-17　PaaS 云示意图

（3）基础设施即服务（infrastructure as a service，IaaS）。云服务提供商把 IT 系统的基础设施层作为服务出租出去，由消费者自己安装操作系统、中间件、数据库和应用程序（Nicolazzo et al.，2020；Wang et al.，2016）。Iaas 如图 6-18 所示。

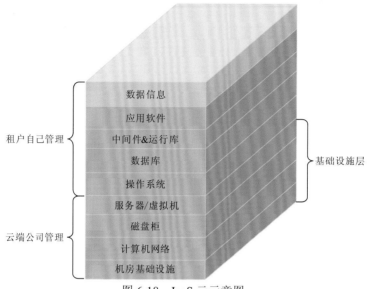

图 6-18　IaaS 云示意图

6.3.4　云计算部署模型

云计算的 4 种部署模型如下。

（1）私有云。云端资源只给一个单位组织内的用户使用，这是私有云的核心特征。而云端的所有权、日常管理和操作的主体到底属于谁并没有严格的规定，可能是本单位，也可能是第三方机构，还可能是两者的联合。云端可能位于本单位内部，也可能托管在其他地方（杨扬 等，2019）。私有云如图 6-19 所示。例如腾讯云的专有云，为大企业用

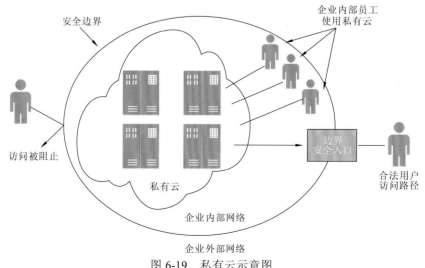

图 6-19　私有云示意图

户提供解决方案。私有云不再是和所有用户共享资源池，而是隔离出自用的空间资源，很好地满足大企业的安全运维管理。这种模式底层资源的使用权和所有权都属于客户。

（2）社区云。云端资源专门给固定的几个单位内的用户使用，而这些单位对云端具有相同的诉求（如安全要求、云端使命、规章制度、合规性要求等）。云端的所有权、日常管理和操作的主体可能是本社区内的一个或多个单位，也可能是社区外的第三方机构，还可能是两者的联合。云端可能部署在本地，也可能部署于他处（Dubey et al.，2019；Khan et al.，2015）。社区云如图 6-20 所示。

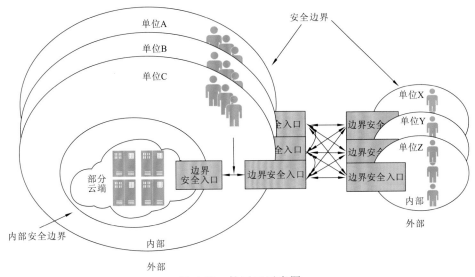

图 6-20　社区云示意图

（3）公共云。云端资源开放给社会公众使用。云端的所有权、日常管理和操作的主体可以是一个商业组织、学术机构、政府部门或者它们其中的几个联合。云端可能部署在本地，也可能部署于其他地方（管晨智，2019）。一般来说，大型的云服务提供商（AWS、阿里云、腾讯云等）提供的正是公有云服务，用户按使用的实际资源、时间来付费，这种方式适合中小企业和个体的需求，大家共享资源池。这种模式底层资源的所有权属于服务商，使用权属于客户。

（4）混合云。混合云由两个或两个以上不同类型的云（私有云、社区云、公共云）组成，它们各自独立，但用标准的或专有的技术将它们组合起来，而这些技术能实现云之间的数据和应用程序的平滑流转。由多个相同类型的云组合在一起属于多云的范畴（穆玛，2019；Linthicum，2016）。如图 6-21 所示，混合云是目前最流行的，当私有云资源短暂性需求过大时，自动租赁公共云资源来平抑私有云资源的需求峰值。例如网站在节假日期间点击量巨大，这时就会临时使用公共云资源来应急。

跨域多维公共服务云平台使用的是专有云，如图 6-22 所示，其定位为"专有公共云"。专有云是由第三方云服务商厂商提供 IT 基础设施硬件资源和运维管理服务，并从物理层面隔离出专属虚拟化资源池，所有计算资源仅供所服务的企业独享的一种云服务。专有云既具有公有云的基因，又具备私有云的属性。其优势在于稳定性、易用性、拓展性等方面具备公有云级别的成熟度，又兼顾私有云的安全可控，能够更好地满足企业特定性能、应用及安全合规等要求。

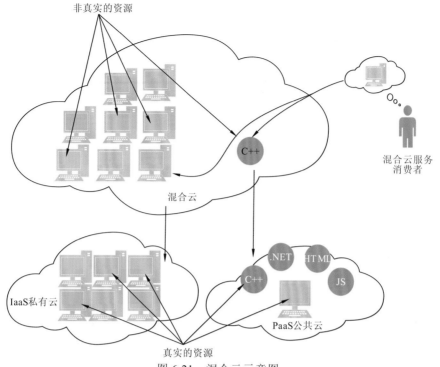

图 6-21　混合云示意图

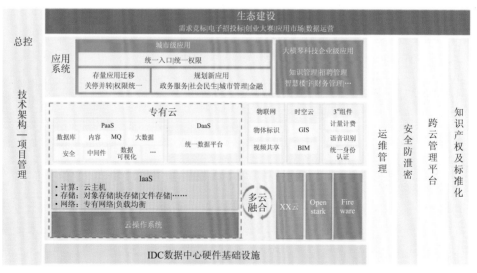

图 6-22　跨域多维大数据公共服务云平台架构图

有别于其他云模式，专有云拥有四大属性：第一，采用专属机房空间保证资源池的安全与私密，避免资源竞争，使计算更加可靠；第二，所有服务的数据均存储在企业独享的资源池内，满足客户数据安全需求；第三，拥有资源的快速扩容能力，满足业务需求；第四，客户可以对计算、存储和网络等资源进行统一管理。由于专有云集合了私有云和公有云的优点，具备了高可用、易拓展、易运维、安全的特性。

6.3.5 云计算软件

跨域多维云计算软件主要由弹性计算、网络、存储、数据库、安全、中间件六大核心组件构成，如图6-23、图6-24所示，能提供弹性、快速、稳定、安全的资源及算力服务。

弹性计算	网络	存储	数据库	安全	中间件
· 云服务器ECS · 容器服务 · 资源编排 · 弹性伸缩 · NTP服务器 · API网关 · 统一运维管理系统 · ……	· 负载均衡SLB · 专有网络VPC · 域名系统DNS · ……	· 对象存储OSS · 文件存储NAS · 表格存储OTS · ECS块存储 · GSC云存储 · ……	· RDS for MySQL · RDS for SQLServer · 云数据库kvstore · 云数据库MongoDB · 数据管理_for_ads · 数据管理_for_rds · 数据管理_for_drds · 数据库DRDS · 数据传输服务DTS	· 数据库安全审计 · 云盾-云防火墙 · 云盾-堡垒机 · 云盾-DDOS清洗 · 云盾-Web应用防火墙 · 云盾-态势感知 · 云盾-流量安全监控	· Tlog · 分布式应用EDAS · 消息列队MQ · 云服务总线CSB · 应用实时监控服务 · ……

图 6-23　云计算软件能力清单

图 6-24　云计算软件界面图

1. 云服务器

跨域多维云平台当期可弹性扩容2 500台4core/8G服务器，完全满足新区当期服务器需求，如图6-25所示。

（1）成本：各单位无须购买服务器、操作系统、杀毒软件，资源实现节约化管理。

（2）弹性：各单位可随时申请和扩容，秒级增加服务器配置和数量，像使用水、电、天然气等公共资源一样便捷、高效地使用服务器。

（3）稳定：服务器可实现自动宕机迁移、三副本备份。

（4）安全：提供DDoS防护、木马查杀、防暴力破解等服务，各单位不用操心服务器的安全防护。

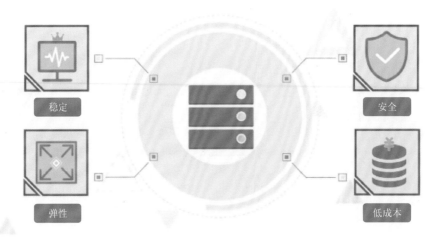

图 6-25　云服务器示意图

2. 专有网络

专有网络（virtual private cloud，VPC）是一个隔离的网络环境，实现各单位之间网络逻辑上彻底隔离，如图 6-26 所示。各单位之间网络安全隔离但又可彼此授权互访，实现网络、数据的放管结合。

图 6-26　专有网络示意图

3. 对象存储服务

如图 6-27 所示，对象存储服务（object storage service，OSS）提供海量、安全、低成本、高可靠的云存储服务，替代传统的本地存储、移动硬盘、FTP 存储、公网云盘存储。

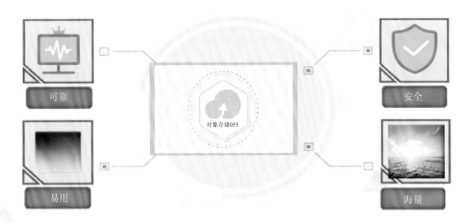

图 6-27　对象存储示意图

（1）易用：各单位可通过网络随时存储和调用包括文本、图片、音频和视频等各种非结构化数据文件。

（2）海量：跨域多维云平台当期可提供 8.8 PB 的海量存储（1 PB 相当于 233 016 张 4.5 G DVD 的容量）。

（3）可靠：传统存储方式数据容易丢失，不易管理；OSS 存储的数据可靠性达 99.99%，服务高可用性为 99.95%。

（4）安全：OSS 提供多种安全技术和手段确保数据的安全和合规，确保存储数据的安全。

4. 数据库

跨域多维云平台包括了多种业界主流云数据库，例如 MySQL、SQLServer、kvstore、MongoDB 等，各单位无须再购买硬件、支付昂贵的数据库注册费用。如图 6-28 所示，跨域多维云平台支持自动化运维管理，包括数据库容灾、备份、恢复、监控、迁移。简化了各单位烦琐的运维工作，节省人力成本，更聚焦于业务的发展。

图 6-28　数据库示意图

6.3.6 云计算与智慧交通

云计算具备超强的交通大数据高效快速处理能力、多用户个性化服务能力、动态的负载均衡能力、良好的扩展能力和软件冗余机制，这能很好地解决智慧交通的发展瓶颈问题，云计算与智慧交通系统有着天然的高度契合。在智慧交通发展过程中，应充分结合云计算技术，在云架构上实现交通大数据组织与挖掘、交通信息快捷处理与分析、交通信息实时发布与共享。

将横琴智慧交通系统与云计算服务模型结合，集交通信息采集、处理、分析和应用为一体，为城市交通管理部门和人们日常出行提供智慧服务。基础设施层整合所有交通信息资源，构建交通大数据资源池，同时存储、预处理交通大数据。交通大数据主要包括人、车、船监控数据，GPS 数据，营运数据，横琴通刷卡数据、手机信令数据等大数据。平台层基于基础设施层，提供大数据管理、分布式并行计算、交通软件运行和开发等服务。应用层服务对象主要为交通管理部门、企业、 科研机构和出行者等。为城市交通管理部门提供计算能力快、保密性高、弹性强的云服务，为企业、科研机构和出行者提供交通信息共享、出行选择引导等服务。智慧交通云计算系统框架结构如图 6-29 所示。

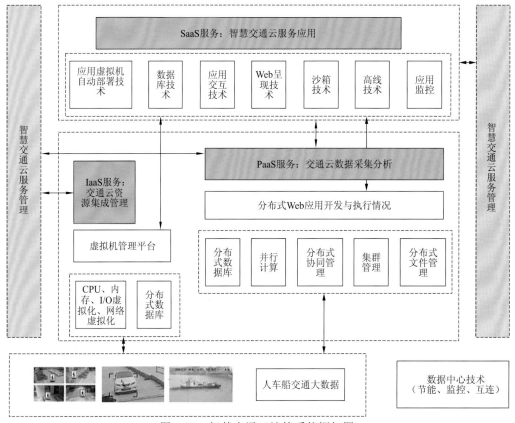

图 6-29　智慧交通云计算系统框架图

6.4 跨域多维时空云服务模型

跨域多维时空云服务模型可分为三种，分别是基础设施即服务模型（IaaS）（Vogel et al.，2016）、平台即服务模型（PaaS）（Yasrab et al.，2016）、软件即服务模型（SaaS）（Alannsary et al.，2016），它们都具有流行、有效、灵活、用户友好等特征。跨域多维公共服务云平台技术架构如图6-30所示。

图 6-30 跨域多维公共服务云平台技术架构图

6.4.1 基础设施即服务模型

把 IT 系统的基础设施层作为服务出租出去。由云服务提供商把 IT 系统的基础设施建设好，并对计算设备进行池化，然后直接对外出租硬件服务器、虚拟主机、存储或网络设施（负载均衡器、防火墙、公网 IP 地址及诸如 DNS 等基础服务）等（莫怀海，2019）。IaaS 云端的基本架构模型如图6-31所示。

IaaS 云端的基本架构模型逻辑上分为三层：第一层管理全局，第二层管理计算机集群（一个集群内的机器地理位置上可能相距很远），第三层负责运行虚拟机。每一层具体的任务介绍如下。

第一层（云管理器）：云管理器是云端对外的总入口，在这里验证用户身份，管理用户权限，向合法用户发放票据（然后用户持此票据使用计算资源）、分配资源并管理用户租赁的资源。

第二层（集群管理器）：每一个集群负责管理本集群内部的高速互联在一起的计算机，一个集群内的计算机可能有成百上千台。集群技术可以利用多个计算机进行并行计算从而获得很高的计算速度，也可以用多个计算机做备份，从而使得任何一个机器坏了

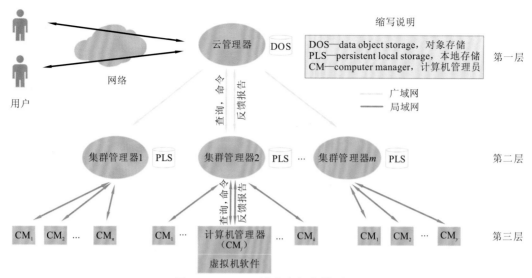

图 6-31 IaaS 云端基本架构模型图

整个系统还是能正常运行。集群化操作可以减少单点故障数量,并且实现了群集化资源的高可用性。集群管理器接受上层的资源查询请求,然后向下层的计算机管理器发送查询请求,最后汇总并判断是部分满足还是全部满足上层请求的资源,再反馈给上层。如果接下来收到上层分配资源的命令,那么集群管理器指导下层的计算机管理器进行资源分配并配置虚拟网络,以便能让用户后续访问。

第三层(计算机管理器):每台计算机上都有一个计算机管理器,它一方面与上层的集群管理器打交道,另一方面与本机上的虚拟机软件打交道。它把本机的状态(如正在运行的虚拟机数、可用的资源数等)反馈给上层,当收到上层的命令时,计算机管理器就指导本机的虚拟机软件执行相应命令。这些命令包括启动、关闭、重启、挂起、迁移和重配置虚拟机,以及设置虚拟网络等。

跨域多维 IaaS 基础平台依托统一的云操作系统,形成涵盖分布式文件系统、任务调度、远程过程调度、安全管理、分布式协同、资源管理及集群部属与监控在内的一体化分布式管理平台。在该平台之上形成面向不同处理场景的计算服务(通用计算、大数据计算、异构计算服务 GPU)、存储服务(包括对象存储、块存储、文件存储)及网络服务(VPC),从而形成一体化基础硬件支撑平台。平台具备弹性计算、分布式存储、网络虚拟化的云基础能力,实现对数据中心超三千台服务器、存储和网络设备进行统一调度管理,支持安全高效自动地为应用按需分配资源,实现自动化运维、自动计量计费。

6.4.2 平台即服务模型

把 IT 系统的平台软件层作为服务出租出去,相比于 IaaS 云服务提供商,PaaS 云服务提供商要做的事情增加了,他们需要准备机房、布好网络、购买设备、安装操作系统、数据库和中间件,即把基础设施层和平台软件层都搭建好,然后在平台软件层上划分"小块"(习惯称之为容器)并对外出租。PaaS 云服务的费用计算一般根据租户中的用户数量、用户类型(如开发员、最终用户等)、资源消耗量及租期等因素计算(孙丽娜 等,2019)。

图 6-32 描绘了 PaaS 云服务供/需双方的动态交互情况。云服务提供商拥有一个应用软件库（图 6-32 中"A，B，C，…"代表库中的应用软件）、开发工具集（如编程语言、IDE、调试工具等）和软件执行资源池（图 6-32 中"exr1，exr2，…"代表资源），消费者通过网络远程租赁软件执行资源并运行相关的应用软件，或者使用各种开发工具。

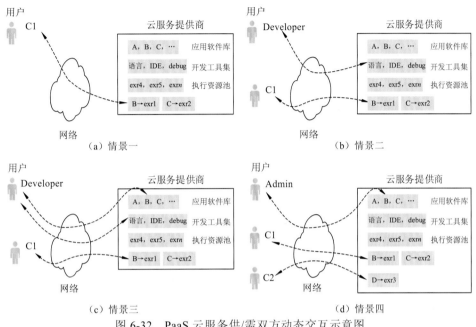

图 6-32　PaaS 云服务供/需双方动态交互示意图

软件执行资源有"可用"和"占用"两个状态，同一个资源不能同时运行多个程序。软件执行资源可能是物理机、虚拟机、容器或者一个正在运行的服务程序（响应消费者的请求，启动虚拟机或容器，甚至是租赁其他云端的计算资源）。图 6-32（a）中，用户 C1 申请了两个资源：exr1 和 exr2，并运行 B、C 两个程序；图 6-32（b）中，新来了一个程序开发员，他正在使用开发工具开发程序；图 6-32（c）中，程序开发员开发完成并部署了一个新程序 D；图 6-32（d）中，一个管理员发布了程序 D，然后新来的用户申请资源 exr3 并执行程序 D。

跨域多维 PaaS 平台包括三类：技术平台即服务（T-PaaS）、数据平台即服务（D-PaaS）、业务平台即服务（B-PaaS）。

1. 技术平台即服务（T-PaaS）

为整体智慧城市业务应用建设提供统一技术平台支撑能力，其核心是容器、中间件、云数据库、分布式框架为载体，提供更灵活的应用部署和运行方式，由此实现对工作负荷及资源的动态管理，确保资源有效合理地分配，确保应用程序的服务水平，并提供更高的性能容量、系统可靠性及可用性。

2. 数据平台即服务（D-PaaS）

数据平台即服务其涵盖多维海量数据从采集、加工、处理、分析及服务的全流程能力。其具备多元化的采集手段，实时或者准实时的数据存储/更新和读取能力，依托统一的元数据、主数据及数据资产管理形成了一套数据治理体系，并以此为基础构建了包括城市基础信息、数据仓库及大数据资源三大类数据资源，最终通过 API 服务的形式形成统一的数据服务平台。通过整体数据平台的建设，有效盘活城市大脑的核心数据资产，未来成为横琴城市建设核心动力。

3. 业务平台即服务（B-PaaS）

业务平台即服务，需要从城市物联网、研发协同、视觉 AI 识别、时空信息等平台角度考虑，提供下一步应用开发的核心支撑服务平台，按照统一的标准规范应用物联网技术，实现城市管理信息资源共享和业务协同，提高建设、管理与物联网应用的集约化和规模化水平；借助研发协同的思维和技术，以统一的平台支持项目各角色的协作，加速端到端的交付，将完成的代码能够尽快地加入集成环境，响应快速的开发迭代周期，提高开发测试的并行度；部署以人工智能及大数据计算等技术为核心的视频分析计算及智能算法引擎，利用视频人工智能软件完成这些视频流数据即时全量的智能分析；构建横琴时空信息平台，整合实时信息、地名地址、法人、人口和宏观经济等数据，针对专题信息分散管理的现状，整合为能够提供按需服务横琴新区统一的地理信息平台；面向警务、环保、农业、税务、交通、社区管理等多个领域，综合应用多源信息，支撑智慧化的深度应用。

6.4.3 软件即服务模型

软件部署在云端，让用户通过因特网来使用它，即云服务提供商把 IT 系统的应用软件层作为服务出租出去，而消费者可以使用任何云终端设备接入计算机网络，然后通过网页浏览器或者编程接口使用云端的软件。这进一步降低了租户的技术门槛，应用软件也无须自己安装了，而可以直接使用软件。总之，从云服务消费者的角度来看，SaaS 云服务提供商负责 IT 系统的底三层（基础设施层、平台软件层和应用软件层），也就是整个 T 层，最后直接把应用软件出租出去。

图 6-33 所示是 SaaS 云服务供/需双方的动态交互示意图。云服务提供商拥有一个应用软件库（图 6-33 中"A，B，C，…"代表库中的应用软件）和应用软件执行资源池（图 6-33 中"exr1，exr2，…"代表资源），消费者通过网络远程租赁软件执行资源并运行相关的应用软件（Ouchaou et al.，2018）。在图 6-33（a）中，有两个用户正在使用云端的软件，其中用户 C1 运行两个程序 B 和 C，云端为该用户分配了 exr1 和 exr2 两个执行资源，exr1 执行资源用于执行 B 应用程序（图中用"B→exr1"表示），exr2 执行资源用于执行 C 应用程序（图中用"C→exr2"表示）。而用户 C2 正在执行一个程序 C（图中用"C→exr3"表示）；在图 6-33（b）中，一个新用户 C3 进来了，云端从可用的执行资源池中为他分配了 exr4 和 exr5 两个执行资源，分别执行 A 和 B 应用程序，而执行资源池中可用的资源数减少了两个。

跨域多维 SaaS 平台依托一体化基础及平台能力，围绕城市精治、绿色生态、产业增效及民生普惠四大领域，推动相关领域业务应用的互联网+建设，同时针对受众庞大的标准应用，如邮件、OA、行政审批等提供直接的 SaaS 应用。

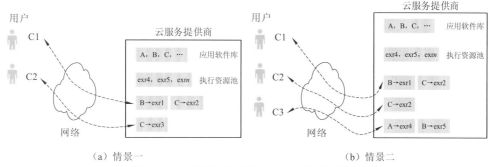

（a）情景一　　　　　　　　　　　（b）情景二

图 6-33　云服务供/需双方动态交互示意图

按照对横琴跨域多维大数据云平台的服务对象分析，平台用户主要存在 4 个主体：应用开发商、服务提供商、最终用户和第三方数据提供商，针对这四类用户对云平台的不同需求做深入分析，给出各类用户所需的服务能力和业务实现场景。

（1）应用开发商，是基于公司提供的开发平台和大数据开发第三方应用，在平台部署，服务于最终用户。政府可采购跨域多维云平台的 PaaS 组件、SaaS 应用和开发服务，建设满足智慧城市的建设需求的城市级应用，并部署在云平台上；企业可采购跨域多维云平台的组件和应用解决方案，开发新的应用，也可以采购 IaaS 资源，部署企业应用；用户在云平台上开发、测试，部署应用。

（2）服务提供商，基于云平台的能力提供特定服务于最终用户。政府通过云平台采购应用设计的解决方案及人力开发服务、政务数据处理服务等；企业通过云平台购买特定场景需求的解决方案，架构设计、开发、咨询等服务；用户通过云平台购买应用开发和大数据等培训服务。

（3）数据提供商，基于平台提供可交易的数据。政府提供政务应用相关数据，包括电子证照、信用、自然资源信息、交通、旅游、金融等领域的政务数据；企业提供企业协同办公数据、法人信息等；用户提供个人身份信息、社交、个人画像相关信息。

（4）最终用户，分为企业，政府和个人。政府是云平台建设的主要服务对象，主要实现各个政府职能部门内部、部门之间、部门与企业、政府与个人的业务办理；企业是云平台服务于企业的项目，主要体现在智慧城市政府与企业相关业务的办理及产业园区与企业相关的业务；云平台服务的个人有两种：一种是常住城市的居民，一种是旅游人群。提供的信息化服务主要是解决个人居住生活、就业、旅游等多方面的服务。

6.4.4　智慧交通云服务平台

随着横琴智慧交通系统建设不断推进，系统越来越多，规模越来越大，投入服务器等硬件设备也成倍增长，系统产生的数据量更是呈几何级数增长，海量交通数据的快速综合挖掘分析应用需求日益增加，迫切需要通过搭建智慧云平台满足海量交通数据的计算与存储。基于此，横琴可依托现有智慧交通系统，结合云计算超强的交通大数据高效快速处理能力，按照基础设施层、平台层和应用层三层架构，构建智慧交通云服务平台，以适应横琴智慧交通发展的需求。

（1）基础设施层：交通云资源集成管理。智慧交通云服务平台以横琴综合交通运行指挥中心为主体，可以构建服务于交通运输局的一体化交通云平台和数据中心。实现交通大数据实时接入、高效运算、安全存储。

（2）平台层：交通云数据采集分析。智慧交通云服务平台主要用于车载 GPS 数据，公共汽车、地铁、出租汽车、长途客运、铁路、民航等营运数据，横琴通刷卡数据、手机信令数据、视频数据等大数据的存储与计算分析服务。以基于出租汽车 GPS 数据的路网行程车速计算为例，路网行程车速反映车辆通过特定道路的效率，易于公众感受和理解，是出行选择的重要依据，也是反映道路交通运行状况、用于交通技术评估分析的最有效指标之一。考虑出租汽车运营时间连续性强、强度大、覆盖范围广，涵盖全市各主要区域和主要道路，因此利用出租汽车 GPS 数据和浮动车技术，能够不间断地收集全市绝大部分区域的行程车速数据。该技术与传统固定检测器相比具有实时性好、覆盖范围大、采集成本低等显著优点，但同时也带来了需快速存储和处理、分析数据量大等问题。智慧交通云服务平台因具备超强的交通大数据高效快速处理能力，能较好地解决上述问题，其计算原理和方法已比较成熟，包括 GPS 数据接收清洗、地图匹配、路径搜索判别、样本车速计算、平均车速估计等步骤，速度计算公式如下：

$$v = \frac{\sum\limits_{k=1}^{m} s_k}{\sum\limits_{k=1}^{m} t_k} \tag{6-1}$$

$$\begin{cases} s_i = \mathrm{dis}(g_{i1}, g_{ik_i}), \\ t_i = \mathrm{time}(g_{i1}, g_{ik_i}), \end{cases} \quad 1 \leqslant i \leqslant m \tag{6-2}$$

式中：$\{g_{11}, g_{12}, \cdots, g_{1k_1}\}, \cdots, \{g_{m1}, g_{m2}, \cdots, g_{mk_m}\}$ 为 GPS 序列有效数据集；$s_1, s_2, \cdots,$ s_m 为 GPS 有效数据集覆盖的距离；$t_1, t_2, \cdots, t_m$ 为所花费的时间。

（3）应用层：智慧交通云服务应用。横琴交通运输局可以利用超算中心的巨型计算资源，对全市出租汽车的 GPS 数据进行分析处理，实时得出的行程车速以电子地图形式在横琴市道路交通运行指数系统、交通在手 APP 和全景大交通电视直播频道等渠道发布，方便市民查询实时路况信息，指导出行选择。

6.5　跨域多维公共服务模型

跨域多维公共服务平台建设，是一项系统化工程，既要重视平台机制的顶层设计，又要重视平台建设的统一规划。

机制设计方面。解决平台的属性定义、地位定义、模式定义等问题，为平台建设打好体系机制基础。

（1）属性定义。定义平台的公共资源属性，平台的建设与运营采用政府购买"服务先导+市场化服务跟进"的方式，逐步增加市场化服务的内容与收益比重。

（2）地位定义。推动智慧城市建设 3.0 演进，也即从服务于政府管理向服务于居民生活转变，在智慧城市大框架下建设公共服务大数据板块。

（3）数据机制。定义平台的数据共享交换机制。政府活动与政府管理类数据，宜采取分类授权许可、无偿共享、优惠服务方式；企业活动类数据，宜采取协议授权许可、有偿共享、有偿服务方式；居民活动类数据，宜采取注册授权许可、无偿共享、有偿服务方式。

建设规划方面。以公共服务提供主体分级分类为主线，以公共服务数据中心建设为抓手，以数据融合、数据协同、数据分析为核心，以公共服务便捷化、高效化、精准化、人性化提供为目标，统一规划、分步实施，渐进投放、不断优化。

（1）公共服务线下组织建设。主要面向非企业化的家居维修、家政服务、康养护理等分散化的服务个体，推动协会、联盟等组织化建设。通过组织化建设，推动服务标准化，纳入社会信用体系管理。

（2）公共服务信息化建设。主要面向中小型服务企业、协会、联盟，发挥政府扶持作用，引导社会化资本投入、激发企业自筹意愿，投资建设公共服务信息化系统，为大数据平台建设打好信息化基础。

（3）公共数据资源池建设。深入研究公共服务范围与要素，编制公共服务数据分级分类目录，指导公共数据资源池建设。将公共服务大数据的全生命周期管理与安全保护，纳入资源池建设的范畴。

（4）数据交换共享平台建设。已纳入智慧城市建设范畴的政务管理与公共管理等政府服务侧数据，采取内部交换的方式进入资源池。公用事业侧与社会服务侧数据，采取外呼交换的方式进入资源池。共享交换协议配置与绩效结算，纳入交换共享平台建设的范畴。

（5）大数据应用与服务输出。大数据应用的基本要求是通过数据融合，建立起服务的交互与协同机制，推动服务优化、建立服务信用。通过数据挖掘、数据关联、数据可视化等大数据分析手段，以数据驱动的决策、数据驱动的流程、数据驱动的产品为目标，建立服务前瞻、实施服务前置、优化服务流程、创新服务产品，实现精准化、个性化、智能化高等级公共服务输出。

（6）统一的服务呈现方式。公共服务大数据平台，宜采取"统一入口"，实现公共服务的一网打尽；宜采取"统一界面"，便于服务品牌打造与服务信任建立；宜采取"统一认证"，建立消费者信用约束机制，实现公共服务的一城直通、跨城互通。

随着大数据技术的不断发展，将社会经济不同领域与大数据本身的不断创新进行高度融合，不仅可以有效提升技术水平与发展效率，更能推动现阶段的发展趋势，提升社会经济生产能力与创新能力。使社会经济发展形态更加广泛，逐渐落实以大数据为前提的创新要素与相关设施。

充分利用云计算、大数据等技术，参照国内外已开通的政府公开数据服务平台，结合跨域多维大数据的特点和具体需求，建成"六个一"的公开数据服务平台，其中"六个一"具体指的是"一套标准、一朵云、一个中心、一张图、一站式、一种模式"（Thanh et al.，2017；张翼翔 等，2013）。该模型整体架构如图6-34所示。

运用大数据等新一代信息技术，以"数据铁笼""社会和云""筑民生"等平台为典范，探索一条以现代数字逻辑为支撑的科技治理路线，将零散的点数据、条数据通过数据共享交换平台，进行块上集聚融合，形成块数据集（孙丽娜 等，2019）。进一步通过大数据分析、评估、预测，使政府服务模式从碎片化走向协同化、由单向化走向互动化、

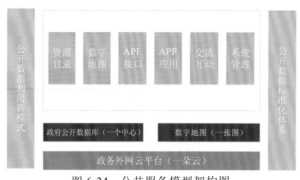

图 6-34　公共服务模型架构图

由分散化走向一体化，使权力运行由模糊化走向数据化、透明化、自流程化，使治理方法从粗放化转为科学化，使社会格局由单一化走向多元共治化，使治理模式由静态治理转向动态治理（Ouchaou et al.，2018）。

横琴公共服务平台为群众提供"一站式""一条龙"的服务，群众无须"多路跑"便能快速完成各种事项办理和生活服务，使群众享有更优质的政务服务体验。

横琴公共服务平台分为"找政府、社区政务服务、社区组织运作、生产生活服务、社区发布"五大类服务板块，如图6-35所示。"找政府"栏目主要公布政府各部门职能、部门内设机构、部门权责清单、部门审批和公共服务事项、部门最新法律法规等信息，居民可快速找到政府相关部门办事。"社区组织运作"栏目设置各村居的党务公开、政务公开、会议情况、通告、政府拨款等信息，所有信息向社会进行公开公示。与当地居民生活息息相关的栏目是"生产生活服务"板块，内容包括交通出行、车主服务、文化生活、生活缴费、家政、医疗等，横琴居民可在此购买电影票、查询车辆违章、购买汽车票、收寄快递及寻医问药等。

图 6-35　横琴公共服务平台界面图

参 考 文 献

戴方, 闫冲, 2019. 物联网与NB技术浅析. 中国新通信, 21(20): 72.

高有德, 王金翔, 2019. 基于嵌入式系统的以太网TCP/IP协议栈概述. 南方农机, 50(9): 230, 247.

管晨智, 2019. 中小企业公共云会计信息化模式探究. 新会计, 123(3): 43-44.

金舰, 蒋鑫, 吴星, 等, 2019. NB-IoT与eMTC技术对比与发展现状分析. 信息通信技术与政策(1): 89-94.

雷唯, 2019. 面向智慧城市大数据PaaS平台的研究. 电子制作(14): 38-40, 32.

刘素艳, 2019. 物联网实体相似性分析技术研究. 北京: 北京邮电大学.

罗晓慧, 2019. 浅谈云计算的发展. 电子世界, 8: 104.

吕焦盛, 2019. 基于TCP/IP协议的网络通信服务器设计与实现. 赤峰学院学报(自然科学版), 35(9): 50-52.

莫怀海, 2019. 云计算中IaaS层信息网络安全防护技术分析. 网络安全技术与应用(4): 23-24.

穆玛, 2019. 什么是云计算基础设施. 计算机与网络, 45(4): 38-39.

彭志航, 梁常委, 韦书智, 2019. 基于IP协议扩展的并行冗余网络协议. 单片机与嵌入式系统应用, 19(12): 6-10.

孙丽娜, 武海燕, 2019. 一种新的IoT PaaS大数据服务平台的设计. 重庆理工大学学报(自然科学版), 33(7): 160-166.

孙建召, 2010. OSI参考模型与TCP/IP体系结构的比较研究. 才智(1): 24-25.

王田, 2013. OSI与TCP/IP网络模型分析. 天津职业院校联合学报, 15(2): 61-64.

吴战广, 张献州, 张瑞, 等, 2017. 基于物联网三层架构的地下工程测量机器人远程变形监测系统. 测绘工程, 26(2): 42-47, 51.

邢彦, 毋毅, 吉喆阳, 等. 2018. 基于物联网技术的环境监测系统. 电子技术与软件工程, 123(1):11.

杨扬, 贾君君, 夏星, 2019. 基于OpenStack构建企业信息化私有云平台研究. 中国管理信息化, 22(3): 67-69.

张兴, 周军, 史伟, 等, 2016. 计算机网络ARP协议的解析与仿真实现. 实验科学与技术, 14(4): 67-69, 102.

张万春, 陆婷, 高音, 2017. NB-IoT系统现状与发展. 中兴通讯技术, 23(1): 10-14.

张翼翔, 马亚平, 马丰文, 2013.模型平台公共数据交互服务研究.系统仿真学报, 25(S1): 73-77.

赵斌, 2019. 云计算安全风险与安全技术研究. 电脑知识与技术, 15(2): 27-28.

周超, 陈建辉, 骆绍烨, 2017. 物联网环境下HTTP与MQTT通讯协议比较探究. 莆田学院学报, 5: 57-60.

周志敏, 2018. 浅析开放系统互连模型及IEEE802通信标准. 智慧工厂(11): 42-43, 46.

周悦芝, 张迪, 2019. 近端云计算: 后云计算时代的机遇与挑战. 计算机学报, 42(4): 677-700.

ALANNSARY M O, TIAN J, 2016. Measurement and prediction of SaaS reliability in the cloud// 2016 IEEE International Conference on Software Quality, Reliability and Security Companion (QRS-C). IEEE: 123-130.

BADSHAH F, SHAN S T U, JAN S R, et al., 2017. Communication between multiple processes on same device using TCP/IP suite//2017 International Conference on Communication, Computing and Digital Systems (C-CODE). IEEE: 148-151.

BAHRAMI M, 2015. Cloud computing for emerging mobile cloud apps//2015 3rd IEEE International Conference on Mobile Cloud Computing, Services, and Engineering. IEEE: 4-5.

COOPER J, JAMES A, 2009. Challenges for database management in the internet of things. IETE Technical Review, 26(5): 320-329.

DINH T, KIM Y, LEE H N, 2017. A location-based interactive model of internet of things and cloud (IoT-Cloud) for mobile cloud computing applications. Sensors (Basel, Switzerland), 17(3): 489.

DUBEY K, SHAMS M Y, SHARMA S C, et al., 2019. A management system for servicing multi-organizations on community cloud model in secure cloud environment. IEEE Access, 7: 159535-159546.

FAIZAN B, SYED T U S, SYED R J, et al., 2017. Communication between multiple processes on same device using TCP/IP suite// International Conference on Communication. IEEE: 148-151.

FERREIRA H, XAVIER A, ROMÃO, et al., 2019. Multifunctional SaaS framework//2019 14th Iberian Conference on Information Systems and Technologies. IEEE: 1-5.

HALLER S, KARNOUSKOS S, SCHROTH C, 2008. The internet of things in an enterprise context// Future Internet Symposium. Berlin: Springer: 14-28.

JAMES A, COOPER J, JEFFERY K, et al., 2009. Research directions in database architectures for the internet of things: A communication of the first international workshop on database architectures for the internet of things// British National Conference on Databases. Berlin: Springer: 225-233.

KHAN A M, FREITAG F, RODRIGUES L, 2015. Current trends and future directions in community edge clouds//2015 IEEE 4th International Conference on Cloud Networking. IEEE: 239-241.

KUMAR V, AHMAD M, MISHRA D, et al., 2019. RSEAP: RFID based secure and efficient authentication protocol for vehicular cloud computing. Vehicular Communications, 22: 100213.

LINTHICUM D S, 2016. Emerging hybrid cloud patterns. IEEE Cloud Computing, 3(1): 88-91.

LINTHICUM D S, 2017. PaaS death watch? IEEE Cloud Computing, 4(1): 6-9.

NICOLAZZO S, NOCERA A, URSINO D, et al., 2020. A privacy-preserving approach to prevent feature disclosure in an IoT scenario. Future Generation Computer Systems, 105: 502-519.

OUCHAOU L, BOUKRIA S, NACER H, et al., 2018. Semantic networks based approach for SaaS management in cloud computing//2018 International Conference on Smart Communications in Network Technologies (SaCoNeT). IEEE: 255-260.

RATASUK R, MANGALVEDHE N, BHATOOLAUL D, 2019. Coexistence analysis of LTE eMTC and 5G new radio//2019 IEEE 30th Annual International Symposium on Personal, Indoor and Mobile Radio Communications. IEEE: 1-6.

SHI J Y, 2016. OSI standards and the top fallacy of distributed computing//2016 45th International Conference on Parallel Processing Workshops. IEEE: 356-364.

VOGEL A, GRIEBLER D, MARON C A F, et al., 2016. Private IaaS clouds: A comparative analysis of OpenNebula, CloudStack and OpenStack//2016 24th Euromicro International Conference on Parallel, Distributed, and Network-Based Processing. IEEE: 672-679.

WANG T, CHANG X, LIU B, 2016. Performability analysis for IaaS cloud data center//2016 17th

International Conference on Parallel and Distributed Computing, Applications and Technologies. IEEE: 91-94.

WANG X, ZHOU H, SU J, et al., 2018. T-IP: A self-trustworthy and secure Internet protocol. China Communications, 15(2): 1-14.

YASRAB R, GU N, 2016. Multi-cloud PaaS architecture (MCPA): A solution to cloud lock-in// 2016 3rd International Conference on Information Science and Control Engineering. IEEE: 473-477.

YU Y, ZHANG X, ZHAO Z, et al., 2019. The function and application prospect of energy storage in the ubiquitous power Internet of Things// Proceedings of the 2nd International Conference on Electrical and Electronic Engineering. Paris: Atlantis Press: 79-84.

第7章 跨域多维大数据管理平台

本章将主要介绍跨域多维大数据管理平台，具体包括跨域多维大数据管理平台架构、跨域多维大数据管理平台实现技术和跨域多维大数据管理平台实现的具体服务。其中，跨域多维大数据管理平台架构，采用的是六层架构，包括传感网络层、基础设施层、云数据层等；跨域多维大数据管理平台实现技术，包括跨域多维大数据中心、服务于跨域多维大数据平台的天-空-地-海一体化感知网、跨域多维大数据平台和建立跨域多维大数据服务的标准和规范等；而跨域多维大数据管理平台实现的具体服务，涵盖跨域多维基础服务、跨域多维智慧民生、跨域多维智慧政务、跨域多维智慧交通、跨域多维智慧安防等。

7.1 跨域多维大数据管理平台架构

目前大数据管理平台有很多，从大数据处理的方式来划分，这样就能够把大数据平台分为批量处理、实时处理、综合处理。其中批量处理是对成批数据进行一次性处理，而实时处理对处理的延时有严格的要求，综合处理是指同时具备批量处理和实时处理两种方式。这样使得大数据处理系统更容易区分。

从大数据处理的过程来区分大数据处理平台。从数据处理的过程可以分为数据存储、数据挖掘分析、为完成高效分析挖掘而设计的计算平台，它们完成数据采集、数据仓库技术（extract-transform-load，ETL）、存储、结构化处理、挖掘、分析、预测、应用等功能。

从大数据处理的数据类型来划分，可以分为针对关系型数据、非关系型数据、半结构化数据、混合类型数据处理的技术平台。

从平台对数据的部署方式区分大数据分析平台，可以分为基于内存和基于磁盘的大数据分析开始。前者在分布式系统内部的数据交换是在内存中进行，后者则是通过磁盘文件的方式进行。

从数据管理方式划分还有分布式、集中式之分，云环境和非云环境之分等。这样就能够为用户提供大数据存储、计算能力、大数据分析挖掘、输出展示等服务，用户可以容易地实现商业智能（business intelligence，BI）、人工智能服务，具备一站式数据应用能力。

跨域多维大数据管理平台，需要管理的是跨域多维的复杂大数据，将以保障和改善民生、全面提升建设区域社会管理水平、发展大数据产业作为平台建设的出发点和根本目标，围绕公众"便捷生活、平安生活、健康生活"的期待与需求，坚持标准化建设、项目化运作、市场化推进的思路，搭建"覆盖新区、互联互通、资源共享、功能协同"的智慧网络体系架构，以打造良好的营商环境和优质的公共服务为两条主线，应用和示范推广一批先进成熟的适用技术，带动提升建设区域社会管理服务的智慧化水平，让科技成果更多地惠及企业经营和百姓生活，从而可支持城市、政府、民众、企业在之上共同建设智慧城市。

跨域多维大数据管理平台架构如图 7-1 所示，主要包括以下 6 层。

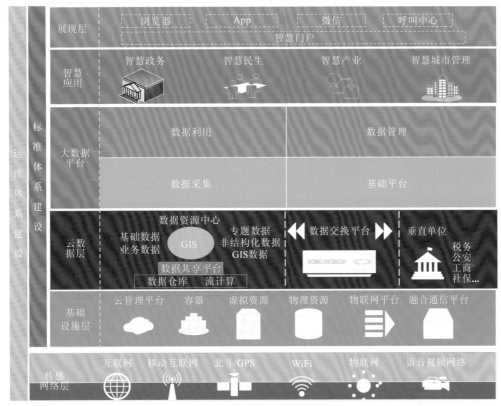

图 7-1 跨域多维大数据管理平台架构示意图

（1）传感网络层，利用互联网、移动互联网、北斗/GPS、WiFi、物联网、语音视频网络等通信技术采集城市各类结构化、非结构化、实时及时空数据，构建一个公共的平台。跨域多维大数据管理平台中的天-空-地-海感知网利用航天、近空间、航空和地面平台搭载的各类观测与传感设施，实现对各类数据的联动处理，建立覆盖横琴的信息采集、信息处理和信息服务的感知系统。

（2）基础设施层，经过虚拟化的计算资源、存储资源和网络资源以基础设施即服务的方式通过网络提供给用户使用和管理，包括资源抽象、资源监控、存储管理、资源部署、负载管理功能。

（3）云数据层，通过建设云计算资源池及云计算管理平台，实现信息化基础资源自服务供应，应用系统的快速部署，灵活扩展，有效降低硬件成本的同时，通过云计算实现应用更好更稳定运行，按需配置资源，降低信息化总体拥有成本，并且为后续应用扩展提供便利（胡雯，2019）。平台处理的跨域多维大数据涵盖多地域、多部门的结构化数据、非结构化数据。结构化数据包括存储在关系数据库中的数据，以及物联网或其他实时数据分析一般用于金融、移动和互联网 B2C 等产品。非结构化数据包括语音、图片、视频等格式的数据及遥感影像数据等。

（4）大数据平台，全方位收集新区政府管理、经济活动、公众生活、基础设施、城市运营等方面信息，并继续整合法人、地理、人口、城市部件、公共信用基础信息数据库。根据不同类型的数据进行挖掘分析，包括对结构化数据进行建模，构建数据仓库，对非结构化数据进行人工智能分析，提供智能判断和决策支撑。

（5）智慧应用，基于大数据平台，实现市省级数据的跨域交换共享，同时基于业务需求实现跨域多维数据交换共享（陈新霞 等，2019）。利用采集的各类数据，构建创新创业孵化平台，吸引各类大数据创业个人和企业，培养大数据产业发展（王小刚，2019）。

（6）展现层，分层聚合城市经济运行、人口状况、城市部件、基础设施运营等层面信息，通过基于地理基础信息的集成展示等方式（Raghav et al.，2016），全面展现新区城市管理、经济运行、公众服务等各方面的综合信息，辅助新区政府基于事实做管理和基于分析做决策。

面向跨域多维的空-天-地-海立体复杂场景，横琴海关综合运用多种技术手段，构建一个数字化、智能化、多层次、多种检测技术叠加的闭合式电子围网，如图7-2所示。电子围网是沿横琴环岛岸线设立总长约53 km的闭合的电子信息围网，通过红外检测、雷达监测、无人机巡查、车载巡查、卫星定位、船舶自动识别系统等技术，构建天-空-地-海立体电子围网系统，实现对珠海横琴新区环岛岸线24 h全天候、无盲区有效监管，对出现的走私、违规行为能做到快速及时处置。电子围网系统中的视频数据也是跨域多维大数据的重要组成部分。

图 7-2　横琴电子围网系统界面图

在具体实施时，采用如图7-3所示的实现机制。

结合大数据采集、管理、利用的需要，建设大数据应用相关的标准规范，为大数据建设保驾护航（Zheng et al.，2019）。

跨域多维大数据中心，通过基础设施建设、城市级基础数据库建设、以及大数据平台的建设构建一个统一的大脑，解决海量多源异构智慧城市数据的组织管理问题。

基于跨域多维大数据平台，建设各类智慧应用服务于政府、企业和个人，同时基于跨域多维大数据平台提供各类数据服务，包括跨域数据交换、创新创业平台等。

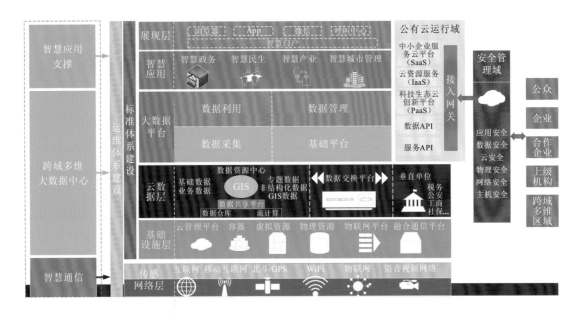

图 7-3   跨域多维大数据管理平台架构整体架构图

7.2   跨域多维大数据管理平台的实现

　　作者在珠海市横琴新区成功建立了跨域多维大数据管理平台，该平台的建设目标是将珠海横琴新区建设成为设施先进、管理有序、服务完善、安全便捷的智慧和谐新区，率先成为推广应用成效显著、示范效应突出的科技惠民示范典范，并形成可推广的应用示范。

　　根据 7.1 节的介绍，平台分为 6 个层次。为实施该平台，还需要考虑数据中心的建设并同步建立规范等，本节将逐一进行介绍。

7.2.1   传感网络层——天-空-地-海感知网

　　天-空-地-海感知网就是利用航天、近空间、航空和地面平台搭载的各类观测与传感设施，通过沟通这些异构观测与传感设施（Vuppala et al.，2017），实现对各类数据的联动处理，建立覆盖横琴的信息采集、信息处理和信息服务的感知系统，赋予城市管理灵敏、高效、泛在的感知能力（杜金浩，2018；Tang et al.，2015），如图 7-4 所示。

　　建设空-天-地-海感知网，满足智慧交通、智慧环保、智慧旅游等城市功能的需求，覆盖公共室外区域、公共室内区域和私人领域的传感器网络（Guo et al.，2016），以及公共区域的环境监测、交通要点智慧道路基础设施，感知人、车的活动和环境状况（徐建明，2017）。

1. 导航与定位服务系统

　　全球卫星定位系统具有全天候、高精度、自动化、高效益等显著特点，成功地应用

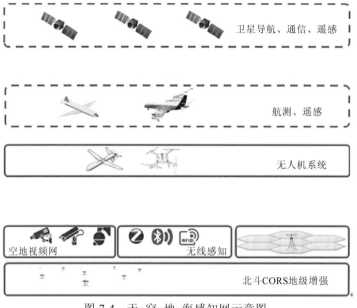

图 7-4 天-空-地-海感知网示意图

于大地测量、工程测量、航空摄影测量、运载工具导航和管制、地壳运动监测、工程建设、市政规划、海洋开发、资源勘察、地球动力学等多种学科，导航定位技术已经渗透到国民经济建设、国防建设、科学研究和人民生活等方方面面。

1）北斗 CORS 地级增强系统

CORS 由基准站网、数据处理中心、数据传输系统、定位导航数据播发系统、用户应用系统 5 个部分组成，各基准站与监控分析中心间通过数据传输系统连接成一体，形成专用网络，如图 3-6 所示，满足各类不同行业用户对精度定位，快速和实时定位、导航的要求，及时地满足城市规划、国土测绘、地籍管理、城乡建设、环境监测、防灾减灾、交通监控、矿山测量等多种现代化信息化管理的社会要求（乔钰，2019）。

（1）基准站网。基准站网由范围内均匀分布的基准站组成。负责采集 GPS 卫星观测数据并输送至数据处理中心，同时提供系统完好性监测服务。

（2）数据处理中心。系统的控制中心，用于接收各基准站数据，进行数据处理，形成多基准站差分定位用户数据，组成一定格式的数据文件，分发给用户。数据处理中心是 CORS 的核心单元，也是高精度实时动态定位得以实现的关键所在。中心 24 h 连续不断地根据各基准站所采集的实时观测数据在区域内进行整体建模解算，自动生成一个对应于流动站点位的虚拟参考站（包括基准站坐标和 GPS 观测值信息）并通过现有的数据通信网络和无线数据播发网，向各类需要测量和导航的用户以国际通用格式提供码相位/载波相位差分修正信息，以便实时解算出流动站的精确点位。

（3）数据传输模块。各基准站数据通过光纤专线传输至监控分析中心，该系统包括数据传输硬件设备及软件控制模块。

（4）数据播发模块。系统通过移动网络、UHF 电台、Internet 等形式向用户播发定位导航数据。

（5）用户应用模块。包括用户信息接收、网络型 RTK 定位、事后和快速精密定位及自主式导航和监控定位等。

2）辅助北斗定位系统

随着在微弱卫星信号环境下应用需求的增长及对首次定位时间和定位精度的要求，一种高性能的卫星定位技术——辅助型全球卫星导航系统（assisted global navigation satellite system，A-GNSS）定位技术成为导航领域的研究热点（赵亚东 等，2017）。

A-GNSS 接收机在接收卫星信号的同时能够通过通信网络信道来获得当前的可见卫星号、可见卫星的星历数据、当前的卫星系统时间等信息，甚至可以通过自身的传感器获得当前接收机的运动状信息等，从而使接收机可以省去接收和处理卫星星历数据的时间，同时可以提高针对弱信号的捕获和跟踪的灵敏度，提高 GNSS 接收机在室内和复杂城市环境下的使用范围，并且极大地改善用户体验，如图 7-5 所示。

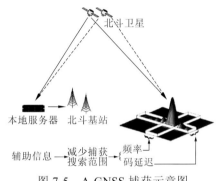

图 7-5　A-GNSS 捕获示意图

未来四大全球卫星定位系统的部署成功将会带来近百颗的定位卫星绕地球运行，而且每颗卫星都能发射超过三个频点的定位信号，因此支持多模信号、多频点信号的 A-GNSS 接收机将成为移动终端的主流技术。

2. 对地观测系统

伴随着航天技术、通信技术、传感器技术和信息技术的飞速发展，人们将可以从各种航天、近空间、航空和地面平台上，用紫外、可见光、红外、微波、合成孔径雷达、激光雷达、太赫兹等多种传感器获取目标的多种分辨率影像和非影像数据，其空间分辨率、光谱分辨率和时间分辨率得到了极大的提高。

对地观测网可以认为是沟通异构传感器系统、信息模型和决策支持之间的桥梁，如图 7-6 所示，基于空-天-地-海对地观测网的大测绘体现出以下特性。

空-天-地-海对地观测系统能提供综合性、系统性、瞬时或同步性的连续区域性同步信息，信息的获取从静态发展为动态，从单一传感器发展为传感器观测网，从被动式观测发展为智能观测（即事件驱动观测），形成了分布式天-空-地异构观测单元。数据服务模式也从简单目录导航式发展为基于标准开放式服务，数据处理模式也从单机独立运行程序发展为网络化服务模式，形成了分布式异构数据及处理服务单元。随着观测系统的资源规模不断扩展、计算机处理能力快速增强、空间数据资源种类日益丰富、决策支持应用需求灵活多样。

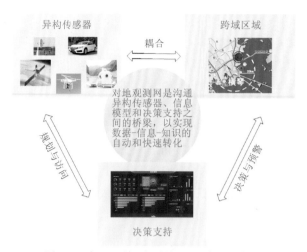

图 7-6　空–天–地–海对地观测系统示意图

1）无人机服务

无人机系统包括地面系统、飞机飞行系统、任务载荷和使用保障人员，如图 7-7 所示。其中有效载荷系统和飞机飞行系统最为重要。

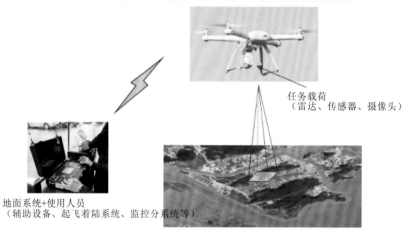

图 7-7　无人机服务示意图

作为一个可以用中宏观视角去采集实时动态数据的手段，无人机在城市建设的应用中，可以进行数据的分类、分档、采集及更新，特别是更新与维护。通过不同部门的无人机进行协作，形成统一的多元数据整合，达到数据统一、数据互用，形成永远不会僵化的数据库，并构建一个城市的遥感网络，让智慧城市存在旺盛的生命力。

2）影像处理服务

遥感图像处理（processing of remote sensing image data）是对图像进行辐射校正和几何纠正、图像整饰、投影变换、镶嵌、特征提取、分类及各种专题处理等一系列操作，以求达到预期目的的技术。遥感图像处理可分为两类：一是利用光学、照相和电子学的方法对遥感模拟图像（照片、底片）进行处理，简称为光学处理；二是利用计算机对遥感数字图像进行一系列操作，从而获得某种预期结果的技术，称为遥感影像数字图像处理（Paek et al.，2012）。

遥感影像数字图像处理的内容如图 7-8 所示，主要包括以下内容。

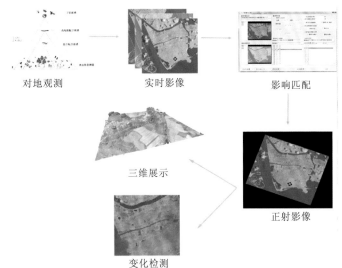

对地观测　　　实时影像　　　影响匹配

三维展示

正射影像

变化检测

图 7-8　遥感大数据处理服务示意图

（1）图像恢复：即校正在成像、记录、传输或回放过程中引入的数据错误、噪声与畸变。包括辐射定标、大气校正、几何校正等。

（2）数据压缩：以改进传输、存储和处理数据效率。

（3）影像增强：改善图像的视觉效果或使图像更适合于人或机器的分析处理。从处理方式上，主要分为空间域方法和频率域方法两大类。

空间域方法是对图像中的像素点进行操作，公式描述如下：

$$g(x,y) = f(x,y) * h(x,y) \tag{7-1}$$

式中：$f(x,y)$ 为原图像；$h(x,y)$ 为空间转换函数；$g(x,y)$ 为进行处理后的图像；$*$ 为卷积运算。

频率域方法公式描述如下：

$$G(u,v) = F(u,v) * H(u,v) \tag{7-2}$$

式中：$F(u,v)$ 为原图经过快速傅里叶变换转换到频域的频谱；$H(u,v)$ 为在频域执行的操作；$G(u,v)$ 为在频域处理后的频谱结果，最后 $G(u,v)$ 可以通过快速傅里叶反变换得到滤波的图像。

（4）信息提取：从经过增强处理的影像中提取有用的遥感信息。包括采用各种统计分析、集群分析、频谱分析等进行自动识别与分类。通常利用专用数字图像处理系统来实现，且依据目的不同采用不同算法和技术。

伴随科学技术的持续发展与应用需求的不断提高，高空间分辨率、高光谱分辨率、高时间分辨率已成为当今卫星遥感发展的主要趋势。

随着遥感影像数据的空间分辨率的提高，图像空间纹理信息会愈加丰富，相应的图像处理算法也会更加复杂化。由高分辨率遥感数据量增加和图像处理运算量增长所带来的高性能计算需求，显然无法通过普通的个人计算机和专用的硬件设备来满足，必须通过集群化、并行化等先进的技术手段才能有效解决。

高分辨率遥感技术的发展，使得高分辨率遥感数据的计算与存储结合得更加紧密，单独从存储或计算角度来研究解决高分辨率遥感数据的应用都会遇到瓶颈，高分辨率遥感的存算一体化将是一个必然的趋势。

横琴的影像成果处理系统将借助云存储和并行计算技术，解决遥感影像成果处理同时存在的I/O密集和计算密集问题，实现遥感影像成果处理的存算一体化。

3）测量成果处理服务

遥感大数据中的测绘成果主要包括由传统测绘方法如三角测量、水准测量及新兴的移动测量、地面激光扫描、机载激光扫描、星载激光扫描、倾斜摄影等产生的测量成果数据。

将这些遥感大数据入库一般需要经过若干步骤，如图7-9所示。

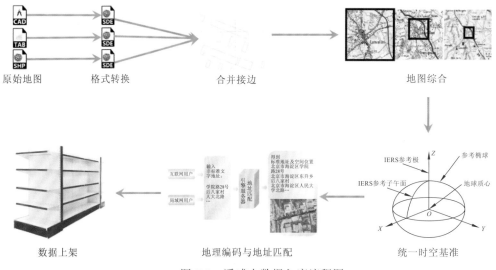

原始地图　　　　格式转换　　　　　　合并接边　　　　　　　　　地图综合

数据上架　　　　　　地理编码与地址匹配　　　　　　统一时空基准

图 7-9　遥感大数据入库流程图

3. 视频监控网络

20世纪70年代开始出现视频监控，利用摄像头来获取信息，随着技术的发展，智能视频监控逐渐走入实际应用，尝试利用机器智能来辅助人类进行信息处理。

智能视频监控系统是采用图像处理、模式识别和计算机视觉技术，通过在监控系统中增加智能视频分析模块，借助计算机强大的数据处理能力过滤掉视频画面无用的或干扰信息、自动识别不同物体，分析抽取视频源中关键有用信息，快速准确地定位事故现场，判断监控画面中的异常情况，并以最快和最佳的方式发出警报或触发其他动作，从而有效进行事前预警、事中处理、事后及时取证的全自动、全天候、实时监控的智能系统（黄凯奇 等，2015），如图7-10所示。

视频监控系统从第一代模拟视频监控（closed circuit television，CCTV）系统，到第二代基于"PC+多媒体卡"数字视频监控（digital video recorder，DVR）系统，发展到目前第三代完全基于IP网络视频监控（IP video surveillance，IPVS）系统。

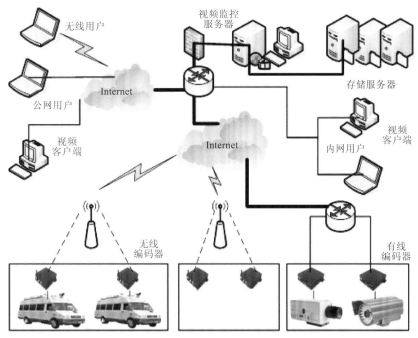

图 7-10　视频监控系统示意图

横琴视频监控系统将完全基于第三代 IPVS 进行建设，实现"看得清、辨得准"的需求，在高清化和智能化两个方向开展技术演进，为智慧横琴提供高效能的智能视频监控系统。

4. 无线传感网络

通过无线传感网络联网的优点是可以随时随地对物联网进行监控、操作，不受时间、地域的限制。物联网与电信网相结合，利用移动台的多跳转发能力扩大无线通信网通信系统的覆盖范围、均衡相邻小区的业务、提高小区边缘的数据速率。在实际应用中，物联网可以单独组网实现局部的通信外，还可以作为末端子网通过接入点接入其他的固定或移动通信网络，与局域网以外的主机进行通信。这样，就为物联网提供了三种可用网络：

（1）物联网结点群——无线通信网——互联网；

（2）物联网结点群——"北斗"系统（CORS）——无线通信网——互联网；

（3）用户——物联网结点群，即由用户建立的一个局域物联网。

5. 感知网网关

感知网网关作为感知网应用背景下的新型设备，其功能首先是实现分离的感知网络与传统的通信网络的互联，实现全面的物物相连，支持各个层次的协议转换，既可以提取节点的感知信息，也可以管理和控制感知节点（吴炳毅，2018）。

感知网网关作为桥接感知网和互联网的设备，主要功能体现在感知设备的接入能力和对感知设备的管理能力，而协议的转换能力主要体现在从各类设备的自有数据传输通信协议如 ZigBee 到 TC/PIP 协议的转换。

1）接入能力

城域感知网的传感器节点根据功能、结构使用不同的物理接口和通信协议，感知网网关首先需要有支持不同物理接口的感知接入能力，如各类现场总线和无线协议接入模块，尤其还需要预留空间保证今后的可扩充性。在感知接入层解析不同的协议，同时设计协议适配层，通过统一的数据和信令接口处理各类近场通信协议，从而互联各个近场网络。这样平台服务层可以通过物联网关按一致的控制方式和数据格式管理感知节点。

2）管理能力

感知网网关是传感器节点输出信息和接收控制指令的唯一通道，感知网网关因此要求具有对传感器节点的管理能力。上层应用发出的命令经过协议转换后下发到传感器节点，传感器节点的运行状态也通过感知网网关上传到应用层，由此实现对物联网感知网的管理和控制。

支持多传感器信息接入与协同服务的感知网网关的软件架构可以分为由上而下4个层次：广域网接入层、协议转换控制层、协议适配层、感知接入层，如图7-11所示。

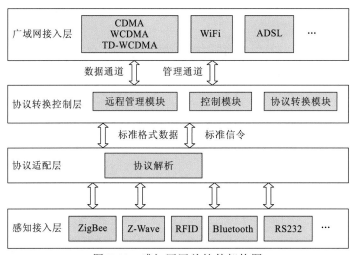

图7-11 感知网网关软件架构图

（1）广域网接入层。感知网网关与广域网的数据通道接口，接入互联网的方式包括移动网络、IP网络、WiFi和ADSL等，可以单独使用或者复合使用，满足固定环境、临时环境或者移动环境的组网要求。广域接入层要求感知网网关具有足够的、可靠的带宽向应用层提供数据服务。

（2）协议转换控制层。协议转换控制层包含远程管理模块、控制模块和协议转换模块。远程管理模块通过管理协议与平台中的管理模块对接，处理应用层的管理请求，合并后生成指令转发到控制模块，由控制模块分析指令内容，经协议转换模块下发到协议适配层。

（3）协议适配层。因为传感器网络是由不同类型的传感器混合而成的，不同传感器节点的数据格式、支持的控制信令都不相同。协议适配层的功能就是解析不同传感器节点的通信协议，形成统一格式的数据和信令，或者将管理平台发出的控制命令定制为适应不同类型传感器节点的数据。

（4）感知接入层。感知接入层主要表现为丰富的传感器接入能力，由物理设备和与之协同的驱动服务程序组成。

7.2.2　基础设施层

基础设施层作为提供底层基础 IT 资源的服务，一般都具有以下基本功能。

1. 资源抽象

当要搭建基础设施层时，首先面对的是大规模的硬件资源，如通过网络相互连接的服务器和存储设备等。为了能够实现高层次的资源管理逻辑，必须对资源进行抽象，也就是对硬件资源进行虚拟化。

虚拟化的过程一方面需要屏蔽掉硬件产品上的差异，另一方面需要对每一种硬件资源提供统一的管理逻辑和接口。值得注意的是，根据基础设施层实现的逻辑不同，同一类型资源的不同虚拟化方法可能存在非常大的差异。例如，存储虚拟化方面有 IBM SAN Volume Controller、IBM Tivoli Storage Manager（TSM）、Google File System、Hadoop Distributed File System 和 VMware Virtual Machine File System 等几种主流的技术。

另外，根据业务逻辑和基础设施层服务接口的需要，基础设施层资源的抽象往往是具有多个层次的。例如目前业界提出的资源模型中就出现了虚拟机（virtual machine）、集群（cluster）和云（cloud）等若干层次分明的资源抽象。资源抽象为上层资源管理逻辑定义了被操作的对象和粒度，是构建基础设施层的基础。如何对不同品牌和型号的物理资源进行抽象，以一个全局统一的资源池的方式进行管理并呈现给客户，是基础设施层必须解决的一个核心问题。

2. 资源监控

资源监控是保证基础设施层高效率工作的一个关键功能。资源监控是负载管理的前提，如果不能对资源进行有效监控，也就无法进行负载管理。基础设施层对不同类型的资源监控的指标不同。对于 CPU，通常监控的是 CPU 的使用率。对于内存和存储，除了监控使用率，还会根据需要监控读写操作频率。对于网络，则需要对网络实时的输入、输出流量、可获得带宽及路由状态进行监控。

基础设施层首先需要根据资源的抽象模型建立一个资源监控模型，用来描述资源监控的对象及其度量。Amazon 公司的 Cloud Watch 是一个给用户提供监控 AmazonEC2 实例并负责负载均衡的 Web 服务，该服务定义了一组监控模型，使得用户可以基于模型使用监控工具对 EC2 实例进行实时监测，并在此基础上进行负载均衡决策。

同时，资源监控还具有不同的粒度和抽象层次。一个典型的场景是对包括相互关联的多个虚拟资源的某个具体的解决方案整体进行资源监控。整体监控结果是对解决方案各个部分监控结果的整合。通过对结果进行分析，用户可以更加直观地监控到某个解决方案整体资源的使用情况及其对解决方案整体性能的影响，从而采取必要的操作对解决方案进行调整。

3. 存储管理

在基础设施层的存储有两个主要用途：一是存储虚拟机的镜像文件；二是保存云中虚拟机系统所保存的应用业务大数据。

一个典型的基础设施服务会运行成千上万个虚拟机，每个虚拟机都有自己的镜像文件。通常一个镜像文件的大小会在 10 GB 左右，随着虚拟机的运行过程中业务数据的产生，存储往往还会增加。基础设施云对镜像文件存储有着巨大的需求。

另外，在云中运行的虚拟机内部的应用程序通常会有存储大数据的需要。如果将这些大数据存储在虚拟机内部则会使得支持高可用性变得非常困难。为了支持应用的高可用性，可以将这些大数据都存储在虚拟机外的其他地方，当虚拟机不可用时直接快速启动另外一个相同的虚拟机实例并使用之前在虚拟机外存储的数据。为了保证虚拟机动态迁移的性能，通常会让不同硬件服务器上的虚拟机管理器使用共享存储。这些存储设备需要通过高速 I/O 网络和传输协议链接起来，比如 iSCSI。因此，基础设施即服务云通常也会提供相应的存储服务来保存应用业务数据，如 AmazonS3。

4. 资源部署

资源部署指的是通过自动化部署流程将资源分配给上层应用的过程，即使基础设施服务变得可用的过程。在应用程序环境构建初期，当所有虚拟化的硬件资源环境都已经准备就绪时，就需要进行初始化过程的资源部署。另外，在应用运行过程中，往往会进行二次甚至多次资源部署，从而满足上层应用对于基础设施层中资源的需求，也就是运行过程中的动态部署。

5. 负载管理

在基础设施层这样大规模的集群资源环境中，任何时刻参与节点的负载都是起伏不定的。

一般来说，节点之间的负载允许存在一定的差异和起伏，它们的负载在一定程度上不均匀也不会导致严重的后果。然而，如果太多节点资源利用率过低或者节点之间负载差异过大就会造成一系列突出问题。一方面，如果太多节点负载过低，会造成资源使用上的浪费，需要基础设施层提供自动化的负载平衡机制将负载进行合并，提高资源使用率并且关闭负载整合后闲置的资源。另一方面，如果有些节点的负载过高，上层服务的性能将会受到影响。一般来说，理想的处理器负载在 60%～80%，基础设施层的自动化负载平衡机制可以将负载进行转移，即从负载过高节点转移部分负载到负载过低节点，从而使得所有的资源在整体负载和整体利用率上面趋于平衡，尽量将服务器负载控制在理想范围内。

7.2.3 云数据层

接入大数据平台的信息系统数据从结构上可以划分为能够用数据或统一的结构加以表示的结构化数据（如数字、符号等），结构化数据一般指存储在数据库中具有一定逻辑结构和物理结构的数据，最为常见的是存储在关系数据库中的数据，以及无法用数字或统一的结构表示的非机构化数据（如办公文档、文本、图片、XML、HTML、各类报表、图像和音频/视频信息等）。

大数据平台的结构化数据系统的数据分类功能实现主要包括以下 4 个步骤。

（1）主要进行数据清洗，帮助去除数据中的噪声并妥善解决遗失数据问题；同时进行数据转换，将属性中的连续值进行离散化。

（2）准备训练集和测试集，根据将采用的分类器准确性评估方法，将数据预处理过的数据集划分为训练集和测试集。

（3）构造分类器，利用准备好的训练集，采用某种分类算法构造一个分类器。

（4）评价分类器，利用准备好的测试集，采用某种准确性评估方法对分类器准确性进行评估，达到准确性要求的分类器即可投入使用，否则对分类器进行修改。

非结构化数据的分类过程类似于结构化数据，但在构造分类器和评价分类器过程中都伴随着非结构化数据转化为结构化数据的过程，其过程如下。

（1）分词。将连续的字序列按照一定的规范重新组合成词序列的过程。分词主要针对中文文本，英文文本不需要这个步骤。

（2）文本向量化。为了将文本转化为计算机能够识别及处理的形式，需要将文本中词的特征经过量化处理后，作为文本的特征向量。目前本平台主要采用向量空间模型（vector space model，VSM）。

（3）特征选择。由于文本中词的特性会造成文本向量特征空间的高维性和稀疏性，本平台采用文本频率、信息增益、互信息量互补的特征选择方法，降低特征空间的位数，以提高分类的效率和精度。

本平台采用的非结构化数据库是一种面向最终用户的非结构化数据库，在处理非结构化信息、全文信息、多媒体信息和海量信息等领域及互联网应用上处于国际先进水平，在非结构化数据的管理和全文检索方面获得突破。技术先进性包括对于各种具有检索意义的文档信息资源，如 HTML、DOC、RTF、TXT 等还提供了强大的全文检索能力。它采用子字段、多值字段及变长字段的机制，允许创建许多不同类型的非结构化的或任意格式的字段，从而突破了关系数据库非常严格的表结构，使得非结构化数据得以存储和管理。本平台应用的非结构化数据自顶层设计就将其定义为资源，使得非结构数据库的基本元素就是资源本身，因此本数据库系统能够存储和管理各种各样的非结构化数据，实现了数据库系统数据管理到内容管理的转化。另外，项目采用了面向对象的方法，将政府、企业业务数据和商业逻辑紧密结合在一起，特别适合于表达复杂的数据对象和多媒体对象。

结构化数据还包括物联网或其他实时数据分析一般用于金融、移动和互联网 B2C 等产品，往往要求在数秒内返回上亿行数据的分析，从而达到不影响用户体验的目的。要满足这样的需求，本平台采用精心设计的传统关系型数据库组成并行处理集群，并采用 HDD 的架构。目前比较新的海量数据实时分析工具有 EMC 的 Greenplum、SAP 的 HANA 等。

对于大多数反馈时间要求不是那么严苛的应用，比如离线统计分析、机器学习、搜索引擎的反向索引计算、推荐引擎的计算等，本平台采用离线分析的方式，通过数据采集工具将日志数据导入专用的分析平台，面对海量数据，性能上可满足每秒数百兆的日志数据采集和传输需求，并将这些数据上载到数据库中央系统上。

另外，此结构化数据和非结构化数据全面兼容各种大中小型的数据库和文件存储，对传统关系数据库，如 Oracle、Sybase、SQL Server、DB2、Informix 等提供导入和链接的支持能力。

7.2.4 大数据平台

1. 数据采集

随着信息化建设的深入，数据已成为城市生态系统中的核心要素，而统一云技术中心的城市级公共服务平台必须以获得城市运转的全面信息为基础，在数据采集平台建设，主要需要解决以下几个问题。

（1）各个政府部门和行业数据的无缝采集，由于历史信息化建设都是以各个职能部门为主体建设，造成了一个个信息孤岛；同时大量行业数据存在于各个企业和行业的信息系统中，造成这些数据采集面临技术环境复杂多样化，需要解决多环境、多形态的在线数据采集。

（2）大规模线下数据采集的问题。由于历史原因，大量城市数据还是以纸质形式或其他存储介质保存，需要解决这些数据的数字化采集。

（3）海量网络数据的甄别、采集和提炼问题。大量关于社会民生、公共服务需求的信息蕴含在网络新闻和社交媒体中，碎片化散布在网络中，需要根据需要对大量网络碎片化的信息进行抓取、提炼和使用。

（4）数据采集与时空数据结合，在所有的数据采集的过程中，自动获取数据的时空属性，为数据的立体应用提供数据基础，这要求所有的数据源都能够自动获取其时空属性，形成多维大数据。

2. 数据管理

数据管理是对采集的数据进行加工处理，包括纠错、补漏和去重等清理工作，对文本、图像、视频等新型非结构化数据进行分析和结构化处理。

1）数据清洗

数据清洗技术重点立足于政府类数据，研究相关的统计、分析和建模技术，对当前系统数据中存在的拼写错误、异常数值、空缺项目、关联数据矛盾、数据表示不一致等情况进行自动化的发现和纠正。

2）结构化处理

主要是对文本、图像、音视频数据等海量数据进行结构化处理，主要包括：

（1）对报警或急救等服务热线电话数据的处理，以声学、语言学、语音学、信息理论为基础，通过信号处理和模式识别及深度学习等技术对语音内容进行识别和理解，自动抽取通话中涉及的人、时间、地点、事，并对语音主题的籍贯、民族、性别、年龄及当时的场景进行分析判别。

（2）对图像和视频等数据的处理，以人工智能理论为基础对图像和视频信息进行自动处理和分析，快速描述、识别和解释其中的物体对象行为，如对视频人脸特征、区域场景、人体动作、车牌号码的识别和标注。同时根据事件对关键帧的提取构建视频摘要，供检索。

（3）对文本类数据的处理，主要包括对新闻、短信、微博、微信、评论、论坛等各种形式的文本进行深加工，主要采用中文分词、文本分类、文本摘要、文本相似度等技术实现对文本信息的加速提取，采用基于简单向量距离法、朴素贝叶法、KNN、支持向量机、神经网络等算法，实现文本的自动分类。

3. 基础平台

云存储系统架构采用分布式集群技术，由云管理平台、存储服务器集群网络、统一应用的 API 接口，通过虚拟化、云结构化和高精确视频应用存储构成。运用集群构架、负载均衡、对象存储等技术，结合视频、图片数据和结构化数据特点，面向应用地满足了非结构业务高可靠性、不间断的海量存储需求及结构化数据的快速检索和频繁 I/O 操作的需求。采用分散存储技术加速大数据智能分析快速提取和分析效率。

4. 数据分析

大数据分析技术包括已有数据信息的分布式统计分析技术，以及未知数据信息的分布式挖掘和深度学习技术，分布式统计分析技术借助于现有的数据库及数据仓库技术直接完成，分布式挖掘和深度学习主要包括聚类、分类、关联分析、深度学习等方面，如图 7-12 所示。

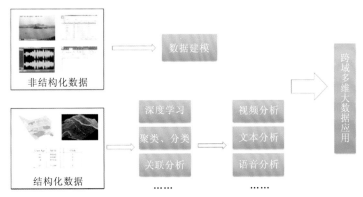

图 7-12　数据分析示意图

实现对文本、语音、图像、视频等数据进行深度的挖掘分析，提供各种智慧应用，是大数据应用的核心，因此本技术是平台的核心研究目标之一。

对于数据分析挖掘技术，充分利用技术合作机构和博士后工作站进行相关数据的研究，包括对视频分析、文本分析、语音分析等领域进行深度研究攻关。

7.2.5　智慧应用

基于跨域多维大数据管理平台，运用信息和通信技术手段，感测、分析整个城市运行核心系统的各项关键信息，从而对包括民生、环保、公共安全、城市服务、工商业活动在内的各种需求做出智能响应。

1. 跨域多维政务应用

基于跨域多维大数据管理平台，接入工商、公安、税务、人社、民政、卫生等部门业务数据库，运用云计算、大数据、物联网、人工智能等技术，通过监测、整合、分析、智能响应，实现各职能部门的各种资源的高度整合，提高政府的业务办理和管理效率。通过智慧政务体系，可以加强职能监管，使政府更加廉洁、勤政、务实，提高政府的透明度，并形成高效、敏捷、便民的新型政府，保证城市可持续发展，为企业和公众建立一个良好的城市生活环境。

2. 跨域多维交通应用

近年来，为了推动港澳单牌车进入内地，广东多次与港澳特区政府沟通磋商，研究港澳单牌车便利进入内地政策措施，落实跨境车辆办理通行政策。便利通关是决定澳门居民能否进一步在横琴工作和生活的重要影响因素，澳门单牌车经申请后可便利入出横琴，如图 7-13 所示。客运（包括大客车、中巴、小汽车等）、货运车辆符合特定条件并经审批后，可以直接往来粤澳两地。

图 7-13　澳门单牌车

为了解决澳门机动车入出横琴审批慢、手续烦琐、门槛高等问题，澳门单牌车出入横琴综合管理系统与工商大数据、税务大数据、交通大数据等关联，通过系统自动判定，减少了审批人员的审批工作项，加快审批速度，为澳门民众提供便利化的通关申请服务。

3. 跨域多维教育应用

澳门大学横琴新校区是教育创新的一个典型案例，也是"一国两制"框架下粤澳合作的标志性项目。2013 年 7 月 20 日，横琴岛澳门大学新校区正式移交启用，标志着"一国两制"的构想在珠海横琴新区有了全新实践。横琴岛澳门大学新校区的一个特色是，地理上是属于珠海横琴新区，而在管理上实行的是澳门的制度。如图 7-14 所示，横琴岛澳门大学新校区不仅为澳门大学的发展提供了优质的硬件环境，同时对横琴新区的发展也有极大的促进作用，是"一国两制"在澳门地区成功实践的典范。

图 7-14　澳门大学横琴新校区

4. 跨域多维安防应用

横琴地理环境复杂，靠近澳门，地理位置敏感，人车船场景复杂，为了维护社会安全，实现对珠海横琴新区环岛岸线 24 h 全天候、无盲区有效监管，通过监控视频、光电跟踪仪、高清摄像机、无人机、雷达等科技设备获取海量的多级图像与视频数据，构建横琴智能监控防护体系，从城市、海上、天空多维度空间角度出发对大湾区城市、海上区域进行实时监测与预警，推动紧急事件响应机制的运作。包括可疑船只、车辆的检测与跟踪，非法闯出分析，环岛周界区域的人、车、船跟踪、识别、报警。

7.2.6　展现层

通过智慧门户网站、政务微信平台、手机 APP 等入口，在加强安全保障的前提下，已对用户的重要信息，用户基础行为作出归类统计，充分发挥用户行为的大数据分析能力，了解用户属性，如年龄、性别、工作、喜好等，并根据用户动作，如用户搜索内容、页面停留时间、鼠标动作等分析用户实际需求，在完成用户加注属性标签后，有针对性、差异化地智能推送内容。

通过网上办事大厅、视频在线办事等渠道积极与网民及时互动，优化各部门办事服务流程，改进服务内容，智能维护用户界面，为用户提供定制化界面。

7.3　跨域多维大数据管理平台服务

7.3.1　跨域多维基础服务

通过以下七大举措，实现跨域多维大数据平台的基础服务。

（1）实现土地资源数字化，开放国土相关资源信息，强化土地资源管理。

（2）建立低碳生态规划建设决策系统，构建碳排放数据库，为低碳生态城规划建设提供辅助决策支持。

（3）建立建筑节能与绿色建筑模型和数据库，科学评价和决策建筑节能减排。

（4）加强城市地下网综合管理能力，建设覆盖各类管道的综合管网数据库和动态更新机制。

（5）建立数字化城市管理系统，提高城市管理效率和服务水平，为市民提供良好的市容环境与秩序。

（6）开展城市流域水环境和供水水质监测，促进生态建设，保证饮用水源安全，保障居民用水质量。

（7）记录智能电表远程抄表信息，实时为城市提供可靠、经济、集成和绿色的电力供应。

以基础空间数据服务为例，提供横琴新市区的电子地图、影像、手机 APP 服务。

图 7-15　横琴新区手机 APP 界面图

图 7-15 为横琴新区手机 APP 地图服务，该服务展示了横琴新区的移动互联网政务服务，可为市民查询公共设施、旅游、消费提供便民服务。

横琴新区规划地图服务，规划展示了横琴新区 2021～2035 年规划蓝图，如图 7-16 所示。该规划全面梳理横琴发展基础，分析横琴发展面临的机遇挑战，应对"澳门所需"，发挥"横琴所长"，明确横琴未来发展的指导思想、战略定位和发展目标。配合澳门"一中心、一平台、一基地"建设需求，丰富横琴—澳门合作内涵，与澳门共同推进特色金融、医疗健康、科技创新、会展旅游、文化创意等产业发展。"空间信息平台"与"大数据"相结合，搭建横琴空间信息数据库，并开展多源大数据分析：①横琴层面的大数据分析，包括基于网络爬虫的 POI 自动抓取技术，对高德、百度地图和大众点评网等兴趣点进行智能获取；通过遥感技术对横琴的建设用地进行遥感自动解译等。②澳门层面的大数据分析，包括利用政务数据对社会经济情况进行横向和纵向对比分析；利用人口热力图对口岸通关情况进行分析；利用专利联系度分析澳门与粤港澳大湾区各城市的创新合作情况等。

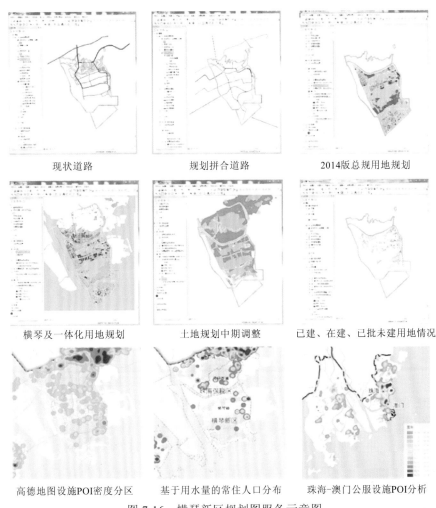

| 现状道路 | 规划拼合道路 | 2014版总规用地规划 |

| 横琴及一体化用地规划 | 土地规划中期调整 | 已建、在建、已批未建用地情况 |

| 高德地图设施POI密度分区 | 基于用水量的常住人口分布 | 珠海–澳门公服设施POI分析 |

图 7-16　横琴新区规划图服务示意图

7.3.2　跨域多维统一门户

跨域多维统一门户以"琴、澳、大湾区"为重点目标服务区域，以促进区域融合为目的，服务琴澳联动和粤港澳深度合作示范区建设，后续探索跨省市业务服务输出、乃至跨国门业务服务输出，为打造"世界的横琴"提供信息门户能力支持。门户服务跨域多元，重点在政务服务、公共服务、特色服务等多领域提供跨地域、跨层级、跨领域的智能应用与服务，如图 7-17 所示。

面向政府（管委会各委、办局等政务用户）、企业、开发者和公众等多种用户角色，建设实现千人千面、多维认证、统一鉴权、一号通用、智能咨询与搜索、多人机协作模式、多终端支持与适配的智慧服务统一门户平台，更好地支持不同服务对象的业务服务诉求，提高用户服务感受、办事效率和办理的便捷性。门户支持多业态服务办理，实现各类"政务服务"、"琴澳服务"、"湾区融合服务"及其他特色类服务在门户上集成和办理。门户提供北斗/GPS 时空服务、三维空间影像服务等多维时空数据与服务，基于人、物、时、空、事五位一体的门户平台，为用户提供更全面的多维服务。

图 7-17　跨域多维统一门户界面图

为了建设支撑横琴人工智慧岛建设的技术验证，跨域多维统一门户平台实现了对各类示范应用汇聚的全量多源异构数据的实时计算与分析，提供丰富的机器学习算法，提供统一的多模态深度语义理解能力，支撑横琴新区全面的智能化提升。通过构建人工智能创新应用生态，基于统一的人工智能应用基础设施，支撑典型人工智能应用场景搭建（先期重点打造以 AI 驱动的琴澳联动服务），服务开展具有人工智能应用示范和产业发展价值的试点，为各业务主管部门提供智能化管理与服务手段，以示范应用建设拉动人工智能产业发展，建成支撑打造"人工智能岛"的技术验证平台。

与此同时，基于已建的跨域多维大数据云平台，依托自主可控的深度学习开源框架，搭建人工智能开源创新基础平台，形成核心龙头企业、行业创新企业和开发者等多方参与的大平台生态体系。一是为企业提供通用性人工智能开放平台，为企业创新提供算力、算法和数据等多维度的平台化支持；二是面向生态协作联盟开放应用场景，促进推出系列解决方案，服务人工智能岛建设的同时促进培育人工智能生态，推动人工智能产业链上的企业在横琴落地；三是依托粤港澳人才优势，依托开放平台，培养高水平的人工智能设计开发、方案应用型等人才，服务打造全国领先的人工智能生态体系。

7.3.3　跨域多维智慧民生服务

横琴是澳门人生活、工作、安家最集中的内地城区，在大湾区发展的澳门青年企业家 70%落户在横琴。作为全国首个跨境服务 APP，"琴澳通"可以连接横琴和澳门特区政府、企业，从而提供出入境、居住、出行等多项民生服务。

澳门民众到横琴工作，要了解交通、医疗、租房、人才补贴等信息，原来至少要登录 5 个以上网页、APP 或者公众号。"琴澳通"APP 实现了服务系统统一入口，衣食住行全覆盖。为了方便澳门企业落户横琴，"琴澳通"还提供进驻、经营、投资等商事服务，如图 7-18 所示。

图 7-18　"琴澳通"APP 界面图

　　"琴澳通"APP 是一款专为澳门个人和企业提供政务、商事、交通和生活等一站式移动跨境办事服务的平台。该平台具有以下三个特点。

　　（1）面向澳门居民在横琴的政务服务、公共服务和生活服务，将"分散服务"变为"主动服务"，向澳门企业和个人提供移动办事、移动资讯、移动咨询等跨境服务事项。

　　（2）向用户展示具体重要事项、法定事项、专业性事项等，进行宣传。

　　（3）根据用户历史阅读内容，个性化推荐内容。

7.3.4　跨域多维智慧政务服务

　　建设公共服务型政府是我国市场化改革进程的必然选择，横琴新区智慧政务建设需要帮助政府提高宏观调控、市场监管、社会管理和公共服务职能的高效履行，实现以人为本、民生优先、为民服务，将横琴新区各政府职能部门建设成为公共服务型政府。大数据应用能够揭示传统技术方式难以展现的关联关系，推动政府数据开放共享，促进社会事业数据融合和资源整合，将极大提升政府整体数据分析能力，为有效处理复杂社会问题提供新的手段（汪玉凯，2019）。如图 7-19 所示，建立"用数据说话、用数据决策、用数据管理、用数据创新"的管理机制，实现基于数据的科学决策，将推动政府管理理念和社会治理模式进步，加快建设与社会主义市场经济体制和中国特色社会主义事业发展相适应的法治政府、创新政府、廉洁政府和服务型政府，逐步实现政府治理能力现代化（李军 等，2019；Simmhan et al.，2013）。

图 7-19　智慧政务服务界面图

随着横琴进入高速发展快车道，珠海市和横琴新区连续出台多项政策，不断提升横琴的吸引力和影响力。相关政策通过政府官网发布，但比较分散，且缺乏友好易用的搜索功能，因此对于内陆及港澳投资者、双创团队，全面、深入了解横琴相关政策存在一定障碍，影响横琴政策的积极效应。通过横琴政策小助手程序，为用户提供便捷的政策服务，只需动动手指，即可将相关政策一网打尽。通过建立政策数据库，将政策源文件进行合理分类，并将政策源文件条文录入平台，形成政策数据库。政策文件主要来源是横琴新区、珠海市、广东省及国务院政府官方网站上向全社会公开发布的政策文件。基于智能搜索引擎技术，以政策数据库为基础，为用户提供政策精准搜索、关联搜索、政策文件下载及互动功能。基于政策数据库，横向对比同一政策点在不同地区之间的差异，辅助横琴新区招商引资。

7.3.5　跨域多维可视化管理服务

跨域多维云平台视觉 AI 可以打通并连接散落在横琴各个单位的视觉数据资源，让图像、视频帮助城市来做思考、决策和运营，从而整体提升城市运行效率。视觉 AI 适用场景包括嫌疑人搜索、历史视频研判、重点人员管控、交通事件感知服务、交通工程服务。

（1）嫌疑人搜索。针对普通摄像头实时视频流中的行人、非机动车等活动目标，支持实时结构化分析、支持基于结构化属性信息的检索、支持基于图片高维特征的以图搜图、支持跨摄像头下的行人级目标再识别（re-identification，ReID）与轨迹追踪，如图 7-20 所示。

（2）历史视频研判。利用平台的并行计算能力，对特定的离线视频数据进行极速解析，极大地缩短案件研判时间。支持从普通摄像头下的历史视频中分析有效的行人、非机动车等活动目标，支持识别其属性信息、提取图片高维特征向量，支持基于上述信息进行目标再识别、轨迹查找和时空碰撞。

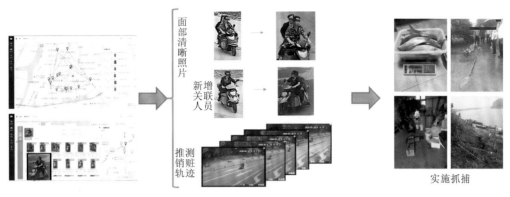

面部清晰照片

新增关联人员

推测销赃轨迹

实施抓捕

图 7-20　嫌疑人搜索示意图

（3）重点人员管控。支持针对特定目标对象的结构化抓拍分析与信息识别、支持基于人脸与全身图像高维特征信息，在划定的布控区域内的摄像头中，进行实时布控告警，如图 7-21 所示。

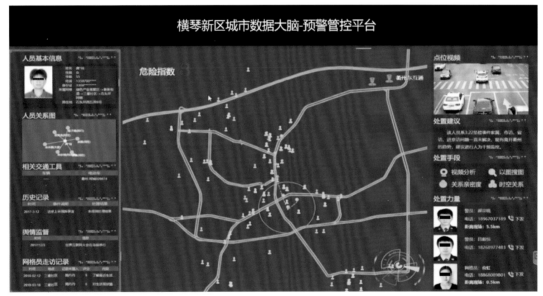

图 7-21　重点人员管控界面图

（4）交通事件感知服务。针对标清和高清球机视频进行智能分析。如图 7-22 所示，球机通过城市视频分析引擎中的视频规则智能配置平台设置预置位，对管理的几个方向进行视频轮巡，同时针对不同的预置位，分别绘制虚拟线圈，按照执法管理要求设定不同规则，通过对线圈内车辆行为（包括轨迹、行驶方向、停留时间等）进行分析和判断。此外，通过基于视频车辆结构化的数据和闯禁业务规则，判定非本市车辆、货车车辆、行人和非机动车是否有闯禁行为。

（5）交通工程服务。基于城市视频分析引擎，实现视频车辆、非机动车、行人结构化功能，在结构化结果输出基础之上，完成车道占用、非机动车密度、行人密度指标的计算与输出，用于辅助交通拥堵治理和出行，如图 7-23 所示。

图 7-22　交通事件感知服务功能界面图

（a）违停　　　　　　（b）拥堵　　　　　　（c）占公交道　　　　（d）车牌车型识别

图 7-23　交通工程服务示意图

7.3.6　跨域多维智慧交通公共服务

跨域多维智慧交通系统总体结构和功能应建立起集有线通信、无线通信、GIS/GPS、计算机网络、智能控制、信息采集、信息处理等于一体的，在大范围内发挥作用的，实时、准确、高效的横琴公安智能交通指挥系统。

跨域多维智慧交通系统一般包括车辆监控、车辆调度、分时租赁、智慧停车等功能。车辆监控提供全方位的应用车辆监控功能，包括位置类、车况类和报警类信息的集中监控管理功能，便于及时了解横琴区域内的车辆动态和实时处理业务事件。车辆调度是基于车辆运营状况及城市交通状况，结合用车需求，实现横琴车辆的智能化调度管理，通过平台进行车辆路线规划、周期排班、设置电子围栏等，提高交通运输效率。在横琴布局新能源汽车分时租赁服务，利用分时租赁"按需付费、全程自助、随借随还"的优势为市民及游客提供出行便利。通过整合智能车载终端和新能源充电桩等基础设施，基于移动互联网、大数据分析技术，实现分时租赁平台的车辆管理、实时调度等功能。同时，通过停车信息的实况采集和实时数据的同步更新，建设智慧停车管理平台，可以有效提高道路停车运营管理水平及市民停车体验，改善停车乱、监督难等问题，同时利用数据决策不断优化管理流程。

7.3.7 跨域多维智能化的企业服务

横琴新区企业智能服务平台采用 SOA、云服务、大数据的构架理念，通过打造平台即服务（PaaS）和软件即服务（SaaS）的服务模式，统筹整合工商、商务、国地税、质检、海关、检验检疫、法院等各类数据资源，建立集中管理的云数据中心、数据采集更新机制，制定接口技术规范和数据标准，打造数据中心、交换中心、应用中心，把分散的应用系统和各部门业务系统融合为一体，建设一个以企业为中心，以大数据平台为基础，以社会信用为抓手，整合各政务系统、金融、银行、法律、电子商务等资源的企业服务发展生态圈（孙志刚，2019）。

参 考 文 献

陈新霞，莫胜仁，2019. 浅谈智慧城市大数据平台的研究与应用. 信息通信，8: 139-140.

杜金浩，2018. 大数据背景下智慧城管数据采集策略分析. 通讯世界，10: 24-25.

胡雯，2019. 基于大数据和云计算平台应用. 中国新通信，21(2): 96.

黄凯奇，陈晓棠，康运锋，等，2015. 智能视频监控技术综述. 计算机学报，38(6): 1093-1118.

赖时威，2016. 平安城市公共安全视频监控系统研究及应用. 中国新通信，18(6): 123.

李军，乔立民，工加强，等，2019. 智慧政务框架下大数据共享的实现与应用研究. 电子政务，2: 34-44.

乔钰，2019. 北斗 CORS 网建设原则与关键点. 电子技术与软件工程，24: 16-17.

孙志刚，2019. 共同开创大数据融合创新的美好未来. 领导决策信息，21: 3.

汪玉凯，2019. 数字政府的到来与智慧政务发展新趋势: 5G 时代政务信息化前瞻. 人民论坛，11: 33-35.

王小刚，2019. 基于数字城市地理框架的智慧城市时空信息云平台建设研究. 华北自然资源，4: 76-79.

吴炳毅，2018. 电力信息通信工程中网络技术的应用与发展研究. 通讯世界，336(5): 61-62.

徐建明，2017. 视频大数据技术在智慧城市建设中的应用. 中国公共安全，10: 53-55.

赵亚东，尉志青，冯志勇，等，2017. 卫星导航与 5G 移动通信融合架构与关键技术. 电信工程技术与标准化，30(1): 48-53.

ARANDA J, MENDEZ D, CARRILLO H, 2020. Multimodal wireless sensor networks for monitoring applications: A review. Journal of Circuits, Systems and Computers, 29(2): 2030003.

FALLATI L, POLIDORI A, SALVATORE C, et al., 2019. Anthropogenic marine debris assessment with unmanned aerial vehicle imagery and deep learning: A case study along the beaches of the Republic of Maldives. Science of the Total Environment, 693: 133581.

GUO S Y, DING L Y, LUO H B, et al., 2016. A big-data-based platform of workers' behavior: Observations from the field. Accident Analysis & Prevention, 93: 299-309.

PAEK K H, YAO M, 2012. A review on the application of visual attention in target detection of remote sensing image//2012 2nd International Conference on Remote Sensing, Environment and Transportation Engineering. IEEE: 1-5.

RAGHAV R S, POTHULA S, VENGATTARAMAN T, et al., 2016. A survey of data visualization tools for analyzing large volume of data in big data platform//2016 International Conference on Communication and Electronics Systems. IEEE: 1-6.

SIMMHAN Y, AMAN S, KUMBHARE A, et al, 2013. Cloud-based software platform for big data analytics in smart grids. Computing in Science & Engineering, 15(4): 38-47.

TANG J P, LI L, 2014. Big data sensing information processing platform for intelligent traffic. Applied Mechanics & Materials, 667: 324-327.

VUPPALA S K, DINESH M S, VISWANATHAN S, et al., 2017. Cloud based big data platform for image analytics// 2017 IEEE International Conference on Cloud Computing in Emerging Markets. IEEE: 11-18.

ZHENG T, CHEN G, WANG X, et al., 2019. Real-time intelligent big data processing: Technology, platform, and applications. Sciece China Information Sciences, 62(8): 98-109.

第8章 跨域多维大数据应用

本章将以珠海市横琴新区的智慧岛和生态岛建设实践为例，系统介绍跨域多维大数据的应用，具体包括横琴环岛电子围网系统应用、粤港澳大湾区单牌车与双牌车管理、横琴新区智能化园区应用、跨域多维大数据挖掘、横琴新区生态岛建设应用、横琴新区国际互联网出口应用、横琴新区跨境办公应用和横琴新区跨境电子商务应用。

8.1 横琴环岛电子围网系统应用

作者依托跨域多维大数据，在横琴环岛建立了环岛电子围网系统，该系统支撑在横琴新区建成了全球首个没有物理围墙的 24 h 通关的海关监管区。电子围网是指在没有物理围网隔离的情况下，综合应用各种信息化技术手段，及时发现未获得授权的人、交通工具、物非法进入、离开、入侵控制区域的行为，并对其进行智能跟踪，实施智能干预，从而达到对控制区进行"事前预警、事中干预、事后可溯"有效管控的目标的智能城市应用，如图 8-1 所示。电子围网全天候、全覆盖、全实时的监管，可以有效地替代传统的物理围网，对特殊目标或特定行为进行高效、严密的管控，大大节省了人力、物力，提高了监管效果（关欣 等，2019）。该系统通过天-空-地多源遥感大数据、地面视频大数据和属性大数据的融合，实现对人、车、船的有效监管。

图 8-1 横琴新区电子围网系统图

8.1.1 横琴新区电子围网系统的设计

电子围网系统中跨域多维大数据来源示意图如图8-2所示,包括遥感大数据、空间位置大数据、媒体大数据、社会属性大数据等。

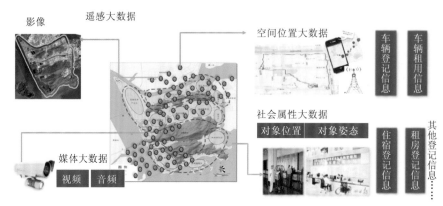

图8-2 电子围网跨域多维大数据示意图

电子围网项目具体通过采用视频、雷达、光电跟踪仪、无人机、卫星、移动通信、地理信息系统、大数据、人工智能等多种设备和创新技术,构建了一个覆盖环岛总长约53 km的数字化、智能化、多层次、多种检测技术叠加的闭合式电子信息围网及包含视频监控、GIS地图展示、指挥调度、系统管理及运维管理等应用功能的统一业务操作平台——多级联网平台,如图8-3所示,在此基础上,满足海关在环岛监控、接处警、环岛巡查、指挥调度、智能分析、数据挖掘、辅助决策、内务管理、监控系统设备运行维护管理,以及与海关其他信息系统互联管理等方面的信息化管理要求。沿环岛海域、边境及相关道路等海关监管场所,设立以高清摄像机、光电跟踪仪、雷达、号角等组成的全闭合式电子信息围网;同时采用国内先进的视频智能分析技术,辅以巡逻车、无人机等机动监控和处置力量,构筑横琴新区高清晰、多层次、立体化的环岛智能监控防护体系,对环岛沿岸区域及岛内主要道路实行全天候(7×24)、全高清(可见光下)、全覆盖(环岛闭合无盲区)的智能化监控,对出现的走私、违规行为能做到快速及时处置,切实起到

图8-3 横琴电子围网示意图

威慑、防范和打击走私、违规行为的作用，确保监管有效，从而为横琴新区的"粤港澳"合作新模式示范区建设奠定坚实基础，使得国家相关优惠政策在区内能得到有效实施。

电子围网项目的具体实施面临着多个挑战：一方面，横琴的地形、地貌复杂，环岛 56 km 海岸线四面环水，有沙滩、湿地、堤岸、礁石，光照自然环境复杂，面临白天强光、水面反光、夜晚无光等多种极端条件，给边防、海关、公安监控带来很大不便；另一方面，横琴的地理位置敏感，紧邻澳门，最近距离 187 m，走私活动频繁，海关、边防监管压力大；最后横琴规划人口 28 万人，年设计通关人员 8 000 万人次，车辆 4.5 万辆次/日，船舶通行频繁，"二线"通道共有 35 个卡口通道，人车船场景非常复杂。

因此电子围网关键技术面向天、空、地、海多领域的立体复杂场景，解决了多源数据的异构协同问题，实现了围网区域的有效监控，其智能监控防护多级联网平台分布图如图 8-4 所示，主要分为前端监控设备、监控指挥中心和上级部门等主要层级。

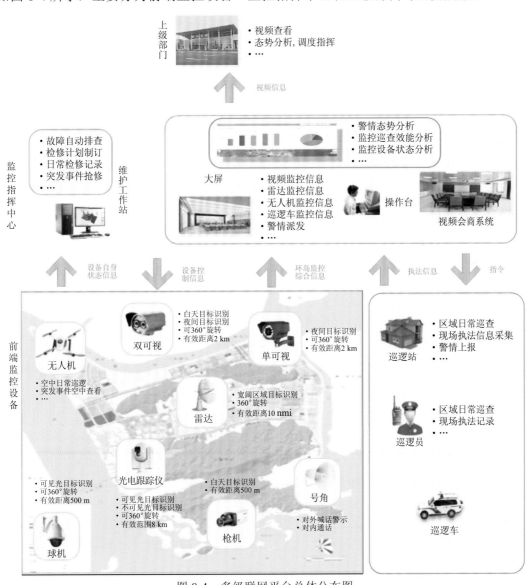

图 8-4　多级联网平台总体分布图

监控设备通过环岛监控专网将监控信息实时传回监控指挥中心，供后台系统智能分析识别横琴环岛周边的入侵预警信息，实现警情自动识别、提前预警，为及时出警赢得时间。

监控指挥中心由多级联网平台、大屏及附属设备、视频会议系统等组成，通过大屏幕和客户端可以远程查看横琴环岛周边的视频图像。

维护工作站主要利用智能运维服务系统，实现对项目各专项的整体运维管理。主要包括故障自动排查、检修计划制定、日常检修记录和突发事故抢修等。

巡逻站由巡逻车和巡逻员共同组成，巡逻员配置单兵系统，平时负责辖区的 24 h 值守和指定区域的例行巡逻。

上级部门包括新区政府和拱北海关等。相关人员可以查看经过授权的视频信息，并通过综合管理辅助决策子系统对环岛综合监控情况进行综合分析。

多级联网平台主要运用了视频智能定位和多资源综合指挥的大数据实时分析技术，核心部分由监控中心基础软硬件环境、大屏及附属系统、12 个业务应用系统及应用支撑平台等共同构成，与前端监控设备等一起构成多层次、立体化环岛智能监控平台系统，从而实现对涉岛走私偷运活动的"可感、可知、可视、可控"。相比传统的物理围网，横琴新区电子围网系统将项目本身对新区生态环境、岛内居民及游客的正常生活生产活动所造成的影响降到最低，同时实现了对珠海横琴新区环岛边界和特殊监管区域进行有效监管。

8.1.2 跨域多维大数据支撑的横琴新区电子围网平台关键技术

横琴新区电子围网平台的核心是基于跨域多维大数据实现横琴环岛非设关区域的有效监管，对环岛监控区域走私、偷运等行为的实时监控、动态跟踪、智能识别和调度处置，基于此，采用了大量的先进设备和跨域多维大数据管理技术，使电子围网系统达到了全国首创。下面依次介绍该电子围网系统突破的几大关键技术。

1. 基于天-空-地多平台遥感大数据和视频大数据实现环岛无死角和全天候监控

综合考虑环岛监控点需运行在台风、雷雨、盐雾的恶劣天气下，在不影响景观、不形成物理围栏、不造成视觉污染的前提下，依据现场不同的环境，采用不同的技术手段实现环岛闭环监控，对于人员密集又最先通车的琴海北路、环岛东路、临澳边界区域，按常规监控密度建设视频监控点，结合其他多种技术叠加；对于现阶段尚未开发的西南部及南部尚未确定海岸边界线、无人居住的偏僻区域，考虑在关键点及在海岸线突出部位、制高点等位置设置无线监控等方式，构建无缝隙的环岛闭合监控虚拟电子围网。

1）无死角监控

横琴环岛 53 km 海岸线，环岛海岸线拥有沙滩、湿地、堤岸、礁石等多种复杂地貌。针对环岛北侧、西侧、南侧、东侧及其他区域不同的地理环境，分别采用高清网络摄像机、高清红外网络摄像机、低照度高清网络智能球、求助对讲终端、号角扬声器、被动红外（单可视、双可视）、光电跟踪仪、雷达、彩色半球摄像机等多种监控手段。

横琴岛正处在大规模开发阶段，目前规划的监控点位周边环境可能会产生变化，从而对其监控范围产生一定的影响。因此，需要根据实际情况，及时对监控点的位置和高度进行相应调整。将前端点位布设对应部署到 GIS 上，并在 GIS 上对前端设备进行关联；通过后台配置、平台管理、呼应联动实现环岛无死角监控，如图 8-5 所示。

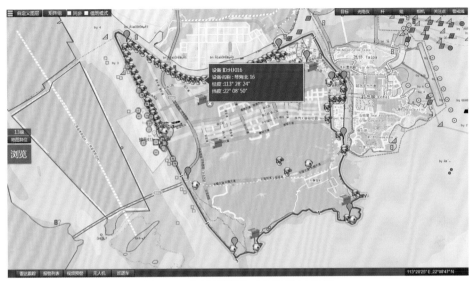

图 8-5 电子围网无死角监控示意图

2）全天候监控

系统采用雷达、双波段光电设备、可适应白天、雾霾、阴雨、夜晚、星光等多种自软环境条件，实现全天候监控，如图 8-6 所示。

（a）白天跟踪   （b）夜晚跟踪

图 8-6 电子围网全天候监控示意图

为达到 7×24 的有效监控，针对夜间及横琴新区多台风、雷雨等特殊天气，设置横琴的日出日落时刻表，定时打开夜视设备。

设计中选择了防水雾、防水面反光、影子过滤等加强性技术手段，提升系统的全天候适应能力。

横琴周边存在大量水域，较为容易产生大量的水雾，尤其阴雨天，水雾的移动会给系统造成干扰，普通的智能系统会产生大量误报警。如图 8-7 所示，设计中采用了特殊的针对水雾干扰过滤的目标检测算法（专利技术），能够有效地避免水雾对图像分析带来的干扰。

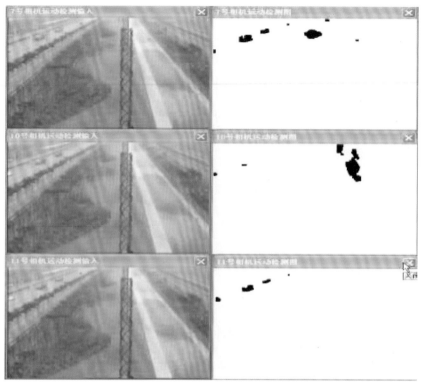

图 8-7　过滤水雾干扰示意图

　　图 8-7 中，第一排窗口是业界常用的基于灰度的运动检测结果及中间结果，可以看到在右边中间检测结果中会有大量的水雾噪音干扰；第二排窗口是采用一般的水雾过滤算法后的运动检测结果及中间结果，水雾噪声有所减少，但是还是会出现；第三排窗口是采用基于专利技术的水雾过滤算法后的运动检测结果及中间结果，右边中间结果窗口上的水雾噪声已经完全被过滤了。

　　如图 8-8 所示，强烈的阳光照在水面上产生的反光会给图像分析带来大量的噪声干扰，如何有效地过滤水面反光噪声也是水域智能视频分析需要面对的问题。采用克服水面反光噪声的算法集合，能够有效地过滤反光噪声。

图 8-8　水面反光噪声过滤示意图

　　由于监控的点位大都在室外，雨雪等自然天气现象都会给系统检测造成干扰，如图 8-9 所示。针对这类问题，采用精细检测算法、调节各种阈值参数达到了良好的过滤效果。

图 8-9   防雨雪功能示意图

由于码头周界距离较长，且监控的点位大都在室外开阔区域，云影、行人、车辆的影子都会给系统造成干扰。针对这类问题，采用基于 RGB 空间的图像检测算法来对图像中的影子进行过滤。

如图 8-10 所示，左图是没有采用影子过滤算法后的检测结果，右图是采用影子过滤算法后的检测结果，可以看到影子被算法有效地过滤了。

图 8-10   云影过滤功能

2. 基于视频大数据和深度学习模型的目标跟踪技术

现有的监控探头无联动抓拍能力，后台的智能视频分析服务器只能分析单点的异常行为，不具备大尺度范围多点时空关联分析的能力，而多元数据融合的时空定位与轨迹计算技术和动态目标连续实时跟踪关键技术在电子围网平台多尺度动态目标跟踪和接力的应用中有了新的突破，如图 8-11 所示。跟踪算法主要对输入的影像进行了几个方面的操作：基于深度学习方法 YOLOv2 的目标检测算法部分、基于多尺度最大极值稳定区域改进的 SIFT 匹配方法（multi-resolution MSER SIFT，MM-SIFT）算子的目标匹配部分或基于匈牙利算法的数据关联与数据再分配部分、基于卡尔曼滤波的数据更新，如图 8-12 所示。

1）基于 YOLOv2 的目标检测算法

在空-天-地-海立体场景、全天候监控环境中，弱光、强对比光、风浪大的背景条件给船只检测带来巨大挑战。因此，提出改进 YOLOv2 的多维特征船只检测方法，实现

图 8-11　多目标接力跟踪示意图

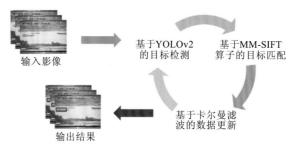

图 8-12　基于深度学习模型的目标检测与跟踪技术示意图

多尺度复杂环境影响下，特定目标的快速高效检测方法。通过构建目标库，提取特定目标的特征属性。并针对复杂海域环境样本，研究复杂情况下的目标检测技术，提高传统目标检测技术的泛化能力和适应能力，学习完善目标检测模型，为不同时间下的目标运行情况分析奠定基础。

采用的 YOLOv2 算法包括训练分类网络阶段和训练检测网络阶段，YOLOv2 网络结构如图 8-13 所示。

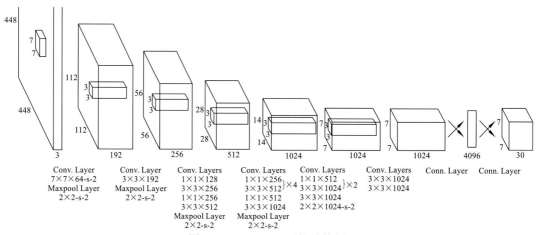

图 8-13　YOLOv2 网络结构图

本模型主要创新包括：

（1）数据预处理阶段运用了批量规范化（batch normalization），对数据进行预处理（统一格式、均衡化、去噪等）能够大大提高训练速度，提升训练效果；

（2）对训练网络进行改进，采用 Googlenet 作为基础网络，并且加入改进；

（3）利用 K-means 算法进行维度聚类（dimension clusters），来得到最合适的锚框（anchor boxes）的数量和大小；

（4）利用细粒度特征（fine-grained features）提高对小目标的检测能力；

（5）通过多尺度训练（multi-scale training）来提高网络的适应性。

对红外影像和高清影像两种情形的船只进行检测，该模型检测出了几乎所有的船只。如图 8-14、图 8-15 所示，对于高清影像的船只准确率超过 90%，对于红外影像的船只准确率超过 70%。而对于 50×50 像素左右的船只及较远船只也能够检测出来，如图 8-16、图 8-17 所示。

图 8-14　船只检测结果示意图

图 8-15　红外船只检测结果示意图

在实际数据中进行测试，对检测结果进行统计，其统计结果如表 8-1、表 8-2 所示，根据统计结果可以看出，高清影像和红外影像的船只准确率超过 90%。

图 8-16　较小船只检测结果示意图

图 8-17　较远船只检测结果示意图

表 8-1　自然图像检测结果评价

参数	值
TP_i	167
FN_i	18
FP_i	3
recall（召回率）/%	90.27
precision（精准率）/%	98.24

注：TP 为 true positive，被正确分类的正例；FN 为 false negative，正例错分为负例；FP 为 false negative，负例错分为正例。

表 8-2　红外图像检测结果评价

参数	值
TP_i	120
FN_i	7
FP_i	1
recall（召回率）/%	99.17
precision（精准率）/%	99.17

2）MM-SIFT 算子的目标匹配

在可见光波段影像匹配过程中，影像之间的辐射差异较小，虽然在不同可见光波段影像之间会存在一定程度的辐射差异，但是这类辐射差异往往为线性的，常用的归一化等方法能够较好地处理这类辐射变化。因此，在可见光影像与可见光影像匹配中，需要解决的主要问题来自影像像对之间的几何变形。当两幅影像之间存在很大的视角变化时，同一目标在影像上呈现的相似性较小，此时如果想要尝试在影像上提取和匹配视角不变的特征，难度非常大。为了改善匹配效果，研究学者提出了很多种方法，但目前已有的影像匹配方法在视角变化影像的匹配中难以同时兼顾匹配结果和匹配效率。

针对已有影像匹配方法对视角变化影像难以获得稳健的匹配结果的问题，项目从视角变化影像几何畸变机理出发，提出了一种能够稳健匹配尺度、旋转及大视角变化影像的匹配方法。该方法不简单地采用传统的影像匹配三个步骤（特征提取、特征描述和特征匹配）进行视角变化影像匹配。与仿射-尺度不变特征变换（affine-scale invariant feature transform，ASIFT）的思路类似，算法不再试图直接从影像上检测和匹配视角不变的特征，而是通过改善特征检测和匹配框架来实现影像的匹配。如图 8-18 所示，主要步骤包括：首先在参考影像与待匹配影像上分别提取影像局部区域，然后根据这些局部区域的二阶矩将这些局部区域归一化为圆形区域，最后在归一化后的圆形区域内及圆形区域外分别进行局部不变特征检测和匹配。

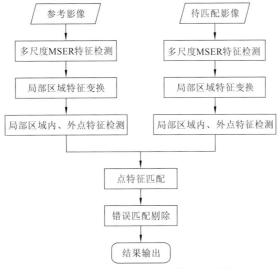

图 8-18　MM-SIFT 匹配算法流程图

MSER：maximally stable extremal regions，最大极值稳定区域

3）匈牙利算法与再分配

匈牙利算法（Hungarian algorithm）是一种组合优化算法，用于求解指派问题，由于该算法基于两位匈牙利数学家的早期研究成果，所以被称作"匈牙利算法"。

求最大匹配的一种显而易见的算法是：先找出全部匹配，然后保留匹配数最多的。但是这个算法的时间复杂度为边数的指数级函数。因此，需要寻求一种更加高效的算法。因此采用增广路求最大匹配的方法，即匈牙利算法。其中，增广路的定义（也称增广轨或交错轨）：若 P 是图 G 中一条连通两个未匹配顶点的路径，并且属于 M 的边和不属于 M 的边（即已匹配和待匹配的边）在 P 上交替出现，则称 P 为相对于 M 的一条增广路径。

由增广路的定义可以推出：P 的路径个数必定为奇数，第一条边和最后一条边都不属于 M；将 M 和 P 进行取反操作可以得到一个更大的匹配 M'；M 为 G 的最大匹配当且仅当不存在 M 的增广路径。

匈牙利算法的主要策略：置 M 为空；找出一条增广路径 P，通过异或操作获得更大的匹配 M' 代替 M；重复前一步操作直到找不出增广路径为止。

针对匈牙利算法完成后，即对目标检测结果和前一帧更新数据完成了数据联系问题，接下来需要对新的检测数据和未成功联系数据进行再分配。其中：对于新的检测数据，直接作为跟踪的新目标起点存入跟踪模型；对于未成功联系数据，如果多帧均未和检测结果联系，则将其删除。

4）卡尔曼滤波

卡尔曼滤波是一种高效率的递归滤波器，是建立在线性最小方差估计的基础上的一种方法，其思想主要来源于贝叶斯估计理论。卡尔曼滤波的基础是估计理论，状态方程的概念被引入，系统的状态模型被建立，系统的输出即为在噪声作用下的信号运动过程，通过建立系统输入、输出的状态方程，输入、输出状态的时间更新和观测更新通过系统状态转移方程实现，进而估计出目标信号的状态。

卡尔曼滤波器是由状态方程和观测方程来进行描述的，一个离散动态系统可以认为由两个系统即 N 维的动态系统和 P 维（$P \leqslant N$）的观测系统所组成，其中 U_k 是 1 维输入向量，W_k 为 M 维的噪声向量，$X_k (X \in R^n)$ 是 N 维状态向量，系统的状态通常由以下差分方程来描述：

$$X_k = AX_{k-1} + BU_k + W_{k-1} \tag{8-1}$$

式中：A 为 $n \times n$ 状态转移矩阵，用来衡量系统 $k-1$ 时刻的状态到 k 时刻状态的转换；$n \times 1$ 矩阵 B 是控制输入 U 的转换矩阵；W_{k-1} 为零均值、白随机序列，其协方差矩阵为 Q，用来表示状态模型误差，观测系统可由下列观测方程来表述：

$$Z_k = H_k X_k + V_k \tag{8-2}$$

式中：H 为观测矩阵，假设为常量；V_k 为零均值、观测白噪声序列，其协方差矩阵为 R 且其与 W_k 不相关：

$$P(w) = N(0, Q) \tag{8-3}$$

$$P(v) = N(0, R) \tag{8-4}$$

式中：R 为观测噪声协方差矩阵；Q 为状态噪声协方差矩阵。通常二者均假设为常量。

已知 k 时刻之前的状态，定义 $\hat{X}_{k|k-1} \in R^n$ 为 k 时刻的先验状态估计；同理，在 k 时刻的观测值 Z_k 已知时，$\hat{X}_k \in R^n$ 定义为后验状态估计。先验和后验估计误差分别为

$$\hat{e}_{k|k-1} = X_k - \hat{X}_{k|k-1} \qquad (8\text{-}5)$$

$$e_k = X_k - \hat{X}_k \qquad (8\text{-}6)$$

先验估计误差的协方差：

$$\hat{p}_{k|k-1} = E[\hat{e}_{k|k-1}\hat{e}_{k|k-1}^{\mathrm{T}}] \qquad (8\text{-}7)$$

后验估计误差的协方差：

$$p_k = E[e_k e_k^{\mathrm{T}}] \qquad (8\text{-}8)$$

后验状态估计 $\hat{X}_k$ 进而导出卡尔曼滤波的公式：

$$\hat{X}_k = \hat{X}_{k|k-1} + K_k(Z_k - H\hat{X}_{k|k-1}) \qquad (8\text{-}9)$$

式中：$n \times m$ 矩阵 K 称为增益，通过计算可以求得

$$K_k = \hat{P}_{k|k-1} + H^{\mathrm{T}}(H\hat{P}_{k|k-1}H^{\mathrm{T}} + R)^{-1} = \frac{\hat{P}_{k|k-1}H^{\mathrm{T}}}{H\hat{P}_{k|k-1}H^{\mathrm{T}} + R} \qquad (8\text{-}10)$$

通过以上公式可以导出卡尔曼滤波公式：

状态预测方程：

$$\hat{X}_{k|k-1} = A\hat{X}_{k-1} + B\mu_k \qquad (8\text{-}11)$$

协方差预测方程：

$$\hat{P}_{k|k-1} = A\hat{P}_{k-1}A^{\mathrm{T}} + Q \qquad (8\text{-}12)$$

卡尔曼增益方程：

$$K_k = \hat{P}_{k|k-1}H^{\mathrm{T}}(H\hat{P}_{k-1}H^{\mathrm{T}} + R)^{-1} \qquad (8\text{-}13)$$

状态修改方程：

$$\hat{X}_k = \hat{X}_{k|k-1} + K_k(Z_k - H\hat{X}_{k|k-1}) \qquad (8\text{-}14)$$

协方差修改方程：

$$P_k = (\hat{P}_{k|k-1} - K_k H)\hat{P}_{k|k-1} \qquad (8\text{-}15)$$

通过以上分析可知，利用对状态观测系统的反馈控制的卡尔曼滤波实现运动估计，包含两个重要的部分：预测和修正，如图 8-19 所示。通过当前状态和误差的观测来预测得下一时刻的先验估计称为预测；而通过对先验估计和观测值的分析，得到后验估计称为修正。重复上述的递归调用，就实现了卡尔曼滤波工作过程。

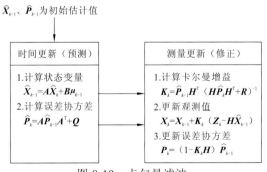

图 8-19 卡尔曼滤波

3. 视频大数据的高效编转码

监控视频拥有其自身的特性，其内部的数据相关性还可以被进一步挖掘。除了传统

的空间、时间冗余、信息熵、视觉冗余、结构冗余之外，在监控视频中，场景的背景信息相对稳定。例如水面等背景长期不变，昼夜光线变化有一定的规律性，这种有规律的或长期不变的背景信息冗余为背景冗余。现有的视频编码标准（MPEG-2、H.264、H.265和AVS）中的编码过程都是以块为单位的，导致监控视频中的前景、背景像素混合数据的编码效率较低。

为了提高视频压缩率，采用智能分析中常用的背景建模技术来指导编码。背景建模技术将画面中运动的物体和静止的背景分离开，从而可以针对背景区域和运动区域采用不同的编码方法。具体来说，在提高压缩率方面采用的方法有多帧参考、动态I帧间隔、背景噪声抑制、长周期码率控制。前两种方法充分利用了监控场景背景不变、运动区域少的特征；后一种方法则利用用户关注运动区域的偏好。

（1）背景噪声抑制。针对监控场景背景信息相对稳定的特点，通过智能分析可以获得背景区域，同时也可以获得运动区域，如图8-20所示，红色框所示为运动区域。通常情况下，监控视频的噪声相对较大，编码器在获得较好的运动区域编码质量的同时，也编码了由于噪声扰动带来的额外数据。通过智能分析，把运动区域的位置告知编码器，编码器就可以针对运动区域和背景区域采用不同等级的编码策略。比如，可以在基本保证主观质量的前提下，对背景部分采用适当的量化参数进行更高的压缩，对噪声信息进行抑制，从而获得更低的编码码率。

图8-20　背景区域噪声抑制示意图

（2）长周期码率控制。针对最大可能提高视频压缩率的目标，在保持图像质量不变或者背景区域主观质量差异细微的情况下，尽可能降低码率。背景噪声抑制技术就是对运动物体和背景进行不同处理，通过抑制背景的噪声来提高压缩率。依照该原理编码，每帧图像产生的码率与图像内容更相关，如图8-21所示。如果图像中运动区域小，则码率低；运动区域大，则码率高，其结果导致码率波动加大。

在实际应用中，用户主要关注存储空间是否够用，通常以"天"为单位计算所需的硬盘容量，比如存储30 d需要多少硬盘大小。也就是说，用户希望一天的平均码率可预期。由此可见，用户的可预期需求与编码及内容相关技术之间存在不一致的矛盾。为了克服这种不一致，重新设计码率控制算法，提出长周期码率控制方案。

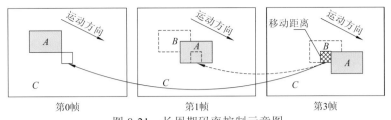

图 8-21　长周期码率控制示意图

码率控制通常有两种模式：定码率（constant bit rate，CBR）和变码率（variable bit rate，VBR）。CBR 模式则要求瞬时码率与图像内容无关，保持不变，从而保证每个时间段平均码率稳定。VBR 模式下，瞬时码率并不固定，而是随着图像内容而变化，而且也不保证任何时间段的平均码率稳定。CBR 模式能够保证任何时间段内码率稳定，但是不能根据实际图像内容灵活分配码率。在场景简单运动少时，按照平均码率分配，消耗过多比特，图像质量提升很小；在场景复杂运动多时，按照平均码率分配，比特数不够，只能降低图像质量。VBR 模式虽然能够根据图像内容灵活分配码率，从而提高场景复杂运动多情况下的图像质量，但是平均码率不可预期，不方便用户估算整个存储空间。

因此引入长周期码率控制策略，这是一种介于 CBR 与 VBR 两者之间的方式，既保留了 VBR 模式按照图像内容分配码率的特点，也保持了 CBR 模式平均码率固定的特点，只是平均的时间段长度为 1 d。或者说，采用长周期码率控制模式，不能保证每个小时平均码率在预定范围之内，但是一天平均码率可以控制在预定范围之内。当然，为了防止传输阻塞，同样需要设定最大码率。本方法设定了最大码率（max bitrate）和目标码率（target bitrate）两个指标，最大码率用来控制瞬时码率不超过范围，目标码率则用来控制一天的平均码率不超过范围。

4. 视频大数据智能分析技术

按照海关"全天候，全覆盖，全高清、智能化"的总体要求，基于横琴环岛项目的特点，结合以往智能视频分析系统的使用经验，如图 8-22 所示，按照"目标单点识别、基本动作分析、整体态势分析、全局行为建模"的思路，使用业界领先、成熟稳定的智能视频监控技术，在相机图像和卫星图中用鼠标拖动设置无形单、双绊线、折线的方式设置告警区域，进行水域、堤岸、陆域重点区域（查验场地、仓库、码头和固定资产区域）的闯入报警及跟踪，和澳门交界处的抛物检测等。以达到通过计算机自动检测异常，及时准确地做出分析判定并发出报警信息，实现对异常事件的发生起到主动性的预报、预警作用，同时达到节省人力、减轻人员工作量及弥补因人为产生的漏报现象等目的，从而变亡羊补牢的事后调查模式为防患于未然，有效提高了视频监控系统的安全性。

按照"直观、快速"原则设计视频分析指挥平台的功能。在高清卫星图、GIS 上呈现目标轨迹、类型，点击即可调阅图像，瞄准云台，上下左右变焦（pan/tilt/zoom，PTZ）自动跟踪，并由系统自动实现相机间的协同（主从跟踪、枪球联动）。以达到操作简单、快速处置突发事件的功能。

（1）目标单点识别：主要是实现人、车、船的单体建模和目标识别跟踪。

（2）基本动作分析：实现对目标进入警戒区域的警戒、预警、报警等动作分析。

（3）整体态势分析：通过对报警事件的历史统计分析，结合时间、空间特征，分析出其整体态势分布特征，提醒用户对重点时段和重点区域的关注。

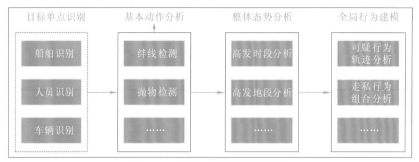

图 8-22 智能视频分析示意图

（4）全局行为建模：通过计算机模式识别的分析，如可疑行为轨迹、人车船的可疑组合等，建立适合横琴区域特征的智能监管模型。

1）目标单点识别

在环岛电子围网项目中，结合项目特征，走私行为涉及的组成部分主要包括人、车、船、货等，其中货物不是孤立的存在，一般与人、车、船结合在一起，所以重点目标是进行人、车、船的检测和识别。运动、静止目标都可以识别。静止目标（船只）的识别通过采集数据进行训练识别，可以区分船只和水面漂浮的垃圾等目标。此过程需要从横琴特有视频中提取训练目标，进行模式识别的训练，识别方法依照样本（含正负）采集、特征提取、模型训练、使用模型 4 部分，流程如图 8-23 所示。

图 8-23 目标单点识别流程图

2）基本动作分析

根据横琴环岛四面环水的地理情况，采用闯入分析、抛物分析、人群聚集分析、物品遗留分析、车船汇聚分析、大小船只靠近分析、可疑靠岸行为分析等方法，进行警戒、预警、报警。

如图 8-24 所示，闯入分析可应用于水域、堤岸、陆域重点区域（查验场地、码头、巡逻站和固定资产区域）的防范。一旦发生闯入行为，系统根据用户预设报警条件，自动检测出视频画面中闯入禁止区域的运动目标，能在第一时间发出警示，并能及时告知工作人员赶往案发地点进行处理，从而使闯入者未真正实施不法行为前就终止犯罪，将损失降低到最小。具备警戒范围广、误报率低、威慑阻吓力强等特点。

如图 8-25 所示，抛物分析可应用于隔离地带的物品抛掷行为检测，当有物品从其他区域抛掷至设置区域内，系统报警并通知监控中心的工作人员及时处置，杜绝通过非正常渠道传递物品，有效震慑和打击物品走私行为。

人群密度的检测用于分析出现在视频范围内的人群的密度，当达到一定的设定密度时系统可发出报警信号，同时系统将背景中的物体和人群区分开来，减少其他因素干扰，提高检测准确度。人群密度检测是在单点目标识别的基础上，结合相机标定技术，通过检测单位面积上的人群数量，从而实现对视频中人群密度的估计，进而分析是否出现了人群聚集的异常行为。

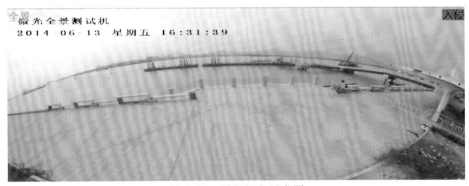

图 8-24　周界闯入示意图

图 8-25　抛物分析示意图

　　当有人员和车辆丢弃物品时，智能视频分析系统会对这种特定的行为进行模式识别，当有物品遗留行为发生时，系统自动报警。物品遗留分析是在运动目标检测跟踪的基础上，通过分析运动目标在时间序列上的变化和背景场景的变化，判断是否有遗留物体产生。

　　车船聚集分析可以用于分析可疑的走私行为。通过运动目标检测跟踪和人车船识别，以及相机标定，可以估计视频图像中一定范围内的车船数量，最终判断是否出现车船聚集行为。

　　大小船只靠近分析可以应用于走私行为预警。系统发送大小船只靠近预警后，工作人员可以及时查看相关现场视频，确认是否有走私行为发生。系统发现船只后（运动和静止都可以），对其进行跟踪，同时利用相机标定技术，可以估计出船只的实际大小。当发现有被跟踪的小船向大船靠近时，发送报警。

　　可疑靠岸行人分析可以用于分析靠岸的船只是否存在走私行为，从大量的靠岸船只中提前发现可疑的船只。此行为分析在闯入分析和人车船识别的基础上，发现船只靠岸后，在靠岸处持续出现车辆和行人，并跟踪到最终离开，系统发送告警。

智能视频分析系统对事件的报警需要对监控目标进行分类，判断被监控目标是什么，在长期应用中提取出用户比较关心的目标，对监控画面内的人员、车辆和船只进行智能识别。监控区域内所有的运动目标不一定是用户关心的目标，有些目标不可能出现在某些区域，针对这些目标通过人车船识别技术可以大大提高智能监控系统的效率，从大量的告警数据中提取出对用户有用的告警信息，提高系统应用效率。表 8-3 展示了智能视频分析主要技术指标。

表 8-3　智能视频分析技术指标

指标	要求	备注和前提条件
闯入检测率（能见度>500 m）	>95%	光照条件很好，且视频中的目标大于 10×10 像素
闯入虚警率（能见度>500 m）	<4%	光照条件很好，虚警占整体报警的比例
闯入检测率（能见度>10 m）	>85%	有很好的夜晚光照和补光，且视频中的目标大于 10×10 像素
闯入虚警率（能见度>10 m）	<8%	有很好的夜晚光照和补光，虚警占整体报警的比例
抛物检测成功率（能见度>500 m）	>90%	光照条件很好，且视频中的目标大于 15×15 像素
抛物检测虚警率（能见度>500 m）	<3%	光照条件很好，虚警占整体报警的比例
抛物检测成功率（能见度>10 m）	>75%	有很好的夜晚光照和补光，且视频中的目标大于 10×10 像素
抛物检测虚警率（能见度>10 m）	<5%	有很好的夜晚光照和补光，虚警占整体报警的比例
人、车、船识别率（能见度>500 m）	>95%	光照条件很好，且人工能轻易识别分类
人、车、船识别率（能见度>10 m）	>75%	有很好的夜晚光照和补光，且人工能轻易识别分类

3）整体态势分析和全局行为建模

整体态势分析主要通过对报警事件的历史统计分析，结合时间、空间特征，分析出其整体态势分布特征，如图 8-26 所示，提醒用户对重点时段和重点区域的关注；同时，可以根据实际情况的需要动态设置智能分析的场景库和报警开关，如在施工地段，可以设置为该区域只做录像而不做报警处理；旅游季节，可以减少游客常去区域的报警种类，从而降低报警敏感度。

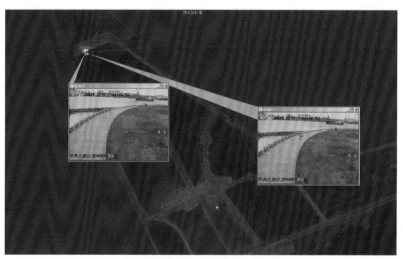

图 8-26　GIS 地图人车船识别安全态势示意图

5. 雷达遥感大数据的小目标识别

根据横琴新区的现状，南部、西南部海岸完全不具备大范围布设摄像机的条件，只能考虑在部分视野开阔的地区布设中远距离监控设备。结合电子围网项目的具体需求，传统的可见光摄像机无论在监控范围还是监控效果上都无法完全满足项目的要求。需要采用雷达对横琴周边水域的船只活动情况进行全天候、大范围、全水域、多目标探测与监控。

雷达通过发射电波而后接收目标的回波，进而将回波转换成原始视频信号，通过雷达数据处理器进行数字化和相关的抗干扰处理，形成清晰的目标跟踪信息和视频信息。因此，目标的回波越强越容易被雷达识别，目标的回波强度与其雷达发射横截面积（radar cross section，RCS）呈正比，船只目标的 RCS 与船舶高度及识别与跟踪距离要求如表 8-4 所示。横琴岛海岸线长 53 km，南北长 12 km、东西长 10 km，周边水域运行的船只以小渔船为主，因此，对小渔船的识别和跟踪距离必须达到 10 km。

表 8-4 船只目标的 RCS 与船舶高度、距离要求

船舶高度/m	RCS/m²	距离/nmi
2	1	5.5
3	5	5.5
4	15	5.5
6	55	5.5

对于 RCS 小于 15 m² 的水面目标都可以被定义为小目标，因此，跟踪雷达必须具备很强的小目标识别和跟踪能力。

雷达识别的小目标信息作为多级联网平台的输入前端设备，可以用作横琴电子围网的支撑，形成电子围网的远程网，实时监管水面运动目标，同时，可以辅助光电一体化监视仪进行目标快速搜索、精确定位追踪，弥补光电一体化监视仪探测搜索目标效率差、进入视野范围识别度低的缺陷，形成雷达搜索探测、光电跟踪识别的光雷联动系统，可达到对可疑目标高效率探测识别、跟踪定位的效果，同时进一步提升电子围网项目的技术高度和实际使用效果。

系统接入两座海事雷达信号，系统连接示意图如图 8-27 所示。

图 8-27 多传感器融合系统示意图

8.1.3 横琴新区电子围网船只样本库构建及应用

横琴新区电子围网船只样本库采集的内容是完成一个软件工具的开发，入库软件旨在自动搜索环岛电子围网视频大数据，检测并发现船只，对船只的类型和位置进行标记，提取包含船只的图片，保存到船只样本库中；日积月累，形成船只大数据样本库。支持未来基于深度学习的船只挖掘和辅助决策。其中，客户端工作人员进行样本的采集作业，服务器端数据库存储样本数据并且进行管理。软件总体的业务层次图如图 8-28 所示，样本采集软件 UML 如图 8-29 所示。

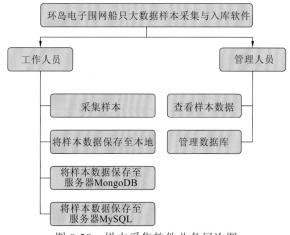

图 8-28　样本采集软件业务层次图

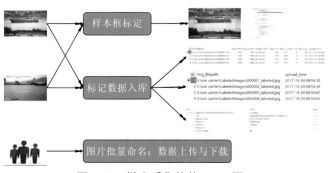

图 8-29　样本采集软件 UML 图

功能简介：

（1）工作人员。对输入的图片进行船只样本采集；采集后的样本数据包括用于训练的 XML 数据和用于查看的图片数据，可以选择将这两种数据保存至本地或者上传至服务器；将图片数据保存至服务器 MongoDB 数据库中进行管理；将图片和 XML 元数据保存至服务器 MySQL 数据库中进行管理。

（2）管理人员。可以查看样本数据的状态，包括采集时间、采集数量；利用数据库管理工具管理样本数据，包括增删查改。

如图 8-30 所示，对软件中比较重要/复杂的功能的实现方式或应用的特殊技术加以说明。

图 8-30　电子围网船只样本库采集系统界面图

（1）图片缩放：由于是对图片进行操作，缩放功能很重要。

（2）快速切换：通常是对一个文件夹下的大量图片进行处理，因此设置自动保存结果可以避免每次处理完一张图片都要点击保存按钮的烦琐；同时，设置快捷键进行前后图片的切换也很重要。

（3）XML 文件创建：样本采集入库的目的是训练更好的船只识别网络，用于训练的 XML 文件应遵循一定的格式。

（4）数据库操作：最后所有的结果都在存储在数据库中，便于管理，因此，方便的管理工具也很重要。

（5）文件操作：软件不仅要能够支持打开衣服图片进行操作，还应支持打开文件夹下的所有图片进行操作。并且需要一个列表来显示文件夹下的所有文件及当前完成的样本情况。

横琴新区电子围网项目完成了一个软件工具的开发，可以自动搜索环岛电子围网视频大数据，检测并发现船只，提取包含船只的图片，保存到船只样本库中，样本库中的数据可以用于深度学习数据进行船只的自动检测，同时为便于数据的管理与应用，采用 SQL 数据库对元数据进行管理，采用 NoSQL 数据库对图像、标记数据进行管理。

目前，该船只数据集参考 VOC2007 数据集标准，考虑不同背景、光照、视角、尺度、天气、遮挡程度等条件，人工标记各类船只数据 15 338 条，如图 8-31～图 8-36 所示。同时，日积月累可形成船只大数据样本库。支持未来基于深度学习的船只挖掘和辅助决策。

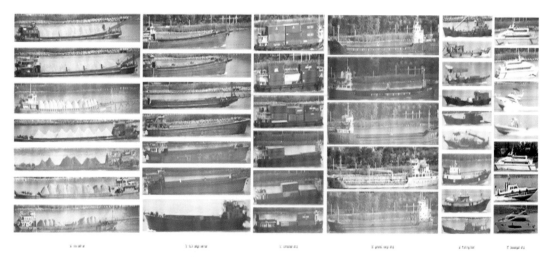

图 8-31 面向深度学习的船只样本库示意图

图 8-32 不同船体部位数据

图 8-33 不同视角船只数据

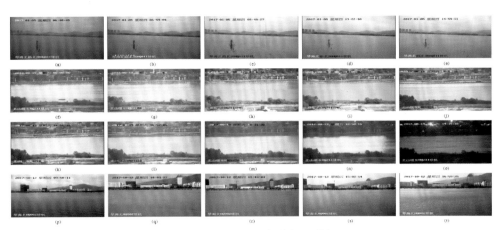

图 8-34 不同光照条件船只数据

图 8-35 不同背景下船只数据

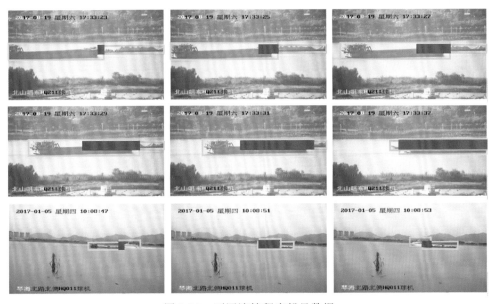

图 8-36 不同遮挡程度船只数据

8.1.4　全球船只样本库构建及应用

"电子围栏"是目前最先进的边界防盗报警系统，它融合了传感技术、视频追踪和报警功能，相比传统围栏，这种技术达到了报警的高准确率及追踪入侵者位置的高精确率。横琴新区也已经建成了沿横琴环岛岸线的总长约 53 km 的闭合电子围网，构建了一个针对横琴及其周边全天候闭合式电子信息围网。横琴环岛视频大数据时空智能分析关键技术研究及示范应用项目中建立的船只数据库具备的横琴环岛区域的船只样本图片，对于该地区的船只实时监控已经起到一定作用。但是在逐步应用和推广的过程中存在以下不足。

（1）数据来源于横琴环岛区域，并且 6 类船只也是横琴区域常见的类别，将其推广至其他地区的环岛监测电子围网系统时，应用效果并不好。因此需要将数据库的数据来源从横琴区域扩充至全球，增加船只类型，提高数据库的通用性。

（2）将应用推广至全球其他区域时，原有数据库的数量较少，无法取得满意的效果。

另一方面，虽然国内外的很多机构都开始或者已经在环岛监控系统中应用了电子围网技术，但是在基础数据支撑方面还存在不足，即在全球范围内还没有公开的、可共享的船只数据库，使得电子围网的应用受限。

因此，建设一个全球船只样本库的需求迫在眉睫，全球船只样本库的建设目标要充分利用横琴新区已建立的船只样本库和平台资源，结合众源数据建立覆盖全球、种类数量更加广泛的样本量超过 10 万的船只大数据样本库和样本量超过 100 的船只视频事件数据库，并在电子围网项目升级中得到创新应用，其建设范围建议包括如下两个方面。

（1）全球有超过 2 700 个港口，可利用这些港口建立样本量超过 10 万、覆盖全球、种类数量更加广泛的船只大数据样本库，并形成一个新的样本库标注工具软件。

（2）对船只视频事件数据标记并建立数据库，样本量不少于 100 个，并开发一个视频事件标注工具软件。

全球船只样本库的建设在环岛电子围网船只大数据样本库的基础上，进行样本数量的扩充。预计样本数量扩充到 10 万，且增加数据源的类型，从原有的单一横琴环岛船只数据，扩充至全球其他地区海域的船只数据。

横琴新区电子围网船只样本库中存储的船只数据，来源单一，只能体现横琴环岛区域内船只的情况。经过统计分析，6 类船只的数量分布较不均匀，矿砂船、散装货船、集装箱船等运送货物和海边渔民的船只数量占比较大，而由于横琴航线原因，普通货船、渔船和载客船的数量占比很小，造成了数据倾斜问题。因此若想将监测业务扩充至其他区域，则需要进行样本数量和种类上的扩充，根据不同海域的实际情况，增加游艇等其他船只类型。因此，需要获取全国其他海域内的监控视频数据，采用 MATLAB 算法对视频进行帧提取，然后运用标记算法对图片中的船只进行标记，标记结果依然沿用 PASCAL VOC 经典格式，扩充样本库。

为了实现全球船只样本库的需求，每一个功能点的具体实施要求如下。

（1）船只数据获取。数据来源从横琴扩充至全球，获取方式为项目组成员通过搜索引擎等方式从网上获取船只图像数据，为了保证后续高质量的使用船只数据进行研究或应用，对于较低质量的船只数据进行舍弃。横琴原有 31 455 张，预计新增船只数据国内共 51 480 张，每一个港口平均有 437 张图片；国外共 17 065 张图像，每一个港口平均有 5 张图片。

（2）船只数据类别扩充。全球范围的船只具有更广的特征与类别，对增加的船只图像内容进行理解与分析，对原船只数据库的船只类别进行扩充，从原有的单一横琴环岛船只数据，扩充至全球其他地区海域的船只数据。经过分析，将图像类别从原本的 6 类扩充为 10 类。

（3）船只数据属性扩充。之前船只数据库的船只数据均来自横琴新区电子围网的监控视频，不需要地理信息属性，但扩充的数据库包含全球范围内的其他地区海域的数据，因此需要增加港口名称、经纬度等属性。

（4）船只数据标注。设计标注工具，包括图像选择、图像放大、图像缩小、船只位置选择、船只类别选择、结果保存、下一帧选择等功能。完成对船只数据的标注，标注的内容包括船只的边界框（bounding box）和类别（label）。标记后生成的是 JSON 格式的文件。

（5）船只数据保存。提供一个小工具 json2voc.py，将标记的 JSON 文件进行转换，生成的文件保存于三个文件夹中，其中：Annotations 文件夹为目标检测遵循的 PASCAL VOC 格式的 XML 文件；JPEG Images 文件夹为原始图片；Labeled Images 文件夹为带标记框的图片文件。

（6）船只数据存储。引入 MySQL 数据库框架，将已经标记的船只数据及标记文件存储进数据库，便于后续利用与管理，使其更支持未来基于深度学习的船只挖掘和辅助决策。将 XML 文件、原始图片、带标记框的图片数据上传至 MongoDB 数据库，将元数据上传至 MySQL 数据库，并提供一个数据库管理工具，对 MySQL 表中的数据进行字段扩充，增加数据来源、港口名称、地点字段。

8.2 基于车辆大数据和深度学习模型的
粤港澳大湾区单牌车与双牌车管理

1984 年，广东省政府设立发放粤澳直通车指标这项特殊审批项目，客运（包括大客车、中巴、小汽车等）、货运车辆符合特定条件并经审批后，可以直接往来粤澳两地，这种直通车是指除字母与一串数字搭配的车牌号外，还悬挂"粤 Z"开头的另一幅车牌，其最后一个字表明其港澳身份，如图 8-37 所示。

由于香港、澳门、广东地域的部分车辆可跨区域驾驶，随着跨域大桥的建立及相关政策的实施，车辆挂双车牌的情况逐渐普遍，这就对车辆管理系统提出了新的要求。大多数车辆管理系统中的车牌检测识别算法面向单车牌，即认定一辆车只有一块车牌，因而大多数算法不适用于车辆图片的双车牌检测识别任务。此外，因涉及澳门车牌，车牌样式更加多样化，车牌字符也不再只有一行。在车牌字符可能为一行或两行的情况下，基于序列标签训练的深度学习方法不再有效，车牌识别算法受到限制。

图 8-37　粤澳双车牌直通车

面向跨域行驶的具有双车牌的车辆,提出基于车辆大数据与深度学习模型的双车牌检测识别算法,将 Yolov3-tiny 目标检测网络算法和 LPS/CR-NET 网络组合在一起实现双车牌的检测与识别,针对诸如 LPS/CR-NET 的目标检测网络输出的无序字符分割与分类结果,设计字符排序算法,以实现检出车牌区域的同时输出车牌号而不是各个孤立的字符,同时通过该字符排序方法有效排除了位置异常的字符及提高车牌识别效果,具体算法流程如图 8-38 所示。

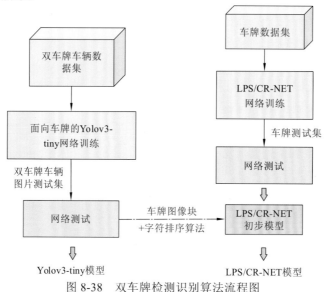

图 8-38　双车牌检测识别算法流程图

LPS/CR: license plate segmentation/character recognition 车牌分割/字符识别

随着《粤港澳大湾区发展规划纲要》的出台,横琴作为"一国两制"下探索粤港澳合作新模式的示范区,备受瞩目。为了加快推进横琴澳门青年创业谷和粤澳合作产业园等重大合作项目建设,必须优化澳门单牌车入出横琴,提升澳门居民琴澳交通便利。便利通关是决定澳门居民能否进一步在横琴工作和生活的重要影响因素,但目前澳门单牌车入出横琴还存在申请条件和手续复杂、两地口岸通关查验要求不统一等问题,对在横琴工作生活的澳门居民还是带来很多不便。为此广东多次与港澳特区政府沟通磋商,研究港澳单牌车便利进入内地的相关政策措施。具体要从扩大单牌车准入条件、吸引居民融入大湾区，探讨单牌车入境政策、探索单牌车进入珠海市区方面着手，优化新口岸配套设施，提高人车通勤效率；统一口岸通关查验要求，实行人性化服务，在不扰乱两地交通政策法规秩序的同时逐步推进，从而为港澳单牌车辆申请入境粤港澳大湾区城市提供可实施性的经验借鉴。

在优化新口岸配套设施方面，应该提高通关设施的信息化、自动化水平，升级口岸周边交通和其他生活配套，提高人车的通勤效率，使新横琴口岸真正实现分流拱北口岸旅客的功能和作用，促进澳门与横琴之间各种要素的自由流动，提高港珠澳大桥利用率。当香港/澳门车辆出入横琴时，不同类型的车辆根据进境车道上方的标志提醒各行其道。通道有海关、边检、检验检疫三家联检单位，各司不同的管理职能。驾驶员将车暂停在进境车道前方，打开车尾箱和车窗玻璃，由海关、边检、检验检疫三家联检单位监管。当司机按下指纹识别器，司机身份信息、车辆备案信息即时传送到三方联检单位的监控室，当班关员可通过通道摄像头全面观察车内情况，当检查合格后，通行提示灯变绿，闸杆抬起，驾驶员驶入/驶出车道。其中，如需要重点查验的，海关还会现场人工查验。因此在珠海横琴岛设有澳门单牌车出入境行驶，不需要另挂一张车牌，便于进一步遍历香港/澳门居民出入横琴，这是全国独一无二的政策。

根据《澳门机动车入出横琴管理细则》有关规定，符合公布的申请条件标准的澳门机动车辆，向横琴新区提交申请及相关材料，向珠海市公安交管部门申领车辆临时车牌证，并经拱北海关等口岸联检单位备案后，方可进入横琴，内地限于在横琴行驶。

与此同时，澳门单牌车出入横琴综合管理系统的推出解决了澳门机动车入出横琴审批慢、手续烦琐、门槛高等问题，为澳门民众提供便利化的通关申请服务，最大化减少往返横琴办事的跑动次数，简化申报流程，支持与民众的实时有效互动，实现移动化、及时化，更好地促进澳门与横琴两地发展。图 8-39 为澳门单牌车出入横琴综合管理系统界面。

图 8-39　澳门单牌车出入横琴综合管理系统界面图

以往用户申报单牌车政策，需要填报的数据高达 70 项，同时为了获取这些申报资料，用户需要走访多个业务部门。通过大数据关联，申报的资料自动从工商局、国地税、社保局、不动产中心、国土局等业务部门自动获取，无须再来回跑动横琴各个部门去获取相关的证明材料。

粤港澳大湾区单牌车管理系统与工商大数据关联，获取企业注册信息，包括企业名称、企业代码、法定代表人、法定代表人身份证号码、法定代表人身份证图片正面、法定代表人身份证图片反面、企业联系人、联系电话、公司地址、营业执照、法人电话、注册资本、注册币种、审批机关、审批日期、审批文号、经济性质、投资总额、投资总额币种、中方认缴额、外方认缴额。

与个人大数据关联，获取申请人在横琴的房产信息及申请人的珠海市职工社会保险缴费记录，包括申请人身份证号、申请人类型、应缴费开始年月、应缴费结束年月、性别、姓名、单位名称、险种、单位应缴、个人应缴、单位划入、缴费工资、缴费类型。

与税务大数据关联，获取单牌车投资企业在横琴缴纳企业所得税记录及纳税人识别号、纳税人名称、税种、税款所属时间起、税款所属时间、实缴（退）金额等信息。

上传交通大数据至交警六合一系统，包括车辆国家/地区、境外车牌号码、车辆类型、中文品牌、车辆型号、车辆识别代号、发动机号、出厂日期、核定载客、核定载质量、转向位置、车身颜色、保险生效日期、保险终止日期、保险公司名称、检验日期、承检单位、交强险图片、车辆登记证图片、商业险图片等。

企业或个人，车辆，驾驶人员信息发送至电子口岸、内网梅沙系统，交通物联网系统。

基于跨域多维大数据的建设，与工商大数据、税务大数据、交通大数据等关联，通过系统自动判定，减少了审批人员的审批工作项，通过大数据关联加快审批速度。车主早期初次申办业务需要来回横琴和澳门高达 5 次，续期申报 3 次，经过项目优化只需当面审核一次，尽量无须跑动窗口。车主使用 APP 实现全流程办事，办理通知从移动互联网设备自动获取，终端自助办理。

与此同时，数据在海关、边检、国检、交警等业务部门的 8 个系统多传输，尽量减少系统交互，政府的审批功能集中在综合管理平台中实现。同时实现各业务部门审批的数据共享，以及对管委会、海关、边检、国检、交警的审批办理流程效率监督工作。

澳门单牌车便利入出横琴，是《横琴总体发展规划》及《粤澳合作框架协议》的一项政策安排，对方便澳门居民在横琴投资、就业，促进澳门与横琴协同发展、创新发展，具有里程碑式的创新意义。

8.3 基于政务大数据的横琴新区智能化园区应用

横琴国际科技创新中心是横琴自贸区在"大众创业、万众创新"的新时代背景下打造的集办公、商业、公寓、展示体验中心、特色平台等功能为一体的高新科技产业培育基地。其中，横琴中拉经贸合作园区作为落实中拉经贸合作平台的实体项目，计划建设拉美多功能展览中心、拉美品牌商品免税展示中心等，以满足中拉双方的文化交流、旅游交流、跨境电商、经贸服务、现代商服等需求，有利于进一步促进横琴在国家"一带一路"倡仪中与拉美地区的合作关系。

有效的园区管理是促进园区健康发展的重要手段。因此，需要对园区智能化应用进行有效及时监管，同时面向用户提供线上线下一体化服务，保证服务质量，加强公共服务配套保障建设，促进园区的可持续健康发展。横琴新区依托跨域多维大数据平台的政务大数据，综合运用物联网、大数据、云计算、人工智能、人脸识别等当前先进技术，打造园区智能服务平台，如图 8-40 所示，为园区入驻企业和人才提供全方位服务，提升园区智能化水平，实现园区智慧化管理、运营和服务，打造可持续健康发展、具备强大区域竞争力的智能化园区。

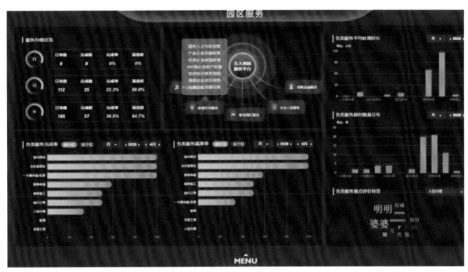

图 8-40　园区服务平台界面图

智慧园区平台整合园区各类数据：①园区物业管理数据，包括园区物品放行、在线报修、会议室管理、入驻管理等信息；②园区线上线下消费数据；③企业办公数据，包括园区入驻销售、客户关系管理、活动发布信息；④园区新能源运营数据。将各类信息资讯发布于平台，在系统架构设计上遵循"开放式、组件化、可拓展"设计原则，保障后续服务灵活、变化、拓展的功能需求，可有效保证项目持续发展的平台构建要求。通过从科学性、可拓展性及基于园区实际业务进行支撑的合理性设计整体架构，平台采用开放的 SOA 架构可灵活接入外部服务资源，为了保证各园区各业务系统间的数据交互，提供了功能丰富的数据接口。此外，数据接口功能也为服务系统平台与第三方平台数据交互提供了保证。平台功能包括：

（1）招商服务。运用现代信息化的管理手段强化园区招商服务的内部管理，建设统一的招商信息服务平台，实现对招商管理、入驻企业服务、办公管理等工作的综合管理，降低招商管理工作的复杂性及烦琐性，使得园区招商工作能够足不出户地进行，为促成招商引资项目的落成发挥了巨大作用，如图 8-41 所示。

（2）物业服务。园区的在线物业办事的平台，物业即时响应企业需求，提高服务质量及企业满意度。通过构建标准化的服务与管理平台，拓展了传统物业管理服务的界限，由对物的管理延展至物业所有人/使用人的服务，为园区住户提供除基础物业管理服务外的增值服务以创造商业价值。

图 8-41　招商服务界面图

（3）企业服务。智慧化物业服务与管理服务的业务受理平台，园区管理方可结合服务资源，通过平台上自主扩展融资贷款、项目申报、资源对接、法律维权、管理咨询、人才培训等各种企业扶持服务项目，同时服务人员可通过平台实现在线咨询、服务查询、业务统计等业务功能。资源方能够查询园区客户订单需求信息。

（4）园区生活服务。提供园区用户活动分享与在线交流的系统，促进园区内企业、商家及人才之间的关联，基于本地化生活需求，通过 API 的方式进行互联网服务商家资源的接入，进一步丰富、完善园区的生活配套服务，向园区企业、人才提供生活便利。

（5）智能化设备管理。与园区的智能化基础设施进行系统接口对接，提供统一集中监控园区智能化基础设施的运行情况，实现管理人员通过智能化管理平台对智能化基础设施的远程控制和管理；同时，支持将视频、停车场等数据在指定显示终端进行展示等功能。

（6）智慧党建服务。运用现代信息技术，增强党组织和党员的智慧力，实现党建工作的智能化、便捷化和高效化。智慧党建是党建工作的重要形式，借助新一代信息技术，扩展党在信息化时代的党建工作网络影响力，宣传党的思想；通过智慧党建平台更方便更快捷地培养党员，关心党员、扶助党员。为党建工作人员提供一个智慧的平台，提高工作效率。

（7）智慧停车服务。智慧停车管理平台，通过与停车场系统对接，实现无卡识别、空余车位查询、自动导航、反向寻车、在线缴费等功能，并及时统计停车车辆信息、实时车位情况等，一方面降低园区运营管理成本，另一方面增加园区运营管理的收益。

（8）智慧一卡通服务。园区一卡通系统涉及园区工作生活的支付、身份认证等多个方面。利用园区一卡通，能够实现园区消费的快速结算和支付，因此构建智慧一卡通管理系统，与门禁通行、支付结算、停车出入等业务系统进行功能对接，实现园区一卡通的线上线下一体化生活服务，最终实现智慧一卡通的一卡多用及统一管理。

（9）运营管理后台。结合园区业务发展需要，建立统一的组织管理协调架构、业务管理和对外服务的智慧园区平台，实现各业务系统的统一用户、单点登录、数据集成、支付结算，规划设计园区运营所需要的公共组件应用，包括支付平台、统一日志、定时任务调度、登录管理、权限管理、安全管控等。管理方通过平台对各服务系统的整合集成，实现园区服务、基础设施、企业及用户、社交、通知公告等数据的统一管理与维护，规划平台 API 接口的服务对接规范。

（10）智慧指挥中心。指挥中心承担的工作就是数据的呈现与反馈。纳入指挥中心集中呈现和反馈的数据占比越高，园区的集约化管理程度就越高。通过建设智慧指挥中心，以智慧可视化的方式"实时监测、动态控制"园区的整体运行情况，为管理层提供"一站式"决策支持的管理信息中心系统，方便管理者实时监控园区的经营情况及运营现状。园区运营管理方可系统通过仪表盘、红绿灯、图形分析等多种展示形式，实现对园区关键绩效指标的监控和预警；通过对各种财务报告、业务报表、自定义报表的集中展示，实现对园区运营情况的全面监控；并可通过手机短信、邮件信息的订阅功能，帮助企业管理者无论何时何地，都可以及时了解企业运营状况。

8.4　跨域多维大数据挖掘

信息是科技进步与社会发展的原动力，信息互换下的产物——大数据，不可避免地成为了当下的话题新宠儿。每一个人潜移默化的成为了信息的提供者和享受者，同时也造就新的时代——大数据时代。大数据时代的到来，带来的不仅仅是海量的数据，还包括海量数据下所包含的海量信息，这些信息涉及人类生活的各个方面（曹素娥，2019）。所以说大数据的意义并不在于掌握庞大的数据信息，而是对有用的数据信息进行系统的加工和分析（蒋磊，2019）。

数据挖掘指的是通过分析大量的信息来发现数据发展的趋势、了解这些数据未来的发展情况，并建立起自动化的过程。在信息化的时代，数据呈爆炸式增长，为了高效地从这些数据当中找到需要的信息，就需要使用数据挖掘服务模式。因此在现代化的网络环境当中，数据挖掘是必不可少的。目前，大数据已被列为国家发展战略，其作用已被社会广泛认识，全国各地均在积极推动大数据信息挖掘领域的发展。然而我国大数据仍处于初步探索阶段，在发展的道路上仍然存在诸多问题有待解决，例如数据开放共享不足、共享深度不够、缺乏实时性；数据价值尚未被充分挖掘、创新应用领域不足等，同时由于缺乏统一标准体系，如果不能及时采取有效途径，则很可能形成新一轮行业、区域间的数据壁垒，不利于数据资源的共享流通和新业态的发展。

选择最有价值的资源并有效地融合信息、分析信息是数据科学领域的核心问题（Xu et al.，2017）。信息融合是为了某一目的对来自多源的数据和信息进行组合或综合的处理过程，进一步地挖掘数据价值，充分采集"多源信息"，综合运用"多元方法"，对多源信息进行充分考量。在应用中，对来自天、空、地、海等多领域的无人机、雷达、光电跟踪仪、监控视频等众多分散异构的数据源获取隐含价值信息，得到比单一信息源更精确、更可靠的估计或推理决策（于洪 等，2019），为科学决策提供更有力的支撑。另一方面，多源数据及不同方法分析结果间的交叉引证可以降低数据噪声、弥补数据缺失、语义模糊和信息不一致等不确定性因素（Khaleghi et al.，2013），可进一步提高多源信息的有效性，提高分析的置信度。

数据的质量对数据的价值大小有直接影响，低质量数据将导致低质量的分析和挖掘结果。广义的数据质量涉及许多因素，如数据的准确性、完整性、一致性、时效性、可信性和可解释性等。数据预处理主要包括：数据清洗、数据集成、数据归约、数据转换等（周英 等，2016），如图 8-42 所示。

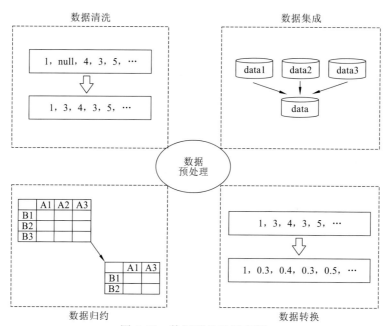

图 8-42　数据预处理示意图

在跨域多维大数据的背景下，数据挖掘技术可以提供高效、实时和准确的多维数据分析、多媒体分析、流分析和内容分析等功能，可以提供简洁易用的数据预测分析支撑（李珊珊，2019）。通过跨域多维大数据挖掘平台汇聚及沉淀城市各类数据资源，如表 8-5 所示，通过统一数据标准和开发标准，打破数据壁垒，实现数据集中，破解大数据发展难题，实现行业间和应用间数据共享。

表 8-5　跨域多维大数据挖掘信息表

数据库	具体内容
人口基础信息库	户籍信息（公民身份号码、姓名、性别、民族、启用标识、出生地 6 项基本信息和户籍扩展信息）；计生信息（独生子女领证信息、生育服务证号信息、子女信息）；卫生健康信息（健康信息、出生证信息）、劳动就业信息（职业资格等级、取得资格时间）、保险信息（社会保险信息、生育保险信息、工伤保险信息、失业保险信息、养老保险信息、医疗保险信息）、民政信息（婚姻登记信息、流浪乞讨人员信息、社区信息、双拥优抚信息、最低生活保障信息、殡葬管理信息）及住房公积金信息、住房信息、单位信息、流动人口信息
法人基础信息库	法人基础信息、法人代表信息、组织机构代码证书信息、登记信息、分支机构信息、年检信息、税务监管信息、行政许可信息、行业资质信息、行政监管信用评级信息及历史信息等

数据库	具体内容
宏观经济信息库	综合核算、人口与劳动力、财政金融、人民生活、农业、工业电力、固定资产投资、交通运输、贸易餐饮服务业、对外经济、旅游、科学技术、文化教育卫生体育、市政环保民政人才档案等
城市基础设施大数据库	七大类部件（包括公用设施类、道路交通类、市容环境类、园林绿化类、房屋土地类、其他设施类及本地的扩展部件类），六大类事件（包括市容环境类、宣传广告类、施工管理类、突发事件类、街面秩序类及本地的扩展事件类）
环境感知大数据库	城市空气环境质量、水环境质量、土壤环境质量环境监测数据，同时也包括对重点区域、重点企业废水、废气、固体废物、噪声等污染物排放浓度和数量的实时自动监测数据
消防感知大数据库	火灾自动报警系统、电气火灾自动报警系统、消防水系统、消防水泵监测系统、防火门监测系统、排烟风机监测系统、气体灭火系统等报警信息、故障信息、状态信息等通过用户信息传输装置、各类传感器等数据
视频感知大数据库	动态高清红外一体化枪型网络摄像数据、低照度宽动态枪型网络摄像数据、室外200万像素红外高清网络高速球机数据、200万像素日夜型高清网络枪机数据、双光谱一体化云台摄像数据
时空大数据库	倾斜摄影数据、矢量数据、高程数据、三维模型数据、三维模型数据、室内三维模型数据、BIM模型数据、地名地址建（构）筑物数据、360°高清全景影像数据、空中单点全景影像数据、地面单点全景影像数据等

大数据挖掘平台如图 8-43 所示。平台充分挖掘城市数据价值，使城市各部门和产业信息系统的互联互通，协同工作，提升效率，提供增值服务。同时，大数据挖掘平台可以减少重复开发工作，全面了解数据质量、数据使用情况和系统运行情况，并从业务视角更直观地探索数据，更高效地从数据中获取业务价值。

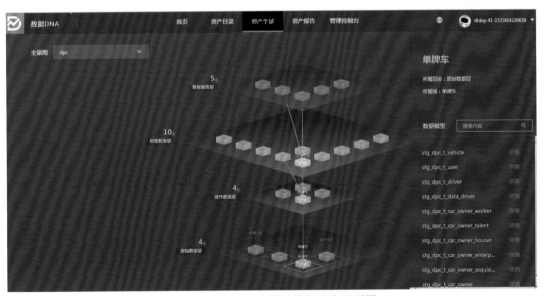

图 8-43 跨域多维数据挖掘平台界面图

挖掘跨域多维数据价值，重点解决跨域多维数据融合和数据质量问题。通过建设跨域多维大数据公共服务云平台，为城市级大数据系统建设提供开放的技术平台和标准规范体系，实现跨地区、跨行业数据的互联互通，构建起更有活力的创新创业生态体系，实现全国数据一盘棋。最后围绕善政、惠民、兴业的建设目标建设服务政府、企业、个人的各类智慧应用，提高政府治理能力和服务水平，提升政府决策支持和风险防范能力。

8.5 基于遥感大数据和地面传感网的 横琴新区生态岛建设应用

低碳生态城市建立在"低碳城市"和"生态城市"两大城市发展的主流概念之上，有机融合了两者的内涵特征，具有明显的复合性特征。前者源于人们应对全球气候变化的考量，主要体现在低污染、低排放、低能耗、高能效、高效率、高效益为特征的新型城市发展模式；后者则关注人居环境与自然环境的相融与共生性等情况，主要体现在资源节约、环境友好、居住适宜、运行安全、经济健康发展和民生持续改善等方面。目前，低碳生态城市正在成为城市转型发展的全球共识与时代主题。

横琴先后制定了《横琴新区生态岛建设总体规划》和9个专项规划，为横琴"生态岛"建设提供全面指引，明确了建设"生态岛"的目标和任务。加快转变经济增长方式，推进可持续发展，将横琴新区建设成为资源节约、环境友好的"生态岛"；加强资源集约利用，塑造宜居空间，将横琴新区建设成为生态优良、精明增长的"低碳城"；加强生态环境建设，构建人与自然和谐共生的"山水都市、生态岛城"。

积极应对气候变化、推进绿色低碳发展已成为全球共识和国际潮流，也是我国加快转变经济发展方式、实现可持续发展的必然选择。作为"国家级海洋生态文明示范区"、"国家低碳城（镇）试点区"和"中欧低碳生态城市合作项目试点城市"，建立横琴低碳生态城市平台是适应横琴低碳生态城市发展的新形势需要。通过智能监测和信息监管来完善低碳生态城市管理体制，提高政府管理能力，培养超前防范意识，以达到有效减少各种灾害和危机、维护城市的生态系统和确保城市实现生态平衡目的。

综合运用云计算、大数据、物联网、GIS、认知计算等先进的信息化技术，建设横琴低碳生态城市平台，如图8-44所示，逐步构建城市生态、低碳能源、低碳交通、低碳建筑、可持续发展和极端天气应急管理六大运营能力体系，结合智慧城市建设，实现政务服务、企业生产、居民生活信息集成、共享和应用，全面、直观地反映横琴低碳发展、生态资源和环境承载，建立起低碳生态文明建设目标、过程、项目、重点领域管理体系。

横琴新区低碳生态城市智能监测和管理平台的主要设计目的是创新低碳生态城市价值链理论，建设低碳生态环保信息化的基础平台，其能力建设包括植被光谱库构建和地上生物量监测、空气质量三维展示、城市机动车承载力分析、近海海域和河道生态演进、全岛能耗管理、水环境质量监测及预警、低碳建筑运营等功能。

图 8-44　横琴低碳生态城市智能监测与管理平台

1. 植被光谱库构建和地上生物量监测

运用遥感大数据、认知计算、遥感、深度学习等先进技术，根据"横琴新区低碳生态城市智能监测与管理平台"的总体要求，开展典型植被光谱库构建和地上生物量监测，助力横琴成为"绿色生态示范区""国家绿色低碳发展的典范城（镇）""智慧城市生态城"。

1）基于遥感大数据的横琴新区植被区域地上生物量变化监测

城市植被生物量及其空间分布格局的精准、快速、高效监测与估算，不仅是了解碳循环和能量流动的基础，还是衡量城市植被发挥生态调节、环境保护和资源修复作用的依据，同时也是研究植被覆盖状况与城市生态建设的基础。

遥感大数据具有宏观、实时动态等特点，随着其分辨率的提高，使得城市植被生物量高精度估算成为可能。通过 LiDAR 数据和光学数据的结合，提取与植被生物量相关性较大的各种特征参量，同时利用样地观测数据，从中选取在空间上具有代表性的生物量样本，建立生物量反演模型，实现对整个研究区的生物量反演，并进行精度评价和区域生物量制图。图 8-45 展示了横琴新区 2009 年、2014 年、2018 年植被生物量分布图。

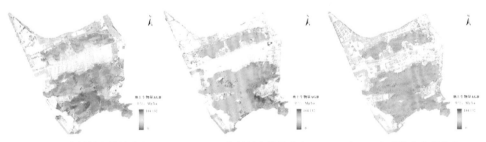

　（a）2009年植被生物量分布　　（b）2014年植被生物量分布　　（c）2018年植被生物量分布

图 8-45　横琴新区 2009 年、2014 年、2018 年植被生物量分布图

整个横琴新区植被平均生物量密度空间上呈现出山区高、中心城区低的分布格局。如图 8-46、图 8-47 所示，由于城市区域多被不透水面（如道路、建筑物等）所覆盖，加

之城市绿地斑块多为破碎状，景观异质性较高，碳吸收功能远不如树木密集的高山森林。同时，森林生物量与许多生物学因素和非生物学因素密切相关，如区域的水热条件、土壤条件及森林的类型、年龄、优势种的组成、活立木密度等，这些因素都会影响生物量的变化和分布。

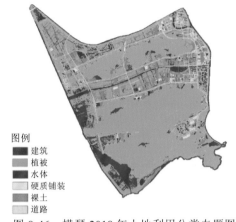

图例
■ 建筑
  植被
■ 水体
  硬质铺装
  裸土
  道路

图例
  植被

图 8-46　横琴 2018 年土地利用分类专题图　　　图 8-47　横琴 2018 年植被覆盖区域专题图

根据遥感大数据反演出的 2009～2018 年横琴所有植被的生物量成果，可对每年横琴生物量总数进行统计。如图 8-48 所示，随着横琴新区城市的发展和建设，横琴新区城市植被生物量经历了先减少后增加的过程。由于生态城市理念的普及和规模的扩大，2014 年之后横琴新区植被生物量呈现增长趋势。

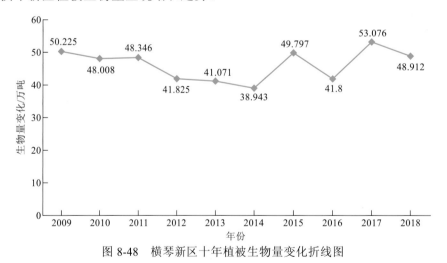

图 8-48　横琴新区十年植被生物量变化折线图

2）横琴新区典型植被光谱数据库

横琴植被种类众多，植被分类是植被研究的重要组成部分，也是最复杂的问题之一。传统植被分类通常以外貌结构特征、植被动态特征和生境特征等为依据，但在大范围尺度下分类效率较为低下。遥感具有大面积同步观测、时效性和周期性等特点，与传统实地勘测相比，大面积植被分类效率更高而且获取信息速度快、周期短。每种植被都有光谱信息的独特性，利用遥感影像上的光谱差异可以对不同植被进行区分。植被光谱库的建立，对于实现植被种类的快速匹配，提高分类识别水平起着重要的作用。

通过使用地物光谱仪（ASD FieldSpec4）采集横琴新区全岛 106 km² 内典型植被的冠层或叶片特征光谱曲线。在采集测量光谱的同时，拍照记录所测植被和现场采集情况、使用 GPS 测量所测植被的地理坐标位置、记录采集时间、仪器型号、光纤视场角、天气状况、观测人员、植被生长状况及周围环境等。野外原始数据经过预处理，设计数据结构后，可建立横琴新区典型植被光谱库，为横琴新区植被类型的识别和进一步的生态监测和生物量监测提供基础的本底数据，如图 8-49 所示。

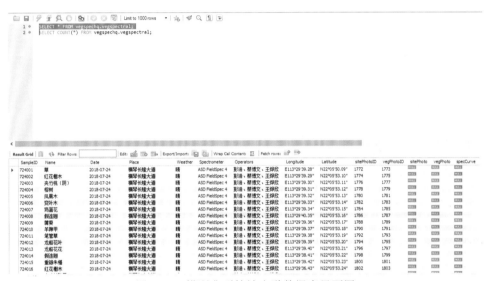

图 8-49　横琴典型植被光谱数据库界面图

2. 空气质量三维展示

（1）根据对主要 6 种大气污染物的监测数据，包括细颗粒物（PM$_{2.5}$）、可吸入颗粒物（PM$_{10}$）、臭氧（O$_3$）、二氧化氮（NO$_2$）、二氧化硫（SO$_2$）、一氧化碳（CO），以及主要温室气体包括二氧化碳和甲烷的浓度的实时监测数据，开展空气质量污染和碳排放因素的分析与展示工作。

（2）根据监测传感器收集到的实时数据，借助主流 GIS 平台实现基本的地图浏览、图层管理、空间和属性查询、统计图表和报表生成及多种专题图制作；展示 PM$_{2.5}$、PM$_{10}$颗粒物、臭氧、二氧化氮、二氧化硫、一氧化碳 6 种污染物的三维模拟结果。

（3）提供空气质量传感器布设的点位优化选择，其主要数据包括空气质量 6 种主要污染物、温室气体，以及地面气象信息都将通过传感器采集。

3. 城市机动车承载力分析

（1）基于地图数据、人口出行数据、探测车数据及摄像头等海量数据进行数学建模，包括图像处理、链路成本预测、驾驶行为建模及交通流与需求估计等分析，进而形成链路代价转换、驾驶行为模型、交通需求数据及地图数据模型。基于形成的模型，并结合可扩展的基础设施环境，使用 Megaffic 进行交通仿真。

（2）实现大规模100万辆机动车以上的交通流仿真的污染仿真建模，实现对机动车污染量化分析。

（3）实现快速、准确的交通流实时仿真，需支持多种污染物指标的计算：CO_2、CO、NO_x、SO_2 及 $PM_{2.5}$（一次污染）排放量，实现动态进行机动车污染源的量化分析与动态更新，并基于热力图等方式的直观展示。

（4）形成机动车排放模型库，需兼容多种机动车尾气排放模型。通过对地图的渲染技术，显示关键指标，包括 $PM_{2.5}$、SO_2、CO_2、NO_x 及挥发性有机化合物（volatile organic compounds，VOC）排放量、速度及机动车数量等信息。

横琴城市机动车承载力分析功能界面图如图8-50所示。

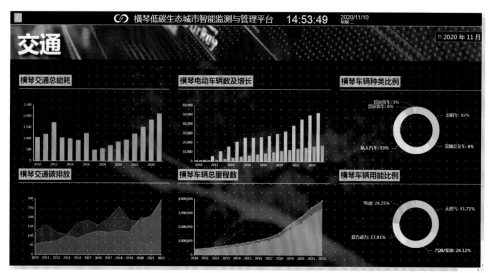

图 8-50　城市机动车承载力分析功能界面图

4. 近海海域和河道生态演进

（1）利用遥感大数据对近海海域和河道的时空变化进行总体变化趋势的分析，采用多源卫星数据融合的方式避免单一数据源的局限性。

（2）基于遥感大数据的影像处理获得近海海域和河道的水边线、流域形状、水面面积等数据，藻类生物含量从而实现生态演进变化比较。

（3）生产时间跨度不小于10年的横琴近海海域和河道生态演进动画产品，采用与GIS结合的方式为低碳集中展示提供支撑。

（4）系统观测范围包括横琴全岛近海海域和天沐河河道的生态演进变化，并根据人类活动集中的区域和部分生态脆弱区域，进行不同程度的观测和分析。

5. 基于物联网大数据的全岛能耗管理

（1）采用模块化设计，包括智能采集设备、网络通信传输、能耗监测分析、企业建筑用能统计、全岛用能情况业务管理和集中展示，实现对横琴全岛主要行业企业与主要建筑能源消耗动态数据采集、监测和分析。

（2）开展重点企业/建筑能耗数据采集。能耗数据采集通过智能采集设备采集到各类型能源消耗信息，包含煤、油、水、电和气等。基于健全的能耗监测指标体系、科学的能源计量管理和完善的能耗数据采集管理，保证监控平台准确跟踪监测横琴全岛各行业企业与建筑的能源消耗情况。

（3）开展灵活可定制的能耗数据统计报表。通过准确的能耗数据采集实现对能耗的统计，实现实时数据和历史数据查询，根据不同的查询条件，实现对不同区域、行业、企业的能源消耗的统计分析，并自动生成各类报表。

（4）开展多维度能耗数据对比及趋势分析。支持动态多曲线对比分析功能，实现按连续时间段、特定时间段灵活对比分析统计不同行业、企业、建筑之间的能耗。并实现管理的可追溯性，对行业、企业、建筑进行历史对比分析。进行多种关联数据的比较分析和行业企业间的多因素关联分析。同时，结合历史数据、实时数据及政府节能降耗目标，预估重点耗能行业企业的能耗指标，供政府参考，同时按照能源配给、行业能耗等指标进行预警。

（5）开展能耗监控业务流程管理。包括用能企业与主要建筑信息管理、能耗监测点管理、节能市场管理和能耗监测指标和能源计量管理等。

（6）开展基于物联网大数据的智能节能决策支持。利用区域能耗监控平台，实现把控不同区域、不同行业企业能源消费情况，促进工业节能。

基于物联网大数据的横琴新区能耗管理功能界面图如图 8-51 所示。

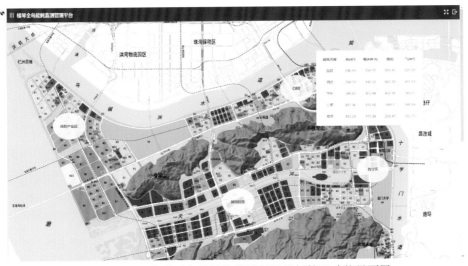

图 8-51　基于物联网大数据的横琴新区能耗管理功能界面图

6. 水环境质量监测及预警

（1）基于 NASA MODIS 250 m 分辨率各波段卫星数据，进行水环境遥感监测，大范围宏观反映水质分布情况，筛查污染水体，排查不同泥沙含量、藻类数量、垃圾漂浮的污染水体。根据污染水体的光谱特征体现在对特定波长的吸收或反射，针对遥感影像的识别情况，分析水质参数与水体污染状况，并对分析结果进行展示。

（2）根据水质自动监测设备获得的关键断面水质监测数据，对水体的氨氮、总磷、总氮、pH、溶解氧、浊度、温度等参数和流量、流速进行分析与展示。实现对外来水质、岛内水质，以及外排水质的分析对比，结合历史数据的分许，实现水质监管、污染溯源、短期预警等目的。

（3）实现针对任意点位的突发污染事故进行模拟分析，通过研究污染物在受影响水体中的迁移扩散规律，定量预测分析其空间上的分布状况及时间上的浓度变化。

（4）实现水环境"一张图"管理平台将河道、河道断面、排灌站、水闸、阻水箱涵、排水口及相应的管网和污染源等信息进行分类整理建库，实现河道管理信息的"展示""查询""维护""统计"等功能。

横琴水环境质量监测及预警功能界面图如图 8-52 所示。

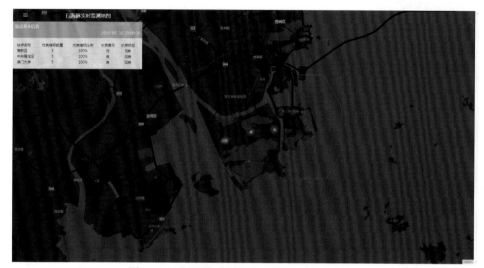

图 8-52　水环境质量监测及预警功能界面图

7. 低碳建筑运营

（1）构建可持续性指标，通过单一的能源数据库，分析存储能源、废物、水等短时排放和碳数据。同时支持有重点的分析，确定有问题的区域。长期捕获并绘制能源使用、资源使用和碳足迹图表，以验证可持续性目标的进展。预置多维可持续性指标，实现对能源和资源使用、废物的产生和碳排放全面了解，并将其结果进行展示。

（2）开展自动执行碳会计，通过嵌入的温室气体协议（greenhouse gas protocol）计算来自动处理能源、短时排放、废弃物和运输数据，以创建"碳日志"记录。交付绝对度量和密度度量，如碳排放（绝对度量）、单位面积的碳密度和人均碳密度。基于用户定义的区域界线，使用碳足迹分析功能执行即席分析。

（3）搭建可持续性仪表板，增加能源和环境可持续性系统的临时用户、过程管理员和主管的效率。为主要负责可持续性的主管、过程负责人和临时用户提供相关内容（如特定于过程的内容、提示和分析）。同时突出显示在能源和环境指标下设施绩效的高低，识别绩效偏低的设施。

（4）建设可持续性投资分析引擎，交付能耗/碳排放项目构建程序，以对能耗项目进行建模。在所有的设施资产、特定于场地的项目及用户定义的计划项目中收集所有能够改善环境效应的机会，如照明设备更换等。

横琴低碳建筑运营功能界面图如图 8-53 所示。

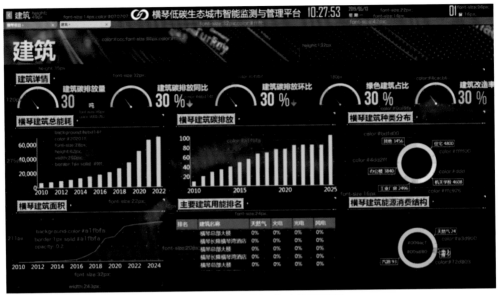

图 8-53　低碳建筑运营功能界面图

8.6　横琴新区国际互联网出口应用

针对横琴新区政务大数据平台上的企业需求，中国移动通信集团广东有限公司珠海分公司联合珠海大横琴科技发展有限公司开通了专用通道上第一条国际互联网专线，优化企业国际通信业务的国内段疏导，大幅提升国际互联网访问性能，如图 8-54 所示，访问时延、丢包率预计分别下降 30% 和 50% 以上。此举将极大地提升入驻横琴的港澳台企业及外国企业开展国际业务的信息处理效率，大幅改善横琴的跨境营商环境。

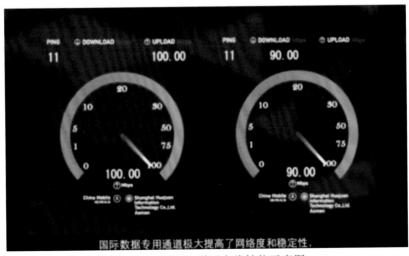

图 8-54　国际互联网专线性能示意图

相较传统的数据传输方式，横琴新区国际互联网数据专用通道具有三个显著特点：一是链路只对有需要的企业、个人用户开放，避免了公众业务对带宽资源的抢占；二是逻辑直达国际互联网出入口，减少了国内段的层层绕转和汇聚，大幅降低网络时延；三是专用通道内的数据流量与其他业务流量实现了有效的隔离，公网上的个别节点受到非法攻击或者爆发网络病毒等事故时，不会影响到专用通道，有效地提升了数据传输的安全防护级别。

2017 年，《横琴、保税区、洪湾片区一体化改革发展实施方案》正式印发，横琴新区、保税区、洪湾商贸物流中心、洪湾片区、十字门北片区等区域启动一体化发展。专用通道的辐射范围会同步覆盖一体化区域的横琴新区、保税区、洪湾片区、十字门北片区及珠澳跨境工业园。构建横琴新区国际互联网数据专用通道，将通过直联园区与互联网出入口在横琴与港澳之间形成一条信息承载和疏导能力更强、跨境信息交互质量更优的独享路径，将畅通横琴与港澳在区域性商务服务、区域性科教研发、区域性公共服务等领域的信息交换通道。借助横琴新区国际互联网数据专用通道，粤港澳三地以横琴为平台汇聚商务、科技、教育等各类资源的流通速度将加快，粤港澳三地以横琴为基地向对端开展商务服务、公共服务等各类业务的渠道将更为顺畅，粤港澳三地以横琴为枢纽与对端开展各领域、各行业合作的协同效率将得到提升。横琴新区国际互联网数据专用通道的建设，将从网络层面助力粤港澳合作的开展，支撑横琴打造粤港澳紧密合作示范区，促进珠海市资源集聚和生产服务能力提升，促进港澳地区长期繁荣发展，促进粤港澳一体化进程和粤港澳大湾区建设。

此外，建成后的通道也将为横琴规划的国际数据中心构建更高效的公共信息服务平台、为入驻企业开展面向全球的业务运营提供信息基础设施和数据存储服务，对满足企业发展实际需要、促进产业转型升级、支持建设"一带一路"节点城市具有重要意义。

8.7　横琴新区跨境办公应用

《粤港澳大湾区发展规划纲要》明确指出要优化提升深圳前海深港现代服务业合作区功能、打造广州南沙粤港澳全面合作示范区、推进珠海横琴粤港澳深度合作示范，支持珠三角九市与港澳共建特色合作平台，拓展经济合作空间，最终引领带动粤港澳全面合作。

为充分发挥横琴改革创新的先导作用，进一步推进琴澳合作，打造粤港澳深度合作示范区，横琴新区先行先试，创新性推出跨境办公业务，允许港澳企业免注册入驻横琴试点写字楼办公，开展业务。2019 年 3 月，全国首个跨境办公试点楼宇——横琴总部大厦正式挂牌。符合条件的澳企入驻楼宇，无须办理工商登记注册和税务登记手续，还可享受租金补贴。跨境办公企业可以使用澳门银行账户支付其在横琴发生的相关费用。香港企业也适用该办法。作为全国首创，横琴的创新可以理解为一种离岸经济的积极尝试。

横琴新区跨境办公系统整合法人基础信息数据库，包括法人基础信息、法人代表信息、组织机构代码证书信息、登记信息等数据，关联业务流程数据，辅助开展业务，实现试点楼宇挂牌审批、港澳企业入驻备案管理、补贴申请及续期等业务全流程网上办理，实现企业业务办理"零跑动"。

如图 8-55 所示，横琴跨境办公企业备案系统具体包括以下三种功能。

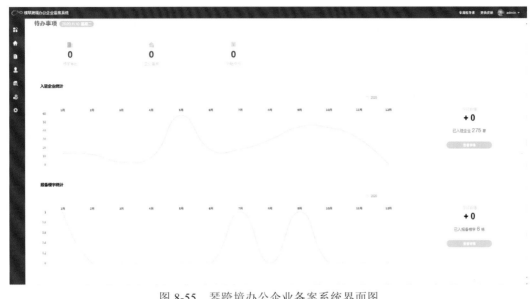

图 8-55　琴跨境办公企业备案系统界面图

（1）面向试点楼宇管理单位开放，允许横琴岛内有条件的写字楼通过网上申请成为试点，为入驻企业代备案。

（2）面向跨境办公的港澳企业开放，实现足不出户，补贴申请到账。

（3）面向政府部门开放，实现业务网上受理、部门联动审批，实时掌握企业办公数据。

8.8　横琴新区跨境电子商务应用

电子商务让日常消费跨越国界，当前许多境内居民开始将消费眼光转向广阔的国外市场。他们通过互联网检索、购买海外商品，通过国际物流将商品运到国内，这些被称为"海淘族"的网购人群是目前中国跨境网购的中坚消费力量。根据艾媒咨询数据显示，2020 年中国跨境电商交易规模预计达 12.7 万亿元，2020 中国海淘用户规模预计达 2.11 亿人。而珠海横琴新区具有葡语系跨境电商的区域优势，具有较大的消费需求。除了旺盛的跨境网购市场需求，珠海横琴新区是广东省自贸试验区重点开发的区域，在全国具有非常大的影响力。

2015 年，《广东省商务厅关于征求〈广东省关于推进中国（广东）自由贸易试验区进口消费品直销中心建议的实施意见（征求意见稿）意见的函》（粤商务开函〔2015〕35 号），征求深圳前海、横琴新区和广州南沙的意见，自贸区开展跨境电商业务将初步明朗。横琴新区管委会对跨境电子商务的发展非常关注。横琴新区政府组织大横琴集团积极开展跨境电商相关工作。为做好试点推进工作，横琴新区成立了试点工作领导小组，制定了《横琴新区跨境贸易电子商务服务试点项目实施计划纲要》。依托横琴区域优势、旅游特色，构建跨境电商公共服务平台，促进跨境电商快速发展。随着跨境电子商务的迅猛发展，建设跨境贸易电子商务公共服务平台具有对跨境贸易电子商务规范化、阳光化重大意义，如图8-56所示。

图 8-56　基于跨域多维大数据的跨境贸易电子商务公共服务平台界面图

跨境电子商务平台接入多类数据库，包括：①人口基础信息数据库，整合户籍信息（公民身份号码、姓名、性别、民族、启用标识、出生地6项基本信息和户籍扩展信息）等；②法人基础库主要包括法人基础信息、法人代表信息、组织机构代码证书信息、登记信息、分支机构信息、年检信息、税务监管信息、行政许可信息、行业资质信息、行政监管信用评级信息及历史信息等；③商务数据库，包括商品信息、订单信息等。

基于跨域多维大数据的跨境电子商务平台打通了企业与业务监管部门的数据交互通道，实现跨境电子商务进出口通关模式的创新，为跨境贸易电子商务企业提供单一窗口服务，推动跨境贸易电子商务业务进一步发展。

监管部门方面，将跨境贸易电子商务全过程（包含进口关税、外汇结算、知识产权保护等）纳入政府的监管，向部分环节处于灰色经营状态的跨境贸易电子商务提供一个转向规范化运营的渠道。电子商务企业方面，一是可以通过跨境贸易电子商务公共服务平台的方式实现阳光化的进出口通关，实现后续的收结汇和退税；二是提供便捷的单一窗口通关流程，提升进出口通关效率，降低企业成本。

参 考 文 献

曹素娥, 2019. 云计算下海量数据挖掘的优化方法探讨. 通讯世界, 26(12): 127-128.
关欣, 李璐, 易田田, 等 2019. 智慧城市电子围网应用研究. 信息通信技术与政策, 4: 23-26.
蒋磊, 2019. 大数据的应用与发展中的利弊分析. 计算机产品与流通, 5: 132.

李珊珊, 2019. 基于云计算环境下的数据挖掘服务模式技术分析. 科技风, 36: 62.

王睿佳, 2016. 狠、准、快, 项目集管理新范例: 珠海横琴新区环岛电子围网系统项目管理创新实践. 项目管理评论, 1: 44-46.

于洪, 何德牛, 王国胤, 等, 2019. 大数据智能决策.自动化学报, 46(5): 878-896.

周英, 卓金武, 卞月青, 2016. 大数据挖掘: 系统方法与实例分析. 北京: 机械工业出版社.

KHALEGHI B, KHAMIS A, KARRAY F O, et al., 2013. Multisensor data fusion: A review of the state-of-the-art. Information Fusion, 14(1): 28-44.

XU W H, YU J H, 2017. A novel approach to information fusion in multisource datasets: A granular computing viewpoint. Information Sciences, 378: 410-423.

第9章 跨域多维大数据管理标准规范建设

随着信息化的推进，大数据逐渐走进人们的视野，成为社会生活和工业生产等方面不可或缺的基础资源。大数据的初步应用已经开始对生产、流通、分配与消费模式产生重要影响，而大数据领域相关的标准缺失，会导致大数据应用建设没有标准可依据，形成数据信息孤岛，影响数据的复用性和互融互通性，阻碍产业化发展。因此，为了有效管理和利用跨域多维大数据，建设跨域多维大数据标准规范体系是极为必要的。

本章主要介绍跨域多维大数据管理标准规范建设，具体包括跨域多维大数据管理法理依据、跨域多维大数据管理标准化建设和跨域多维大数据管理平台运营模式。

9.1 跨域多维大数据管理法理依据

相比于传统大数据，珠海市横琴新区跨域多维大数据呈现出几个独有的特征，分别如下：

（1）空间上跨越粤港澳三地，各地由于历史原因，采用不同的法律体系和管理制度；

（2）数据共享体制和机制不同；

（3）大数据平台有共享和协同需求，但无历史经验可以借鉴，需要发挥智慧来先试先行并创新机制。

基于此，本节在实践的基础上，依托一国两制国策、国务院分线管理制度和横琴新区实践经验，分别介绍。

9.1.1 实践"一国两制"的成果

香港、澳门发展同内地发展紧密相连，要支持香港、澳门融入国家发展大局，需要以粤港澳大湾区建设、粤港澳合作、泛珠三角区域合作等为重点，全面推进内地同香港、澳门互利合作。

跨域多维大数据公共服务云平台的成功建设能有效实现粤港澳信息化的深度融合，能大力推进创新创业生态体系的构建完善，对于落实国家大数据发展战略及贯彻"一国两制"方针具有重大意义。

"一国两制"是全球化时代中国国家治理理论和治理实践的伟大创新。粤港澳大湾区是新时代推动形成全面开放新格局的新尝试，也是推动"一国两制"事业发展的新实践（刘金山，2019）。粤港澳大湾区需充分发挥"一国两制"制度优势，扬长避短，建立健全涵盖多领域的合作机制（梁宏中 等，2019）。横琴作为国家级新区和自由贸易试验区，位于"一国两制"的交汇点，承载着粤港澳一体化发展的历史使命。因此，跨域多维大数据公共服务云平台项目依托横琴作为试点，充分发挥国家级新区和自贸贸易试验区先行先试的示范作用，形成可复制可推广的经验在全国范围内进行推广，从而进一步深化粤港澳合作，实现粤港澳信息化的深度融合，促进大数据的国际化交流、共享与合作（向晓梅 等，2018；钟韵 等，2017）。

9.1.2 横琴分线管理制度的提出和实践

横琴新区分线管理政策是在横琴岛全岛按照"一线放宽、二线管住、人货分离、分类管理"的原则上实施的分线管理。

2009 年 6 月 24 日，国务院批准了《横琴总体发展规划》，以推动粤港澳紧密合作，促进澳门经济适度多元发展和维护港澳的长期繁荣稳定。

2011 年 7 月 14 日，国务院对横琴开发有关政策做出批复，横琴将采取创新通关制度和措施，按照"一线"放宽、"二线"管住、人货分离、分类管理的原则实施分线管理。

2014 年 5 月，珠海横琴二线通道监管查验设施顺利通过国家部委联合验收组的正式验收，标志着横琴已经具备全岛封关运作的条件。已经建成的横琴二线通道基础设施和查验配套设施项目包括出入岛综合楼，环岛视频监控室，出入岛货检查验楼，出入岛货检查验通道。

2016 年 12 月 5 日，横琴口岸及综合交通枢纽开发工程正式动工。目前，工程的前广场区试桩环节已全部完成。依据《横琴总体发展规划》，横琴口岸将是"'一线'放宽、'二线'管理、人货分离"政策落实的重要基础设施载体。

横琴与澳门之间口岸设定为"一线管理"，对与生产有关的入境货物实行备案管理并予保税或免税。横琴与内地之间设定为"二线管理"，承担货物监管、征税和检验检疫等职能。与生产有关的内地货物进入横琴视同出口，按规定实行退税。货物从横琴进入内地按规定办理进口报关手续，按实际报验状态征税。

9.1.3 横琴新区跨域多维实践经验

横琴新区在跨域多维的实践中，实现了以下创新成果。

1. 澳门大学横琴新校区

2009 年 6 月 27 日，第十一届全国人民代表大会常务委员会第九次会议通过了《全国人民代表大会常务委员会关于授权澳门特别行政区对设在横琴岛的澳门大学新校区实施管辖的决定》。中央批准澳门大学在广东省珠海市横琴岛上建设新校区，并授权澳门特区政府在新校区内实施澳门法律和行政体系，授权有效期 40 年。新校区面积 1.092 6 km²。

2009 年 12 月 20 日，澳门大学横琴校区奠基仪式由时任国家主席胡锦涛出席。澳门大学横琴校区得到了中央人民政府与澳门特别行政区政府的高度重视，新校区的建成，揭开了"一国两制"的新篇章。

2013 年 7 月 20 日，横琴岛澳门大学新校区正式移交启用，标志着"一国两制"的构想在珠海横琴新区有了全新实践。横琴岛澳门大学新校区不仅为澳门大学的发展提供了优质的硬件环境，同时对横琴新区的发展也有极大的促进作用，是"一国两制"在澳门地区成功实践的典范。

2019年3月15日，横琴新区管委会与澳门大学签署合作协议，共建横琴·澳门大学产学研示范基地。据悉，横琴新区将为澳门大学提供免租10 000 m²科技创新载体和1亿元重大研发机构扶持资金及天使投资基金，协助澳门大学加速融入大湾区并优化创新科研布局，推动澳门大学研究服务和知识成果转移转化。

如今，横琴新区为澳门大学毕业生提供越来越多的教学实践和工作实习的机会。其中，多个博士后工作站、科技研究成果的转化都将落户横琴，并且现在国内很多大学都已主动要求和澳门大学合作。横琴岛澳门大学新校区已经成为澳门和内地在教育科研、城市发展规划、社会服务和制度管理等方面紧密联系合作的新例子，也是"一国两制"框架下粤澳合作的标志性项目。横琴新区因为澳门大学的加入而带来了新机遇，珠澳两地的合作也将更加紧密，加之港珠澳大桥的开通，横琴的战略位置将愈发重要，横琴未来潜力将不可估量。

2. 粤澳合作打造中医药科技产业园

2011年4月19日，粤澳合作中医药科技产业园正式启动，如图9-1所示。根据《横琴总体发展规划》和《粤澳合作框架协议》的指导思想，粤澳双方将以"共同规划、共同投资、共同经营、共享收益"的务实原则，推动中医药产业园的发展。

图9-1　中医药科技产业园

作为《粤澳合作框架协议》下的首个落地项目，粤澳合作中医药科技产业园是推动澳门经济适度多元化和促进粤澳中医药产业发展的载体，为包括澳门在内的企业入园发展创造良好的发展环境，同时，为包括澳门在内的专业人士及青年的发展空间提供选择。产业园通过专业化的公共服务平台搭建，为企业、研发机构入驻和落地提供了基本条件，特别是对于扶持澳门中医药企业发展来说，提供了产品研发、工艺改进、质量标准提高、扩大产能及拓展市场的空间。

3. 授权澳门对横琴口岸澳方口岸区及相关延伸区实施管辖

随着粤澳两地通关量的不断增长，传统的"两地两检"通关模式，耗时长且不便利，已经不能适应粤港澳大湾区建设大背景下两地人员往来和经贸活动日益密切的现实需要。为加强两地基础设施互联互通，促进人员、货物等生产要素便捷流动，支持澳门更好地融入国家发展大局，澳门特别行政区政府经商广东省人民政府、珠海市人民政府，于 2018 年 8 月提出，望借珠海横琴口岸改扩建的契机，将莲花口岸搬迁至横琴口岸，并采取"合作查验、一次放行"的通关模式。国务院于同年 10 月原则同意有关请求，横琴口岸如图 9-2 所示。

图 9-2 横琴口岸

2019 年 10 月 21 日，在第十三届全国人民代表大会常务委员会第十四次会议上，对《关于授权澳门特别行政区对横琴口岸澳方口岸区及相关延伸区实施管辖的决定（草案）》进行了审议，拟授权澳门特别行政区对横琴口岸澳方口岸区及相关延伸区实施管辖。

9.2 跨域多维大数据标准化

9.2.1 国际大数据标准化现状

国际大数据标准化工作主要集中在 ISO/IEC、JTC1/ WG9 大数据工作组（以下简称 WG9）。除此之外，ISO/IEC、JTC1/SC32 数据管理和交换分技术委员会（以下简称 SC32）和国际电信联盟电信标准化部门（International Telecommunication Union-Telecommunications，ITU-T）也在从事大数据标准化相关的工作。

1. WG9 大数据标准化情况

WG9 于 2014 年 11 月正式成立。工作重点包括：聚焦和支持 JTC1 的大数据标准计划；编制大数据基础标准，以指导 JTC1 中其他大数据标准的编制；编制建立在基础标准上的其他大数据标准（当 JTC1 下属相关组不存在或不能编制这些标准时）；识别大数据标准化中的差距；建立和维护与 JTC1 中那些将来可能提出大数据相关工作的所有相关实体及任何下属组的联络；识别那些正在编制有关大数据的标准和相关资料的 JTC1（和其他组织）实体，并在适当时候调查有关大数据的正在进行中和潜在的新工作；与 JTC1 之外的相关社区共同提升意识，并鼓励其参与 JTC1 的大数据标准化工作，根据需要建立联络。

目前，WG9 的国家成员有 22 个，各国代表合计超过 190 名，正在研制《信息技术大数据概述和术语（information technology big data overview and vocabulary）》《信息技术大数据参考架构第 1 部分：框架和应用（information technology big data reference architecture part1：frame work and application process）》《信息技术大数据参考架构第 2 部分：用例和需求（information technology big data reference architecture part2：use cases and derived requirements）》《信息技术大数据参考架构第 3 部分：参考架构（information technology big data reference architecture part3：reference architecture）》《信息技术大数据参考架构第 5 部分：标准路线图（information technology big data reference architecture part5：standards road map）》国际标准。

2. SC32 大数据标准化相关情况

SC32 是与大数据关系最为密切的标准化组织，持续致力于研制信息系统环境内及之间的数据管理和交换标准，为跨行业领域协调数据管理能力提供技术性支持。其工作内容包括研制开发和维护有利于规范和管理的元数据、元模型和本体的标准，此类标准有助于理解和共享数据、信息和过程，支持互操作性、电子商务及基于模型和基于服务的开发。2012 年 SC32 成立了下一代分析技术与大数据研究组。2014 年 6 月，启动 4 项为大数据提供标准化支持的新工作项目，包括结构化查询语言（structured query language，SQL）对多维数组的支持、SQL 对 JS 对象标记（JavaScript object notation，JSON）的支持、数据集注册元模型、数据源注册元模型。SC32 现有的标准制定和研究工作为大数据的发展提供了良好基础。

3. ITU-T 大数据标准化相关情况

根据 ITU-T 现有工作基础开展的标准化工作包括：高吞吐量、低延迟、安全、灵活和规模化的网络基础设施；汇聚数据机和匿名；网络数据分析；垂直行业平台的互操作；多媒体分析；开放数据标准。目前,ITU-T 大数据标准化工作主要是在第 13 研究组（SG13）开展，并由第 17 课题组（Q17）牵头开展 ITU-T 大数据标准化工作。2015 年 8 月，发布 "基于云计算的大数据需求和能力"，正在研究的课题包括 "针对大数据的物联网具体需求和能力要求""大数据交换需求和框架""大数据即业务的功能架构"。

　　除此之外,美国国家标准与技术研究院(National Institute of Standards and Technology, NIST)作为最早进行大数据标准化研究的机构之一,参加标准化技术委员会制定标准,提供标准参考数据及有关服务,在国际上享有很高的声誉。NIST 专门成立了大数据公共工作组对大数据的发展和应用,及标准化进行研究。

　　大数据互操作性框架报告,作为 NIST 在大数据标准化上最重要的成果之一,其核心是面向各个角色(系统协调者、数据提供者、大数据应用提供者、大数据框架提供者、数据消费者等)定义一个由标准接口互联的、不绑定技术和厂商实现的、模块可替换的大数据参考架构。这一报告目前有两个版本。NIST 的这一系列报告,包括对大数据术语的定义、参考架构、应用案例、标准路线等的分析,是大数据标准化工作的重要参考,受到广泛参考。

9.2.2　国内大数据标准化现状

1. 国家标准

　　中国大数据标准化工作主要集中在全国信息技术标准化技术委员会大数据标准工作组,主要负责制定和完善我国大数据领域标准体系,组织开展大数据相关技术和标准的研究,申报国家、行业标准,承担国家、行业标准制订和修订计划任务,宣传、推广标准实施,组织推动国际标准化活动,对口 ISO/IEC JTC1/WG9 大数据工作组。

　　基于实际需求,为了更好地保障标准化对技术、产业的支撑能力,不断加强大数据标准化工作,工作组于 2019 年 7 月下设总体专题组、国际专题组、技术专题组、产品平台专题组、工业大数据专题组、政务大数据专题组、服务大数据专题组、生态环境大数据专题组、电力大数据专题组、大数据治理专题组 10 个专题组,负责大数据领域不同方向的标准化工作,部分标准见表 9-1。

表 9-1　大数据国家标准(部分)

序号	标准号	标准名称	状态	所属专题组
1	GB/T 35295—2017	信息技术 大数据 术语	发布	总体专题组
2	GB/T 35589—2017	信息技术 大数据 技术参考模型	发布	总体专题组
3	GB/T 34952—2017	多媒体数据语义描述要求	发布	总体专题组
4	GB/T 35294—2017	信息技术 科学数据引用	发布	总体专题组
5	GB/T 34945—2017	信息技术 数据溯源描述模型	发布	总体专题组
6	GB/T 36073—2018	数据管理能力成熟度评估模型	发布	总体专题组
7	GB/T 36343—2018	信息技术 数据交易服务平台 交易数据描述	发布	总体专题组
8	GB/T 37728—2019	信息技术 数据交易服务平台 通用功能要求	发布	总体专题组
9	GB/T 36344—2018	信息技术 数据质量评价指标	发布	技术专题组
10	GB/T 36345—2018	信息技术 通用数据导入接口规范	发布	产品平台专题组
11	GB/T 37721—2019	信息技术 大数据分析系统功能要求	发布	产品平台专题组

序号	标准号	标准名称	状态	所属专题组
12	GB/T 37722—2019	信息技术 大数据存储与处理系统功能要求	发布	产品平台专题组
13	GB/T 38672—2020	信息技术 人数据 接口基本要求	发布	总体专题组
14	GB/T 38667—2020	信息技术 大数据 数据分类指南	发布	技术专题组
15	GB/T 38673—2020	信息技术 大数据 大数据系统基本要求	发布	产品平台专题组
16	GB/T 38676—2020	信息技术 大数据 存储与处理系统功能测试要求	发布	产品平台专题组
17	GB/T 38643—2020	信息技术 大数据 分析系统功能测试要求	发布	产品平台专题组
18	GB/T 38675—2020	信息技术 大数据 计算系统通用要求	发布	产品平台专题组
19	GB/T 38633—2020	信息技术 大数据 系统运维和管理功能要求	发布	产品平台专题组
20	GB/T 38664.1—2020	信息技术 大数据 政务数据开放共享 第1部分：总则	发布	政务大数据专题组
21	GB/T 38664.2—2020	信息技术 大数据 政务数据开放共享 第2部分：基本要求	发布	政务大数据专题组
22	GB/T 38664.3—2020	信息技术 大数据 政务数据开放共享 第3部分：开放程度评价	发布	政务大数据专题组
23	GB/T 38666—2020	信息技术 大数据 工业应用参考架构	发布	工业大数据专题组
24	GB/T 38555—2020	信息技术 大数据 工业产品核心元数据	发布	工业大数据专题组
25	20180988-T-469	信息技术 工业大数据 术语	草案	工业大数据专题组
26	20182054-T-339	智能制造 工业数据空间模型	草案	工业大数据专题组
27	20182040-T-339	智能制造 多模态数据融合系统技术要求	草案	工业大数据专题组
28	20182053-T-339	智能制造 工业大数据平台通用要求	草案	工业大数据专题组
29	20182052-T-339	智能制造 工业大数据时间序列数据采集和存储框架	草案	工业大数据专题组
30	20190841-T-469	信息技术 大数据 面向分析的数据存储与检索技术要求	草案	技术专题组
31	20190842-T-469	信息技术 大数据 政务数据开放共享 第4部分：共享评价	草案	政务大数据专题组
32	20190840-T-469	数据管理能力成熟度评估方法	草案	总体专题组
33	20194186-T-469	信息技术 大数据 数据资源规划	草案	大数据治理专题组

大数据技术更新快速，为了适应新形势下标准化工作的新需求，大数据标准工作组不断加强标准的试验验证，快速迭代标准化验证和制订工作，积极推动标准化工作的快速成熟与落地。目前国家大数据标准体系框架如图9-3所示。

大数据标准体系由7个类别的标准组成，分别为基础标准、数据标准、技术标准、平台/工具标准、管理标准、安全和隐私标准、行业应用标准。其中，管理标准作为数据标准的支撑体系，贯穿于数据生命周期的各个阶段。该部分主要是对数据管理、运维管理和评估三个层次进行规范，如图9-4所示。其中数据管理标准主要包括数据管理能力模型、数据资产管理及大数据生命周期中处理过程的管理规范；运维管理主要包含大数据系统管理及相关产品等方面的运维及服务等方面的标准；评估标准包括设计大数据解决方案评估、数据管理能力成熟度评估等。

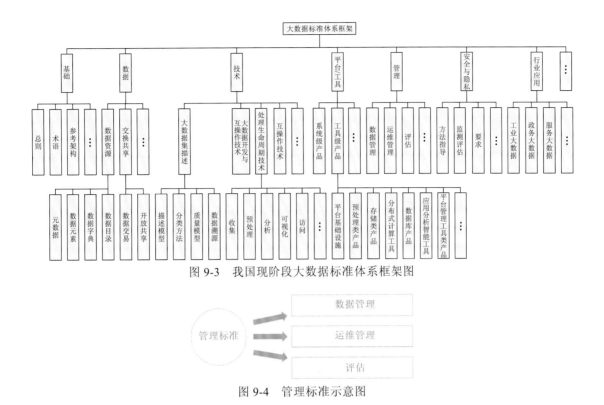

图 9-3　我国现阶段大数据标准体系框架图

图 9-4　管理标准示意图

2. 广东省标准

广东大数据产业发展的基础与环境日益扎实，逐渐形成大数据集聚发展的趋势，已形成较为完善的大数据标准体系框架。标准体系框架共划分为"基础—技术—安全—工具—应用—管理"6类，采用树形结构，分层级展开，层与层之间是包含与被包含关系，平行层之间是平行并列关系（广东省工业和信息化厅，2018）。

第一层是大数据通用标准体系。包括基础类标准（0）、技术类标准（1）、安全类标准（2）、工具类标准（3）、应用类标准（4）、管理类标准（5），如图9-5所示。

第二层的分类情况及原则如下：

（0）基础标准为整个标准体系提供包括总则、术语、参考架构、元数据、元素集、语义分析、分类分级等通用的基础性标准。

（1）技术类标准主要是对大数据相关的技术进行标准化规范。包括数据质量标准、数据处理与分析关键技术标准、数据检测与评估技术标准等。其中数据质量标准分类参考ISO8000系列标准，并根据当前广东省大数据产业发展需求，等同或修改后采用国际标准；数据处理与分析关键技术标准主要是针对数据从收集到使用过程中的关键技术进行规范；检测与评估技术主要是针对数据挖掘过程中所使用的算法和工具进行的包括模型、风险、等级保护等方面的评估。

（2）安全类标准主要是针对通用的安全和大数据环境下隐私数据的保护，其中通用要求基于信息安全技术的系列标准；行业安全重点针对人工智能、电子政务、工业互联网及健康医疗等各行业与信息主体利益密切相关的隐私数据。

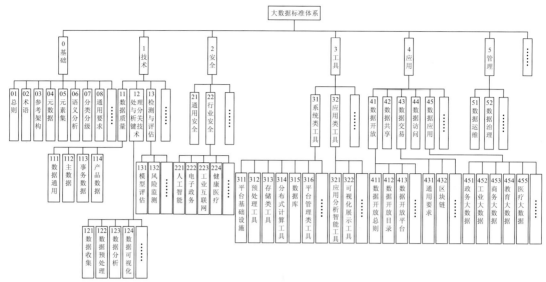

图 9-5 广东省大数据标准体系框架图

（3）工具类标准主要是从数据使用过程中的过程性工具和终端应用类工具进行规范，主要包括系统类工具和应用类工具；系统类工具标准细分为平台基础设施、预处理工具、存储类工具、分布式计算工具、数据库、平台管理类工具等；应用类工具包括应用分析智能工具、可视化展示工具等。

（4）应用类标准从发挥数据价值的角度出发，将应用分为数据访问、开放、共享、交易及行业应用等环节。行业应用类标准包括电子政务、工业、电子商务、医疗、教育等各领域共性或行业专用的数据应用标准。

（5）管理类标准是大数据标准的重要支撑，主要包括数据运维和数据治理，其中数据运维包括数据库维护、运行维护、运行安全及大数据系统及相关工具等方面的运维及服务等方面的标准；数据治理包括数据资产管理、大数据解决方案设计、数据管理能力成熟度评价等。

9.2.3 跨域多维大数据标准化建设

基于《国家信息化发展战略纲要》《关于促进大数据发展行动纲要》《大数据产业发展规划（2016—2020 年）》《关于运用大数据加强对市场主体服务和监管的若干意见》《大数据标准化白皮书（2018 版）》等国家对大数据管理的政策规定，全面依靠《广东省促进大数据发展行动计划（2016—2020 年）》《珠江三角洲国家大数据综合试验区建设实施方案》《广东省大数据标准体系规划与路线图（2018—2020）》等广东省大数据标准体系规划方案，以现有文件对大数据标准化管理的要求为基础，以实现跨域、多维化大数据管理为出发点，结合国际、国家、地方大数据技术及产业的发展现状与趋势，构建先进、开放的标准化管理体系。

跨域多维大数据平台采用多种方式采集数据，扩大数据库，逐步完善政府、企业、机构之间的数据开放与共享。积极落实国家"建设粤港澳深度合作示范区"战略，在横琴探索粤港澳跨区域的数据交换与互联互通的体制创新和标准建设，促进与香港、澳门地区的信息化产业融合。建立国内不同行业、领域的数据集中交换标准，探索粤港澳大湾区智能化建设方法，建立国际数据交易平台，贯彻落实国家"一带一路"发展倡议。

1. 电子围网系统标准建设

电子围网系统是跨域多维大数据在横琴新区建设的典型案例。在跨域多维大数据平台电子围网系统建设的基础上，作者申请并牵头完成了广东省地方标准《电子围网通用技术条件》（DB44/T 2127—2018），该标准 2016 年立项，2019年颁布实施，该标准首页如图 9-6 所示。

目前作者正牵头编写两项行业标准《智慧城市电子围网技术要求》与《智慧城市 电子围网应用场景和业务需求》。

《智慧城市 电子围网应用场景和业务需求》给出特定区域（海关、公安等）电子围网的特征，将典型应用场景分类,面向典型应用场景的业务需求。

电子围网的定义：在没有物理围网隔离的情况下，综合应用各种信息化技术手段，及时发现未获得授权的人、交通工具、物非法进入、离开、入侵控制区域的行为，并对其进行智能跟踪，实施智能干预，从而达到对控制区域进行"事前预警、事中干预、事后可溯"有效管控的目标的智能城市应用。

图 9-6 广东省地方标准《电子围网通用技术条件》首页

标准典型应用场景的分类以海关、公安等用户需求为核心，综合不同环境的监测要求，将典型应用场景分为陆地重点区域围界监测处置、海岸线监测处置、海面监测处置三类。陆地重点区域围界监测处置面向安防重点区域、危险区域等陆地重点监控区域的异常监测及联动处置。典型应用场景包括人/车/机越界报警、人员聚集/徘徊行为监测、边界异常抛物监测等。海岸线监测处置面向海陆交接区域的异常监测及联动处置。典型应用场景包括海岸线非正常区域靠岸识别等。海面监测处置面向近海区域的船只的异常监测及联动处置。典型应用场景海面船只识别与监测等。

《智慧城市 电子围网技术要求》对电子围网业务技术架构进行解释，技术架构包括感知层、传输层、应用层和安全防护。电子围网技术架构如图 9-7 所示。感知层用于电子围网保护区域的实时监测。传输层用于实现感知层与应用层之间的数据传输。应用层与感知层进行信息交互，存储、处理相关信息，并包含外部数据接口，实现电子围网应用层与外部系统的数据共享。安全防护技术用于确保系统安全可靠运行，不受外部侵害，不出现信息泄露。该标准规定了电子围网感知网、传输层、应用层及安全防护的技术指标要求，适用于智慧城市的电子围网的规划、设计和部署实施。

1）电子围网感知层技术要求

感知层由视频监控、智能感知和移动巡查组成。前端感知终端需无缝覆盖电子围网全部边界。无缝覆盖是指能够通过感知终端感知到电子围网边界线上任意位置的实时图像等信息。电子围网感知层技术要求包括视频监控技术要求、智能感知技术要求和移动巡查技术要求。

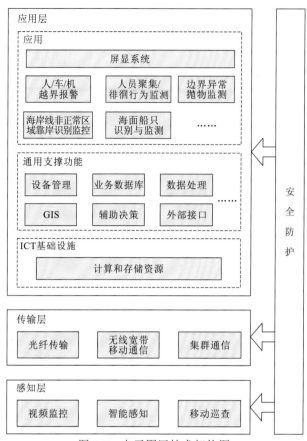

图 9-7　电子围网技术架构图

视频监控技术要求中对视频监控的覆盖范围、制式、分辨率、压缩技术等给出了规定。智能感知技术要求对误报率和感知终端智能化做出规范。移动巡查技术要求则包括定位技术要求和数据传输技术要求。

2）电子围网传输层技术要求

传输层可以采用的技术包括：光纤传输技术、无线宽带移动通信技术和集群通信技术。因此，传输层技术要求包括了光纤传输技术、无线移动通信技术和集群通信技术要求。

光纤传输技术应作为电子围网的主要数据传输手段，用于传输视频图像及各类传感信息。无线宽带移动通信技术具有覆盖面广、移动性好的特点，应作为移动巡查单元的数据传输手段。集群通信应作为移动巡查单元或指挥中心进行语音通信的主要技术手段。

3）应用层技术要求

应用层包括信息通信技术（information and communications technology，ICT）基础设施、通用支撑功能和应用三部分。其中 ICT 基础设施为平台提供 ICT 硬件资源；通用支撑功能为各类电子围网应用提供通用服务，包括设备管理、业务数据库、数据处理、辅助决策、GIS 及与外部接口等；应用是利用电子围网具体功能实现的具体业务。电子围网的应用包含人/车/机越界报警、人员聚集/徘徊行为监测、边界异常抛物监测、海岸线非正常区域靠岸识别监控和海面船只识别与监测等。应用层技术要求包括 ICT 基础设施、通用支撑功能。

ICT 基础设施要求主要对电子围网的 ICT 基础设施进行了规范包括系统存储容量、存储时间、实际读/写性能、负载均衡功能、多数据副本保护机制等。

通用支撑功能技术要求包括设备管理技术要求、业务数据库技术要求、数据处理技术要求、GIS 技术要求、辅助决策技术要求。

4）安全防护技术要求

安全防护技术应能够实现对整个电子围网系统的安全防护，包括前端感知终端、传输网络及业务系统。技术要求包括感知层安全防护技术要求、传输层安全防护技术要求、应用层安全防护技术要求。

感知层安全防护技术要求对感知终端应用安全技术、网关安全技术与接入通信网的安全技术做出了规定。传输层安全防护技术要求包括了数据传输安全技术、传输层安全等级保护技术要求。应用层安全防护技术要求则包括操作系统安全技术、信息存储安全技术、入侵检测技术、权限与访问控制技术要求。

作为新兴的技术概念，跨域多维电子围网相关标准的完善不仅填补了中国乃至国际关于电子围网总体架构和系统建设标准的空白，并对指导相关工程建设和技术设备开发工作具有深远意义。

2. 跨系统交互标准建设

跨域多维大数据为智慧城市建设提供了数据支撑，针对跨域多维大数据智慧应用、公共信息与服务支撑平台、行业系统和公共基础数据库之间的数据通信，作者目前草拟了三项国家标准：《智慧城市 跨系统交互 第 1 部分：总体框架》、《智慧城市 跨系统交互 第 2 部分：技术要求及测试规范》及《智慧城市 跨系统交互 第 3 部分：接口协议及测试规范》。以公共信息与服务支撑平台为中心，通过各行业系统及公共基础数据库的接口获得数据，并面向政府、企业、市民提供智慧应用服务，上述三项标准给出了数据跨系统交互的接口功能、技术要求等，适用于智慧城市跨系统交互的系统设计、技术实现。

《智慧城市 跨系统交互 第 1 部分：总体框架》规定了适用于智慧城市跨系统交互的信息系统的总体框架。包括智慧城市跨系统交互功能架构和主要场景。

智慧城市应用通过与公共信息与服务支撑平台、公共基础数据库及行业系统间的交互，获取需要的数据信息，并通过融合分析提供相关服务，公共信息与服务支撑平台负责提供智慧城市中的数据共享与交换、业务集成与协同、信息处理与控制功能，城市公共基础数据库和行业系统中的行业数据库负责提供智慧城市应用所需的静态和动态城市数据。智慧城市跨系统交互过程中所涉及各个模块及数据交互如图9-8所示。

系统交互主要场景包括接入、数据更新、数据获取、订阅/推送、事件下发、事件上报。

接入包括智慧城市应用的接入、行业系统和公共基础数据库的接入。

当行业系统或公共基础数据库自身进行数据更新时，须对公共信息与服务支撑平台上的数据进行相应的更新。

应用需要获取相关数据时，通过公共信息与服务支撑平台查询该类数据的行业系统或公共基础数据库所发布的数据信息，获取行业系统/公共基础数据库中数据的地址，经公共信息与服务支撑平台或数据源所属法人机构确认后，建立起智慧城市应用与行业系统或公共基础数据库之间的访问关系。然后，智慧城市应用可直接向行业系统或公共基

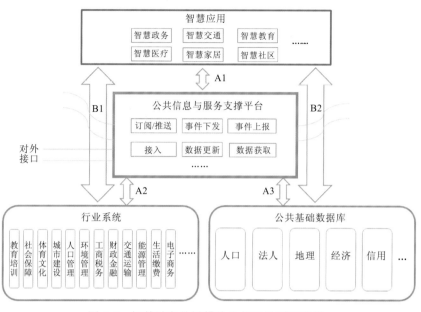

图 9-8　智慧城市关键模块及相互关系示意图

础数据库请求所需的数据，行业系统或公共基础数据库做出数据响应，将相关数据发送给智慧城市应用。

订阅是指智慧城市应用在公共信息与服务支撑平台按主题或类别订阅相关行业系统或公共基础数据库的数据。推送是指经公共信息与服务支撑平台确认后，行业系统或公共基础数据库按照订阅要求向智慧城市应用发送相关数据。

智慧城市应用构建分析模型，对行业系统或公共基础数据库提供的数据进行综合处理，当分析出异常时，生成事件并通过公共信息与服务支撑平台向行业系统或公共基础数据库发送紧急消息，行业系统随后对下发的消息进行智能响应。

在城市的日常运行管理中，行业系统采集城市运行数据，并对采集的信息进行分析处理，当监测到异常数据时，生成事件并以消息的方式上报给公共信息与服务支撑平台。公共信息与服务支撑平台再将事件发送给订阅该类事件的智慧城市应用，智慧城市应用对其进行智能响应。

《智慧城市　跨系统交互　第 2 部分：技术要求及测试规范》规定了智慧城市跨系统交互主要场景下的技术要求，以及相应的测试方法。

接入包括应用接入与行业系统和公共基础数据库接入。应用接入定义智慧城市应用跨系统交互过程中，接入公共信息与服务支撑平台上信息可靠性。行业系统和公共基础数据库接入指标定义智慧城市应用跨系统交互过程中，接入公共信息与服务支撑平台上信息可靠性。

数据更新定义当行业系统或公共基础数据库自身进行数据更新时，公共信息与服务支撑平台同步更新数据能力。

数据获取定义智慧城市应用获取相关数据能力。

订阅/推送定义为智慧城市应用数据服务的可订阅/推送性，并应具备对信息交互出错的处理机制。

事件下发定义为智慧城市应用对获取数据进行综合分析出现异常情况时，异常事件下发可行性。事件上报定义为突发事件时，智慧城市跨系统交互具备较强的应急响应能力，可及时将异常事件由行业系统上报至智慧城市应用。

《智慧城市 跨系统交互 第 3 部分：接口协议及测试规范》规定了智慧城市跨系统交互的接口类型、功能要求和测试方法。

如图 9-8 所示，智慧城市信息交互接口分为五类，各接口功能如下所示。

（1）公共信息与服务支撑平台与智慧城市应用间接口（A1 接口）：主要负责公共信息与服务支撑平台与智慧城市应用之间的信息交互，包括应用的接入、数据更新、数据获取、订阅/推送、事件上报、事件下发等。

（2）公共信息与服务支撑平台与行业系统间接口（A2 接口）：主要负责公共信息与服务支撑平台与行业系统之间的信息交互，包括行业系统的接入/撤销、登录/退出、数据更新、数据获取验证、订阅/推送、事件上报、事件下发等。

（3）公共信息与服务支撑平台与公共基础数据库间接口（A3 接口）：主要负责公共信息与服务支撑平台与公共基础数据库之间的信息交互，包括公共基础数据库的接入/撤销、登录/退出、数据更新、数据获取验证、订阅/推送、事件下发等。

（4）智慧城市应用与行业系统间接口（B1 接口）：主要负责智慧城市应用与行业系统间的信息交互，包括智慧城市应用与行业系统间的数据传输，行业系统的数据推送、定时心跳。

（5）智慧城市应用与公共基础数据库之间的接口（B2 接口）：主要负责智慧城市应用与公共基础数据库间的信息交互，包括智慧城市应用与公共基础数据库间的数据传输，公共基础数据库的数据推送、定时心跳。

9.3 跨域多维大数据管理平台运营模式

跨域多维大数据管理平台将以信息为先导，整合、引导和分配大湾区管理资源，使大湾区信息管理从定性变为定量、静态变为动态、单一变为综合、滞后变为实时；促进大湾区管理手段、运营模式的创新，从而在多维度、跨地域地提高大湾区的运行效率和行政效能，如图 9-9 所示。依托目前现有的信息化总体规划，推动跨域多维大数据标准规范建立实行，贯彻落实国家"一带一路"倡议，建立全口径信息管理与服务云平台，探索粤港澳大湾区大数据管理新方法，从而实现精确、敏捷、高效、全时段、全方位覆盖的管理和服务模式，提高大湾区信息化服务的整体水平。

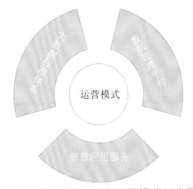

图 9-9 数据管理平台运营模式示意图

9.3.1 大数据标准体系

大数据标准规范体系是多级联网平台建设和管理运营过程中必须遵循和管理的数据标准，是平台运行和应用的数据基础。标准规范的编制首先要遵循国家相关标准、国家和国际开放技术标准，在制订本地化标准中要经过严格的标准规范建设流程，从总体、技术、业务、管理、运营等方面形成适合本项目的技术标准与管理规范体系（张群 等，2017）。基于目前国内外各项大数据标准体系建设情况与趋势，结合横琴地域优势与实际情况，探索粤港澳跨区域大数据交换、互通的体制创新，促进多维度、跨区域信息化产业融合。跨域多维大数据管理平台的运营方法与模式，将坚实依靠大湾区大数据标准建设创新，推动大数据规范标准合理化、普适化，从而充分发挥云平台信息管理优势，有效提升数据统筹管理与大众服务能力。

9.3.2 数据管理平台

构建全区一体、区域统一、互联互通的公共数据共享平台和数据开放平台体系，推进公共机构数据资源依托统一的平台体现共享、交换和开放，实现政府、企业、个人数据融合，充分发掘大数据的价值，基于大数据平台，实施大数据开放行动计划，建设大数据研究创新创业平台，优先推进与民生保障相关的政府数据集向社会开放，依托政府开放数据和社会数据，引导和鼓励全社会企业、公众进行数据挖掘分析，开发应用，激发创业创新活力，推动万众创新、开放创新，培育大数据产业。

跨域多维大数据管理平台主要是通过监控视频、光电、雷达等方式，采集涉及空、天、地多领域的数据，并对其进行加工处理，包括纠错、补漏和去重等清理工作，对文本、图像、视频等新型非结构化数据进行分析和结构化处理（戚斌，2018），如图9-10所示。

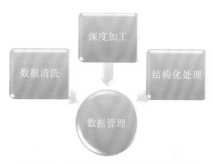

图 9-10 数据管理平台模块示意图

（1）数据清洗。重点立足于政府类数据，研究相关的统计、分析和建模技术，对当前系统数据中存在的拼写错误、异常数值、空缺项目、关联数据矛盾、数据表示不一致等情况进行自动化的发现和纠正（王铭军 等，2015；郭志懋 等，2002）。

（2）数据结构化。主要是对文本、图像、音视频数据等海量数据进行结构化处理，包括对新闻、短信、微博、微信等各种形式的文本进行深加工提取文本信息，对语音内容进行识别和理解，对图像视频处理来检测目标、行为判别、构建视频摘要等。

（3）数据挖掘分析。如图 9-11 所示，根据不同类型的数据进行挖掘分析，包括对结构化数据进行建模，构建数据仓库；对非结构化数据进行人工智能分析，提供智能判断和决策支撑，从而为各类智慧应用提供高效的数据支撑（金伟 等，2017）。

运营者需要做到及时地、实时地更新平台上的数据，高效率处理平台上的数据，将其转化为可视化的信息，给用户提供最新的、符合不同用户类型不同方面需求的多项服务。

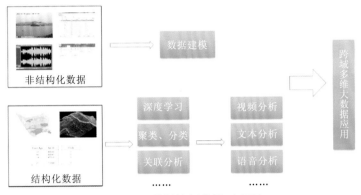

图 9-11　数据挖掘分析示意图

9.3.3　信息化服务应用

（1）在信息采集与存储上，在横琴范围内增加高清摄像头、光电跟踪仪、雷达、巡逻车、无人机等监控信息及设备，建设包括沿环岛部分地段的越界感知信息采集系统、海关智能监控子系统、海关环岛接处警管理子系统、海关移动巡查子系统、海关指挥子系统、GIS/卫星导航系统，实现对粤港澳大湾区的信息化全覆盖，将采集到的数据面向监控指挥中心进行汇聚，构建船只、车辆、异常事件样本数据库由云平台进行存储与备份，从而利于下一阶段的数据清洗、数据挖掘、分析。

（2）在维护社会安全上，通过监控视频、光电跟踪仪、高清摄像机、无人机、雷达等科技设备获取海量的多级图像与视频数据，构建横琴智能监控防护体系，从城市、海上、天空多维度空间角度出发对大湾区城市、海上区域进行实时监测与预警，推动紧急事件响应机制的运作。包括可疑船只、车辆的检测与跟踪、非法闯出分析、环岛周界区域的人、车、船跟踪、识别、报警。

（3）在推动城市规划与决策上，建立城市人流量、车流量统计模型，积极开展环岛大数据时空智能分析研究及示范应用，从而为下一阶段城市发展决策部署提供有力支撑。具体包括环岛电子围网船只大数据样本库构建、环岛电子围网视频大数据事件库建库、视频大数据时空智能分析相关关键技术研究、基于环岛视频大数据的船只识别算法优化、环岛视频大数据时空智能分析的移动目标交接、视频大数据与 GIS 数据的融合展示（图 9-12）等内容。

如图 9-12（a）是 GIS 地图数据，图 9-12（b）是遥感影像数据，图 9-12（c）是视频数据，该系统将环岛电子围网的视频监控点位的实时图像引入环岛 GIS 监控平台，实现可视化的二维 GIS 数据与实时视频数据互补的管理模式。将遥感影像、电子地图和视频摄像头结合起来，充分利用各种技术的优点，相互弥补缺陷，较现有技术中三者相互分离或者耦合程度不高的现状，较先前方法更为直观并易于使用。利用影像匹配技术，将遥感影像与视频图像进行匹配，从而精确地计算出每一个摄像头的监控范围，自动控制摄像头的切换。将电子地图的宏观性、遥感影像的历史性和视频摄像头的现时性紧密地结合在一起，较现有技术，更易于进行海域的管理。

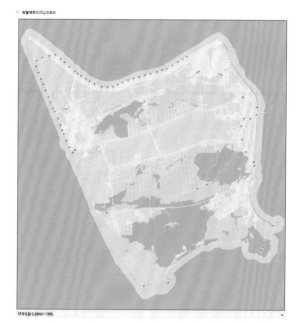

（a）GIS地图数据
（b）遥感影像数据
（c）视频数据

图 9-12　视频大数据与 GIS 数据的融合展示界面图

参 考 文 献

广东省工业和信息化厅, 2018. 广东省大数据标准体系规划与路线图(2018-2020): 12-11.

郭志懋, 周傲英, 2002. 数据质量和数据清洗研究综述. 软件学报(11): 2076-2082.

金伟, 刘冬秋, 2017. 大数据时代的数据挖掘技术分析. 山东工业技术, 13: 147.

梁宏中, 王廷惠, 2019. "一国两制"框架下粤港澳大湾区内差异与互补性经济合作机制. 产经评论, 10(3): 94-101.

刘金山, 2019. 新时代"一国两制"制度红利与粤港澳大湾区建设. 统一战线学研究, 3(3): 5-10.

戚斌, 2018. 大数据时代下数据质量的挑战. 信息记录材料, 19(6): 74-75.

王铭军, 潘巧明, 刘真, 等, 2015.可视数据清洗综述. 中国图象图形学报, 20(4): 468-482.

向晓梅, 杨娟, 2018. 粤港澳大湾区产业协同发展的机制和模式. 华南师范大学学报(社会科学版) 2: 17-20.

张群, 吴东亚, 赵菁华, 2017. 大数据标准体系. 大数据(4): 17-25.

钟韵, 胡晓华, 2017. 粤港澳大湾区的构建与制度创新: 理论基础与实施机制. 经济学家, 12: 50-57.

第10章 跨域多维大数据共享

大数据共享平台是指借助一定的技术手段，面向全社会及各行各业以公用事业的方式提供数据资源的统一开放平台体系（鲁焱，2017）。本章将主要围绕跨域多维大数据共享，具体包括大数据共享现状、大数据共享需求、跨域多维大数据关键技术及跨域多维大数据共享平台建设实践。

10.1 大数据共享现状分析

大数据共享，是让不同地方使用不同计算机、不同软件的用户，即不同终端，按照一定的规定和安全共享机制，通过网络（局域网或互联网）等读取他人共享的数据并进行各种操作、运算、分析和管理的行为（魏翠红 等，2016）。大数据共享在内容上不仅包含了海量数据的共享，还涉及大数据软件程序、大数据科学和工程系统及大数据的应用实践等内容，它将有助于推动科学和社会科学的发展。从目前来看，大数据深入发展的瓶颈不是技术问题，而是数据共享和融合机制。因此，如何克服大数据时代数据共享与融合的障碍，建立和完善数据共享与融合机制，才是大数据发展的关键所在（赵阳 等，2017；Yang et al.，2011）。政府作为大规模数据的原始采集者，与私营企业数据持有人的区别就是，政府可以要求人们为它提供数据，不必加以说服或者支付报酬（维克托 等，2013）。一些研究人员指出，国家主导是政务大数据发展的根本动力，而大数据分析技术的使用能够大大提升政府服务的效能（Kim et al.，2014；Joseph et al.，2013）。但是由于政府在获取数据中所处地位的特殊性，它们在数据使用上效率较低（Rajagopalan et al.，2013）。提取政府数据价值最好的方法就是允许私营部门和社会大众访问。这种"开放政府数据"的倡议被多国政府所认可，相关举措也在各国得以实施（Shi et al.，2017）。

国际科学数据共建共享始于 1957 年，先后成立了世界数据中心（World Data Center，WDC）和科学技术数据委员会（Committee on Data for Science and Technology，CODATA）（Newell et al.，2011）。此后，为促进科学数据更好地共享和交换，国际组织、各国政府、众多科研资助机构等都广泛展开大数据的共享服务与实践（谢艳秋 等，2014）。作为大数据的创新引领者，美国大数据发展一直走在全球最前面，也是最早推出国家战略的国家。早在 2009 年，美国政府为了增加政府资料透明度而设立推出 Data.gov。除此之外，目前美国政府的所有主要大数据政策均可以在白宫网站查询，此类门户网站还充分展示了各种大数据应用相关案例，便于促进行业交流。英国于 2012 年发布《开放数据白皮书》，后续采取一系列举措来推进公共服务数据的开放，提升数据分析技术，确保数据被安全存取和共享（张世明 等，2016）。欧盟宣布开放数据的举措也很快遍及整个欧洲（曹凌，2013；Huang et al.，2012）。澳大利亚、智利、巴西等国也相继出台了开放数据策略。

我国对大数据的共享问题也愈发重视（Meng，2017）。2015 年国务院印发了《促进大数据发展行动纲要》，提出运用大数据完善社会治理、提升政府服务和监管能力为大势所趋，大力推动政务大数据的发展和应用，成为提升政府治理能力的新途径，将大数据共享平台建设推向了前台（张利，2019；单志广，2015）。同年，贵阳大数据交易所应运而生，倾力打造"中国数谷"，以构建大数据全产业链为切入点，以数据铁笼、大数据交易等为抓手，建设块数据城市。2016 年，上海出台了《上海市政府数据资源共享管理办法》，初步形成了以电子政务云为载体，以基础数据库为支撑，以政府数据资源目录为主线的数据共享的工作思路。2017 年 12 月，习近平在《实施国家大数据战略加快建设数字中国》报告中强调，要推动大数据技术产业创新发展。要加快构建高速、移动、安全、泛在的新一代信息基础设施，统筹规划政务数据资源和社会数据资源，完善基础信息资源和重要领域信息资源建设，形成万物互联、人机交互、天地一体的网络空间。2018 年 2 月，北京市政府发布《北京市政府信息资源管理办法（试行）》，该办法提出北京市将建设统一的市级大数据管理平台，原有系统应逐步并入市级大数据管理平台。市经信委依托市级大数据管理平台提供政务信息资源共享服务，实现"一次汇聚，多次共享"（何嘉烨，2018）。

10.2　跨域多维大数据共享需求

政府与公民、企业进行互动时，在提供服务的过程中会沉淀海量的数据，这些数据与社会经济、公民生活密切相关，具有数量庞大、涉及面广、动态精准、可用性强等特点（张利，2019），如图 10-1 所示。目前影响到数据开放的主要问题有以下几方面。

图 10-1　数据共享难点示意图

（1）不同部门间存在数据壁垒。长期以来，我国的信息化是以部门为中心展开的，客观上形成了行业垂直的信息化体系，地方上形成了条块分割的信息孤岛，数据开放需要纵向层层审批，并且不同部门数据平台缺乏统一标准，造成了地方区域平台数据难以共享整合。

（2）共享大数据的共赢意识亟待加强。许多政府部门缺乏挖掘数据价值的观念与驱动力；还有一些数据富集部门将数据视为商业资源，不愿开放数据。

（3）数据共享缺乏实时性。数据共享缺乏实时性，体现在不同部门之间共享的有些数据是过时的数据。目前各地政府以建设数据交换为主，数据交换平台无法解决实时性的业务需求，而且目前大部分地方并未做到实时同步，主要以定期同步为主，甚至部分单位采用数据拷贝等形式，普遍拿到的是过时数据。

（4）缺乏更为有效的数据开放标准。国务院已于 2007 年颁布《中华人民共和国政府信息公开条例》，但在实际运作中仍然遇到一些问题，如条例的适用范围仅限行政机关，并不包括司法、人大机关等管理公共事务的国家机关，因而信息公开不充分；条例属于国务院颁布实施的行政法规，层级低于全国人大制定的法律，受到《保密法》《档案法》

等上位法的限制，导致权威性不足，对行政机关的约束有限等问题。

大数据时代下，数据价值的潜力巨大，但要挖掘出数据资源背后隐藏的有用信息并应用于实践，同时又考虑数据成本和社会效益，数据共享是必然（赵阳 等，2017）。大数据共享使得不同层次、不同部门信息系统更加合理地进行资源配置、节约社会成本、创造更多价值，不仅能提高信息资源利用率，避免在信息采集、存储和管理上的重复浪费，有利于更合理安排物力和财力，发挥人的更大价值（赵阳 等，2017）。在大数据时代，公众可以更好地参与到政府工作之中，与政府分享数据，形成政府和公众共同参与的政务决策机制。

10.3 跨域多维大数据共享关键技术

10.3.1 跨域多维大数据资源库设计

跨域多维大数据以基础性信息资源库为核心，需全面整合跨地区、跨行业、跨港澳的数据，建立统一的跨域多维大数据资源库，以实现跨域多维大数据的统一采集与存储。

在跨域多维大数据资源库的建设过程中，首先需要解决由不同地区、不同部门之间不一致的数据标准造成的数据孤岛、数据壁垒等现象。为了打破现有数据壁垒，需要优先建立跨域多维大数据平台标准规范体系，推动形成面向应用的跨域多维大数据平台建设标准体系，探索粤港澳跨区域的数据共享开放标准。

通过建立统一的数据标准，打通不同地区、不同行业数据，实现数据融合、统一管理与存储，构建城市级数据资源库。推动建立政府部门和事业单位等公共机构数据资源清单，按照"增量先行"的方式，着力加快公共机构数据开放计划，推进公共机构数据资源统一汇聚和集中向社会开放，提升政府数据开放共享标准化程度，优先推动信用、交通、医疗、卫生、就业、社保、地理、金融、企业登记监管等民生保障服务相关领域的政府数据集向社会开放。建立政府和社会互动的大数据采集形成机制，制定政府数据共享开放目录。通过政务数据公开共享，引导企业、行业协会、科研机构、社会组织等主动采集并开放数据。

10.3.2 跨域多维大数据存储设计

如图 10-2 所示，跨域多维大数据云存储系统架构采用分布式集群技术，由云管理平台、存储服务器集群网络、统一应用的 API 接口，通过虚拟化、云结构化和高精确视频应用存储构成。运用集群构架、负载均衡、对象存储等技术，结合视频、图片数据和结构化数据特点，面向应用地满足了非结构业务高可靠性、不间断的海量存储需求及结构化数据的快速检索和频繁 I/O 操作的需求。采用分散存储技术加速大数据智能分析快速提取和分析效率。

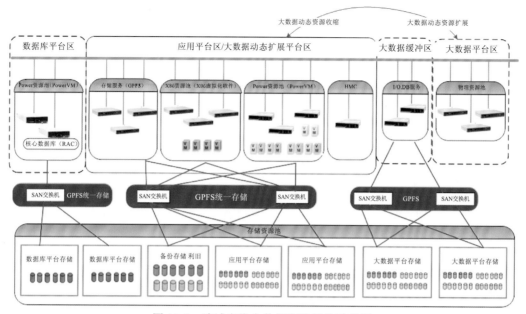

图 10-2 跨域多维大数据存储架构示意图

10.3.3 跨域多维大数据共享交换设计

跨域多维大数据的共享交换分为前置交换层、交换融合层、数据服务层和应用层，如图 10-3 所示，在数据交换共享过程中，不同单位产生和管理的数据资源存储在业务库中，在数据交换服务系统中对数据交换任务队列进行管理、监控、调度与统计。通过融合交换库保存多部门交换共享数据，在数据整合服务系统中对数据进行加工、整合、关联、质检、清洗与交换，与市级、省级、港澳数据交换平台对接。共享数据在融合交换库与中心共享库之间同步发布，通过数据统计、数据分析、数据挖掘为顶层大数据应用提供数据服务。

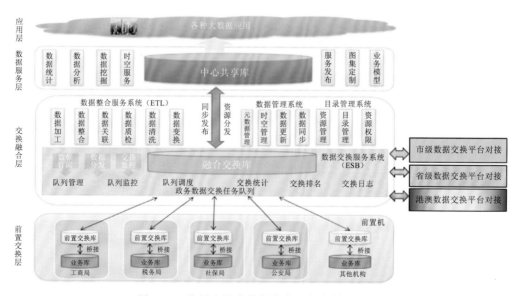

图 10-3 跨域多维大数据共享服务架构示意图

10.4 横琴跨域多维大数据共享平台建设实践

图 10-4 为横琴跨域多维大数据共享平台。跨域多维大数据共享平台提供数据治理能力,对数据源采集的数据进行清洗、整理、加工和装载,还具有数据标准化、数据质量及元数据管理的功能,通过整合数据孤岛和遗留的数据存储,实现更优数据集成和数据管理,以便实现数据的有机共享和统一。跨域多维大数据共享平台架构如图 10-5 所示。

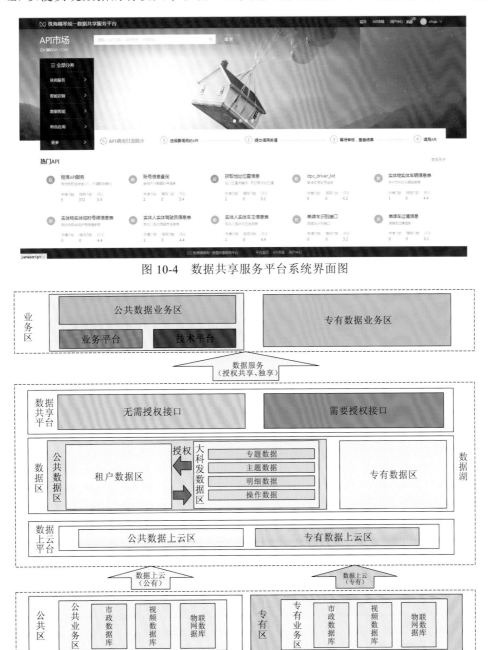

图 10-4　数据共享服务平台系统界面图

图 10-5　跨域多维大数据共享平台架构示意图

（1）数据采集和传输。采集并汇聚各单位应用系统生成的增量数据进入"数据资源库"，对传输的数据行加密，避免数据传输中被截获泄露的风险。

（2）数据存储和处理。存量数据、增量数据以规定的格式在数据湖中进行存储；对采集到的数据进行数据治理，满足城市级数据治理标准。

数据治理需统筹管理并协调人员、流程及技术等要素，数据治理流程如图 10-6 所示。其核心目标是保证整个数据应用所依托的数据基础是可用、可信和完整的，这也是整个数据应用的生命线。各个企业和组织可以参考该框架客户化相关的管理领域，用于指导具体的数据治理工作。

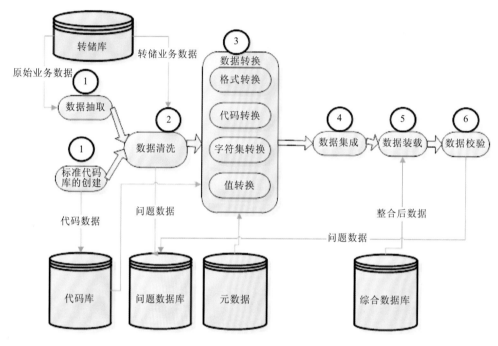

图 10-6　数据治理流程图

（3）数据共享服务。提供公共数据区和专有数据区，满足不同普通业务和特权机构业务的数据存储需求，同时通过数据 API 和数据可用不可见等多种方式满足数据共享使用。

通过数据治理，各单位的共享数据以 API 的形式在统一数据共享服务平台中进行管理，如图 10-7 所示。数据需求方通过平台可以进行查询、调用申请，数据所属业务单位审核后即可实现数据共享。利用数据可用不可见技术，在充分保护数据和隐私安全的前提下，实现大数据价值的转化和提炼，如图 10-8 所示。通过数据开放共享和深化利用，培育大数据产业发展新生态，提升城市治理能力，探索新型智慧城市建设模式，为促进经济转型升级探索一条可复制可推广的模式。

借助各类技术手段，例如 AI 技术（机器学习、语音识别与合成、人机识别、印刷文字识别、图像识别）、大数据（数据可视化、BI、关系网络分析、流数据计算、视频数据计算、大数据推荐、趋势分析）、GIS 位置服务、物联网技术、VRAR 技术、爬虫技术，挖掘跨域多维数据价值。通过建设跨域多维大数据公共服务云平台，为城市级大数据系统建设提供开放的技术平台和标准规范体系，实现跨地区、跨行业数据的互联互通，构

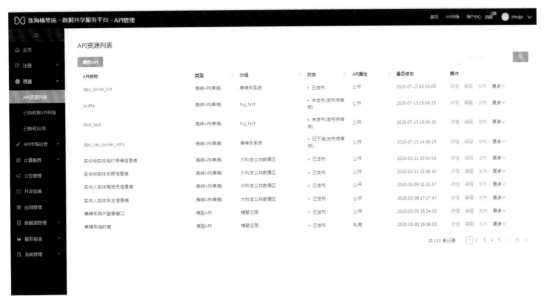

图 10-7　API 管理界面图

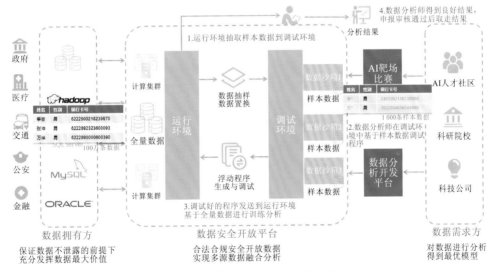

图 10-8　数据可用不可见示意图

建起更有活力的创新创业生态体系，实现全国数据一盘棋。最后围绕善政、惠民、兴业的建设目标建设服务政府、企业、个人的各类智慧应用，提高政府治理能力和服务水平、提升政府决策支持和风险防范能力。以智慧园区服务为例，以智慧园区服务平台作为园区企业的服务窗口，面向企业提供企业管理和经营活动的高效、便捷、优质和全方位服务。同时，通过平台整合珠海市和横琴新区的各类优质服务资源，进一步丰富园区的产业资源与服务能力，以服务平台的方式完成共享资源的整合，从而形成创新能力和创新网络，打造企业发展的全链条服务，促进园区企业的聚集发展，帮助企业提升管理效率，降低经营成本。

参 考 文 献

曹凌, 2013. 大数据创新: 欧盟开放数据战略研究. 情报理论与实践, 4: 118-122.

何嘉烨, 2018. 大数据时代政府数据资源共享研究. 长沙. 湖南大学.

鲁焱, 2017. 大数据共享平台的系统架构与建设思路. 图书馆理论与实践(4): 86-90.

单志广, 2015. 国家大数据发展的顶层设计 数据强国战略的冲锋号角:《关于促进大数据发展行动纲要》的几点解读. 财经界, 28: 30-35.

魏翠红, 2016. 大数据共享研究. 无线互联科技, 8: 84-85.

谢艳秋, 钱鹏, 2014. 国外科学数据共享政策的发展研究. 新世纪图书馆, 1: 67-71.

张利, 2019. 智慧政务框架下的大数据共享实现与应用研究. 通讯世界, 26(3): 220-221.

张世明, 谢安, 2016. 英国政府开放数据的实践及启示. 中国统计, 2: 34-36.

赵阳, 文庭孝, 2017. 大数据共享及其障碍分析. 高校图书馆工作(4): 44-48.

HUANG X L, HAWKINS B A, LEI F M, et al., 2012. Willing or unwilling to share primary biodiversity data: Results and implications of an international survey. Conservation Letters, 5: 399-406.

JOSEPH R C, JOHNSON N A, 2013. Big data and transformational government. IT Professional, 15(6): 43-48.

KIM G H, TRIMI S, CHUNG J H, 2014. Big data applications in the government sector. Communications of the ACM, 57(3): 78-85.

MENG Y Y, 2017. Research on e-government information resources sharing model under the background of big data. Henan Science and Technology, 11: 29-30.

NEWELL D B, MOHR P J, TAYLOR B N, 2011. The new international system of units: The role of the Committee on Data for Science and Technology (CODATA). NCSLI Measure, 6(4): 54-61.

RAJAGOPALAN M R, VELLAIPANDIYAN S, 2013. Big data framework for national e-governance plan// 2013 Eleventh International Conference on ICT and Knowledge Engineering. IEEE: 1-5.

SHI Y, SHAN Z, LI J, et al., 2017. How China deals with big data. Annals of Data Science, 4(4): 433-440.

YANG T M, MAXWELL T A, 2011. Information-sharing in public organizations: A literature review of interpersonal, intra-organizational and inter-organizational success factors. Government Information Quarterly, 28(2): 164-175.